SPSS 아카데미 시리즈

Understanding Logistic

SPSS를 활용한

로지스틱 회귀모형의 이해와 응용

김순귀 · 정동빈 · 박영술 지음

Regression and its Applications using SPSS

한나래아카데미

SPSS를 활용한

로지스틱 회귀모형의 이해와 응용

지은이_김순귀 · 정동빈 · 박영술
펴낸이_한기철

2003년 2월 28일 1판 1쇄 발행
2012년 7월 20일 1판 6쇄 발행

펴낸곳_한나래출판사
등록_1991. 2. 25 제22-80호
주소_서울시 마포구 합정동 월드컵로 3길 39(합정동 388-28) 합정빌딩 2층
전화_02-738-5637 · 팩스_02-363-5637 · e-mail_hannarae91@naver.com
www.hannarae.net

Published by Hannarae Publishing Co.
Printed in Seoul

ISBN 978-89-5566-083-8 94310

* 이 도서의 국립중앙도서관 출판시도서목록(CIP)은 e-CIP 홈페이지(http://www.nl.go.kr/ecip)와 국가자료공동목록시스템(http://www.nl.go.kr/kolisnet)에서 이용하실 수 있습니다.
(CIP제어번호: CIP2008003638)

머리말

몇 년 전 미국의 오하이오 주립대학 생물통계학 센터를 방문하였을 때 로지스틱 회귀모형을 비롯한 여러 다양한 통계 기법을 의약학과 생물학 등의 실제 문제에 적용시키고 응용하고 연구하는 모습을 보고 큰 감명을 받았다.

로지스틱 회귀모형은 역학 연구에 그 기원을 두고 발전되어 왔지만 지금은 통계학 분야뿐 아니라 자연 과학 분야, 경영학 등을 포함한 사회 과학 분야, 의학 분야 등에서도 널리 사용되고 있는 표준적인 통계 기법이라고 말할 수 있겠다.

그동안은 종속변수가 연속형인 경우를 많이 다루어 왔지만 명목형인 경우는 기존의 통계학 서적의 일부분에서만 취급하였다. 그러나 실생활에서 종속변수가 연속형이 아닌 경우의 예는 주변에 너무나 많이 있다. 현재 국내에 로지스틱 회귀모형에 관한 전문 서적이 거의 없는 상황이므로 과감히 이 책을 선보이게 되었다.

이 책은 *Applied Logistic Regression*(2/e Hosmer & Lemeshow, 2000)과 몇 권의 SPSS 패키지 매뉴얼(*SPSS Regression Models 10.0, SPSS Advanced Models 10.0, SPSS Base 10.0 User's Guide* 등)을 근간으로 하고 분석 도구로는 SPSS 패키지를 사용하여 저술한 로지스틱 회귀모형에 관한 입문서이다.

이 책에서는 분할표에 근거한 접근 방법이 아니라 회귀모형의 견지에서 바라본 접근 방법을 채택하였다. 따라서 회귀모형에 익숙한 독자들은 회귀모형에서 사용하고 채택한 여러 통계적 기법들을 그대로 사용할 수 있을 것이다. 그 외에도 통계학 개론 수준의 지식과 회귀모형에 관한 기본 개념이 있는 독자라면 누구라도 쉽게 접근할 수 있을 것이라고 생각한다.

이 책을 통하여 로지스틱 회귀모형의 중요성과 그 역할이 조금이나마 전하여지고 알려진다면 더 이상의 기쁨은 없을 듯하다. 이 책에서 인용하고 사용한 데이터 세트가 필요하다면 저자들의 메일(skkim@kangnung.ac.kr) 또는 한나래출판사 홈페이지(www.hannarae.net)로 연락하여 주기 바란다.

집필 동기를 부여해 준 미국 오하이오 주립대학의 Lemeshow 교수님과 워드 작업을 도와준 강릉대학교 대학원생 조미순 양에게 고마움을 표하며 책의 발간을 허락해 준 SPSS Korea 왕석준 님을 비롯한 담당자에게 깊은 감사의 뜻을 전합니다.

여러 가지 부족한 면이 많지만, 독자 여러분의 지적뿐 아니라 선배 동료 여러분들의 질책과 고언을 기다립니다.

2008. 12.

저자들을 대표하여

김순귀

차례

1

이분형 로지스틱 회귀모형

회귀분석이란 종속변수(dependent variable) 또는 반응변수(response variable)와 하나 이상의 독립변수(independent variable) 또는 설명변수(explanatory variable)들 사이의 함수 관계를 설명하려는 통계적인 기법을 말한다. 그렇지만 종속변수가 범주형인 경우, 즉 두 개 또는 그 이상의 값을 취하는 경우도 주변에서 흔히 볼 수 있다. 지난 십여 년 동안 로지스틱 회귀모형은 이런 경우 많은 부분에서 표준적인 통계 분석의 기법으로 자리 잡아 가고 있음을 부인할 수 없다.

회귀분석과 같이 하나의 종속변수와 한 개 이상의 독립변수 사이의 관계를 표현하기 위해, 가장 잘 적합되고 모수의 수를 절약한 모형을 찾는 것이 로지스틱 회귀분석의 목표라고 할 수 있다. 독립변수는 종종 공변량(covariate)이라고도 불린다. 단지 회귀모형과의 차이점은 고려된 종속변수의 형태가 범주형이어야 한다는 것이다.

우리 주위에는 독립변수와 종속변수 사이의 함수 관계를 설명하려는 다양한 많은 문제들이 산적해 있으며, 이런 관계를 자료를 통하여 분석하여 알아낼 수 있다면 많은 값진 정보를 얻을 수 있을 것이다.

어떤 사건이 일어날지의 여부를 예측하는 것은 예측하는 데 유용한 공변량들을 식별한다는 것이며, 여러 학문 분야뿐만 아니라 실생활에서도 많이 접하게 된다.

· 어떤 시민들은 선거에 참여하고 다른 사람들은 그렇지 않은가?
· 어떤 사람에게는 관상심장병이 생기고 다른 사람에게는 그렇지 아니

한가?

· 어떤 사업은 성공하고 또 다른 사업은 실패하는가?

· 추석 때 고향 방문 시 고속도로와 국도 중 어느 곳을 선택하여야 할 것인가?

· 바둑에서 패를 써야 할 것인가 또는 말아야 할 것인가?

종속변수가 단지 두 개의 값만을 가질 때, 회귀분석에서 가설검정 시 필요한 가정들이 필연적으로 위반됨을 알 수 있다. 다시 말하면 오차의 분포가 정규분포임을 가정함은 합리적이지 못하다. 회귀모형에서 부딪치는 또 다른 문제점은 예측된 값들을 확률로 해석할 수 없다는 것이다. 즉, "0"과 "1" 사이의 값을 취하도록 제한하지 않았다는 것이다.

판별분석(discriminant analysis)도 한 개체(subject)가 어느 그룹에 속할지를 직접적으로 예측하지만, 두 그룹의 분산-공분산 행렬이 동일할 뿐 아니라 독립변수들의 다변량 정규분포 가정을 예측법칙의 최적화를 위해 요구하게 된다.

이 장에서는 어떤 사건이 일어난 확률을 추정하기 위하여 이분형(binary, dichotomous) 로지스틱 회귀모형을 다룰 예정이다. 이 모형은 판별분석보다 훨씬 적은 가정들을 필요로 한다. 심지어 판별분석에 필요한 가정이 만족될 때에도 로지스틱 회귀모형이 보다 잘 설명하고 있음을 보여 주고 있다(로지스틱 회귀모형의 입문서로 Hosmer & Lemeshow, 2000, Kleinbaum, 1994 참조).

1.1 이분형 로지스틱 모형

[표 1-1] 자료에서는 100명의 환자들의 연령(AGE)에 대한 관상동맥의 심장병(Coronary Heart Disease: CHD) 존재 여부(0: 없음, 1: 있음)를 조사하였다. 참고로 이 자료는 Hosmer & Lemeshow(2000, *Applied Logistic Regression*, 3쪽)에서 발췌하였다.

이때 연령(AGE)과 관상동맥의 심장병(CHD) 사이의 관계를 알아보고 싶다. 만

[표 1-1] 관상동맥의 심장병 자료

ID	AGE	AGRP	CHD	ID	AGE	AGRP	CHD
1	20	1	0	51	44	4	1
2	23	1	0	52	44	4	1
3	24	1	0	53	45	5	0
4	25	1	0	54	45	5	1
5	25	1	1	55	46	5	0
6	26	1	0	56	46	5	1
7	26	1	0	57	47	5	0
8	28	1	0	58	47	5	0
9	28	1	0	59	47	5	1
10	29	1	0	60	48	5	0
11	30	2	0	61	48	5	1
12	30	2	0	62	48	5	1
13	30	2	0	63	49	5	0
14	30	2	0	64	49	5	0
15	30	2	0	65	49	5	1
16	30	2	1	66	50	6	0
17	32	2	0	67	50	6	1
18	32	2	0	68	51	6	0
19	33	2	0	69	52	6	0
20	33	2	0	70	52	6	1
21	34	2	0	71	53	6	1
22	34	2	0	72	53	6	1
23	34	2	1	73	54	6	1
24	34	2	0	74	55	7	0
25	34	2	0	75	55	7	1
26	35	3	0	76	55	7	1
27	35	3	0	77	56	7	1
28	36	3	0	78	56	7	1
29	36	3	1	79	56	7	1
30	36	3	0	80	57	7	0
31	37	3	0	81	57	7	0
32	37	3	1	82	57	7	1
33	37	3	0	83	57	7	1
34	38	3	0	84	57	7	1
35	38	3	0	85	57	7	1
36	39	3	0	86	58	7	0
37	39	3	1	87	58	7	1
38	40	4	0	88	58	7	1
39	40	4	1	89	59	7	1
40	41	4	0	90	59	7	1
41	41	4	0	91	60	8	0
42	42	4	0	92	60	8	1
43	42	4	0	93	61	8	1
44	42	4	0	94	62	8	1
45	42	4	1	95	62	8	1
46	43	4	0	96	63	8	1
47	43	4	0	97	64	8	0
48	43	4	1	98	64	8	1
49	44	4	0	99	65	8	1
50	44	4	0	100	69	8	1

※매사추세츠 대학 홈페이지의 자료실(www-unix.oit.umass.edu/~statdata) 로지스틱 회귀 섹션에서 이 자료를 구할 수 있다.

일 종속변수인 CHD가 이분형 범주형변수가 아닌 연속형변수라면, 독립변수(AGE)와 종속변수(CHD)의 관계를 알아보기 위해 산점도부터 그릴 것이다. 왜냐하면 두 변수들 간의 산점도를 살펴봄으로써 종속변수와 독립변수 사이의 관계와 성질 그리고 관련성 정도를 파악할 수 있기 때문이다. [그림 1-2]는 [표 1-1]의 자료를 산점도로 나타낸 것이다.

[그림 1-2] CHD 대 AGE의 산점도

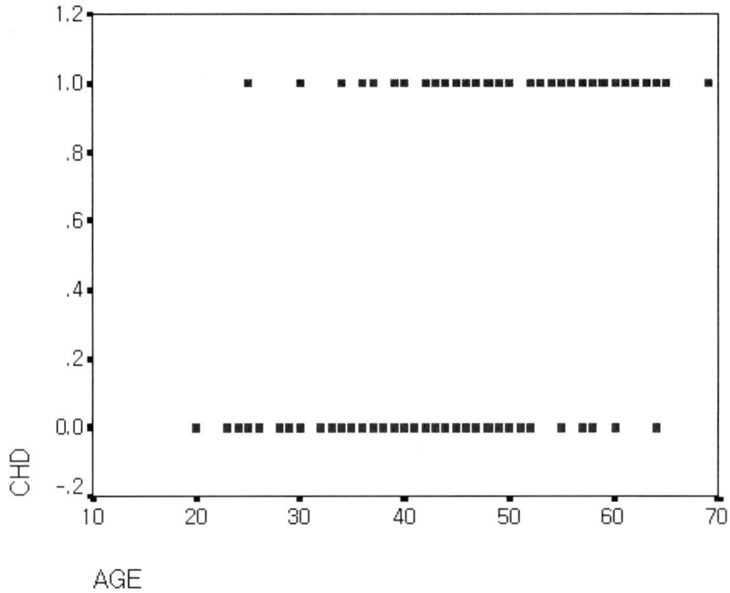

모든 점들이 세로축의 "0"과 "1"로 뚜렷하게 평행선 모양으로 나열되어 있으며, 나이가 많을수록 CHD가 존재하는 "CHD=1"인 선에 무리지어 있음을 알 수 있다. 이 산점도를 통해 종속변수가 이분형 성격을 가진다는 것을 명확히 알 수 있지만, 종속변수(CHD)와 독립변수(AGE) 사이의 관계를 뚜렷하게 나타내지는 못한다.

[표 1-3] 연령 그룹과 CHD의 빈도표

연령 그룹	도수	CHD 무	CHD 유	평균(비율)
20~29	10	9	1	0.10
30~34	15	13	2	0.13
35~39	12	9	3	0.25
40~44	15	10	5	0.33
45~49	13	7	6	0.46
50~54	8	3	5	0.63
55~59	17	4	13	0.76
60~69	10	2	8	0.80
계	100	57	43	0.43

[그림 1-2]에서 나타나는 문제점은 각 연령층에 대한 CHD의 변동이 크다는 것이다. 이 때문에 AGE와 CHD 사이의 함수 관계를 표현하기 힘들다. 두 변수 간 관계의 형태는 유지하면서 변동을 줄이는 일반적인 방법은 독립변수에 대한 구간을 만들어 각 독립변수 구간 내에 해당하는 종속변수의 평균을 계산하는 것이다. 이런 방법을 적용하기 위해 [표 1-3]에서는 연령 그룹변수(AGRP)를 사용하여 [표 1-1]의 연령 자료를 범주화시켰다. 즉, 각 연령 구간에 대해 종속변수(CHD)가 발생한 빈도와 평균(CHD의 발생 비율)을 계산하였다.

[표 1-3]을 통해 나이가 들수록 CHD가 존재하는 비율이 증가함을 알 수 있다. [그림 1-4]는 가로축을 각 연령 구간의 중간 점들 (24.5, 32.0,⋯, 64.5)로, 세로축을 CHD 발생 비율 (0.10, 0.13,⋯, 0.80)로 하여 플롯한 것이다. [그림 1-4]를 통해 CHD와 AGE 사이의 관계를 어느 정도 감지할 수 있지만, 구체적인 함수식을 구할 필요가 있을 것이다. 만일 이와 똑같은 그룹화 및 평균화를 회귀분석에서 행한다면 이 그림과 비슷한 형태가 될 것이다.

그렇지만 아래와 같이 두 가지 중요한 차이가 있다. 첫째는 종속변수와 독립변수(들) 사이의 관계이다. 회귀모형에서의 중요한 사실은 그 관계를 독립변수가 주어진 상황에서 종속변수의 기대값으로 표현한다는 것이다. 이를 조건 평균이라 하며 $E(y|x)$로 표현한다. 이때 y는 종속변수, x는 독립변수가 갖는 값이다. 선형회귀모형에서 이 기대값은 다음과 같이 x의 선형방정식으로 나타낼 수 있다고 가정한다.

$$E(y|x) = \beta_0 + \beta_1 x$$

위 식을 통해 x가 $-\infty$와 ∞ 사이의 값을 갖게 되므로, $E(y|x)$는 모든 실수값을 가질 수 있음을 의미한다.

[표 1-3]의 "평균"란은 $E(y|x)$의 추정값이다. CHD와 AGE 간의 관계를 잘 평가하기 위해 [그림 1-4]에 플롯된 추정값들이 실제의 값들과 거의 같다고 가정해 보자. 이분형 자료에서의 조건 평균은 $0 \leq E(y|x) \leq 1$이다. 이는 [그림 1-4]에서 확인할 수 있다. 그리고 평균이 "0"과 "1"로 서서히 접근한다. 이런 곡선을 S-형태라 하며 확률변수의 누적분포함수의 형태와 흡사하다. 이런 형태를 로지스틱 분포(logistic distribution)라고 한다.

[그림 1-4] 연령 그룹 대 CHD 존재 비율의 산점도

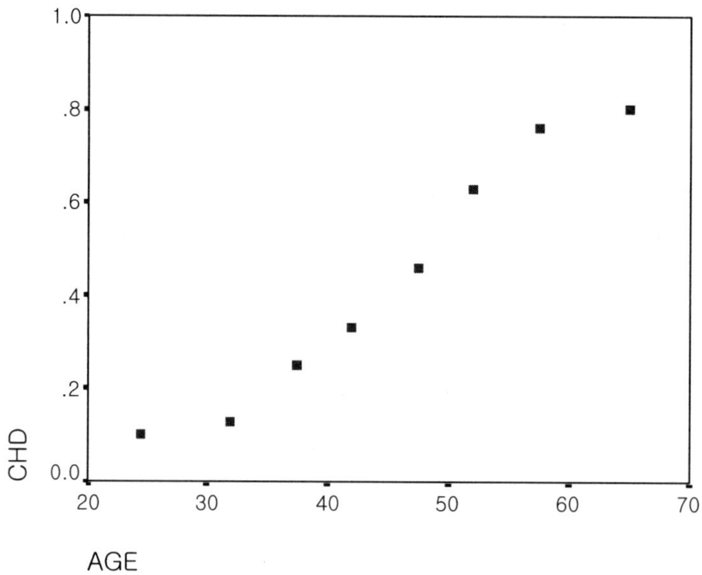

표기법을 단순화하기 위해 $\pi(x) = E(Y|x)$로 나타내면, 로지스틱 회귀모형은 다음과 같이 표현할 수 있다.

$$\pi(x) = \frac{\exp(\beta_0 + \beta_1 x)}{1 + \exp(\beta_0 + \beta_1 x)} \tag{1.1}$$

또는

$$\pi(x) = \frac{1}{1 + \exp\{-(\beta_0 + \beta_1 x)\}}. \tag{1.2}$$

여기에서 β_0 와 β_1 은 추정될 모수이고, x 는 독립변수를 나타낸다.

이와 더불어서 로짓변환(logit transformation) g 를 다음과 같이 정의할 수 있다.

$$g(\pi(x)) = \ln\left[\frac{\pi(x)}{1 - \pi(x)}\right] = \beta_0 + \beta_1 x. \tag{1.3}$$

여기에서 ln 은 자연대수를 나타낸다. 로짓변환을 하게 되면 회귀모형이 갖는 몇 가지 성질을 그대로 갖게 된다. 즉, $g(\pi(x))$ 는 독립변수 x 에 관하여 선형이며연속이 되므로 x 의 범위에 따라 $-\infty$ 와 ∞ 사이의 임의의 값을 가질 수 있게 된다.

회귀모형과 로지스틱 회귀모형의 두 번째 차이점은 두 모형에서 종속변수의 분포가 서로 다르다는 점이다. 선형회귀모형을 $y = E(Y|x) + \epsilon$ 으로 표현하였다. 여기에서 오차(ϵ)는 평균이 "0"이며 분산이 일정하면서 서로 독립적으로 정규분포를 따른다고 가정하였다. 그러나 이러한 가정은 종속변수가 이항반응(binary, dichotomous) 값을 가질 경우에는 들어맞지 않는다. 이 경우 주어진 x 에 대한 종속변수 y 의 관계식을 $y = \pi(x) + \epsilon$ 으로 표현할 수 있으며, ε 은 다음과 같이 두 개의 가능한 값을 가질 수 있다. 즉, $y = 1$ 이면 ε 은 확률 $\pi(x)$ 을 가진 상황에서 $1 - \pi(x)$ 가 된다. 반면에 $y = 0$ 이면 ε 은 확률 $1 - \pi(x)$ 을 가진 상황에서 $-\pi(x)$ 가 된다. 따라서 ε 은 평균이 0, 분산이 $\pi(x)[1 - \pi(x)]$ 인 이항분포를 따른다. 다시 말해서, 종속변수의 조건분포는 모수가 $\pi(x)$ 인 이항분포를 따르게 된다.

1.2 로지스틱 회귀모형의 적합

단순 선형회귀모형에서는 두 개의 모수 (β_0, β_1)를 추정하기 위해 최소제곱법(Method of Least Squares: MLS)을 사용한다. 이를 한마디로 표현하면 $\sum(y_i - \hat{y}_i)^2$을 최소로 하는 두 모수의 추정값 $(\widehat{\beta_0}, \widehat{\beta_1})$을 얻는다. 이때 계산된 최소제곱 추정량은 선형회귀모형에서 주어진 기본 가정 하에서는 몇 가지 좋은 성질을 갖지만, 종속변수가 이항반응값을 가지는 로지스틱 회귀모형의 경우는 그렇지 않다(Hosmer & Lemeshow, 2000). 오차항이 이항분포를 할 때 로지스틱 회귀모수(들)를 추정할 수 있는 방법 중 하나는 최대가능도(Maximum Likelihood: ML) 추정법이다. 즉, 관측된 자료가 발생할 확률을 알려지지 않은 모수들의 함수로 표현한 후, 이 함수를 최대화시킬 때 얻어진 모수들의 추정값들이 바로 최대가능도 추정량이 된다.

이를 구체적으로 살펴보도록 하자. 만일 Y가 “0” 또는 “1”로 표기되었다면,

$$\pi(x) = \frac{\exp(\beta_0 + \beta_1 x)}{1 + \exp(\beta_0 + \beta_1 x)} = \mathrm{P}(y = 1 | x)$$

$$1 - \pi(x) = \frac{1}{1 + \exp(\beta_0 + \beta_1 x)} = \mathrm{P}(y = 0 | x)$$

이 된다. 그래서 $y_i = 1$인 (x_i, y_i)에 대한 가능도함수(likelihood function)의 기여도는 $\pi(x_i)$이며, $y_i = 0$인 (x_i, y_i)에 대한 기여도는 $1 - \pi(x_i)$가 된다. (x_i, y_i)에 대한 가능도함수의 기여도를 종합하여 정리하면

$$\xi(x_i) = \pi(x_i)^{y_i}[1 - \pi(x_i)]^{1 - y_i} \tag{1.4}$$

가 되며, 관측값들이 서로 독립이라고 가정하였으므로 모든 관측값에 대한 가능도함수는 식 (1.4)를 곱한 형태가 된다. 즉, $l(\beta_0, \beta_1) = \prod_{i=1}^{n} \xi(x_i)$이다. 수학적으로 보다 쉽게 $l(\beta_0, \beta_1)$를 최대화시킬 β_0, β_1의 추정값을 찾기 위해서는 $l(\beta_0, \beta_1)$에 자연로그를 취한 이른바 “로그 가능도(log-likelihood); $L(\beta_0, \beta_1)$”를 최대화시킬 β_0, β_1의 .

추정값을 찾는 것과 동일하다.

$$L(\beta_0,\beta_1) = \ln l(\beta_0,\beta_1) = \sum_{i=1}^{n} [y_i \ln\{\pi(x_i)\} + (1-y_i)\ln\{1-\pi(x_i)\}]$$

$L(\beta_0,\beta_1)$을 최대화시킬 β_0, β_1의 값을 찾기 위해 두 모수에 대해 $L(\beta_0,\beta_1)$을 편미분하여 각각 0으로 놓으면, 다음과 같이 정규방정식을 얻을 수 있다.

$$\sum_{i=1}^{n} \{y_i - \pi(x_i)\} = 0 \tag{1.5}$$

$$\sum_{i=1}^{n} x_i \{y_i - \pi(x_i)\} = 0.$$

이 경우 정규방정식은 두 모수에 대해 비선형이므로 Newton-Raphson 유형의 알고리즘을 사용하여 최대가능도 추정량을 구할 수 있다. 이렇게 구한 $\beta = (\beta_0,\beta_1)'$의 추정값를 최대가능도 추정값이라고 부르고, $\hat{\beta}$라고 표기하자. 일반적으로 기호 "^"는 최대가능도 추정량을 나타내기로 한다. 예를 들어 $\hat{\pi}(x_i)$는 $\pi(x_i)$의 최대가능도 추정값으로 로지스틱 회귀모형의 적합된(fitted) 값 또는 예측값(predicted value)을 나타낸다. 식 (1.5)의 첫 번째 식을 정리하면 다음 관계식을 얻을 수 있다.

$$\sum_{i=1}^{n} y_i = \sum_{i=1}^{n} \hat{\pi}(x_i).$$

y의 관측값들의 합이 예측(기대)값들의 합과 동일하다는 사실에 유의하라. [표 1-1]에 주어진 자료의 연속형 독립변수 AGE를 사용하여 로지스틱 회귀모형을 적합한 결과는 [표 1-5]와 같이 주어진다.

[표 1-5] 로지스틱 회귀모형 적합 결과

변수	계수	표준오차	z	$P>\|z\|$
AGE	0.111	0.0241	4.61	0.001
상수	−5.309	1.1337	−4.68	0.001

Log likelihood = −53.67655

1.3 로지스틱 회귀 계수의 유의성 검정

독립변수의 유의성을 검정하기 위한 일반적인 방법은 선형회귀모형에서 쉽게 설명된다. 이와 비슷한 방법을 로지스틱 회귀모형에서 적용하게 될 것이다. 회귀분석에서 계수의 유의성 검정은 분산분석표를 이용하게 된다. 즉, 전체제곱합(SST)을 잔차제곱합(SSE)과 회귀제곱합(SSR)으로 표시한다.

$$\underbrace{\sum(y_i-\bar{y})^2}_{SST}=\underbrace{\sum(y_i-\hat{y}_i)^2}_{SSE}+\underbrace{\sum(\hat{y}_i-\bar{y})^2}_{SSR}.$$

여기에서 y_i는 관찰값, $\hat{y}_i$는 주어진 모형에서 i번째 개체의 예측값, $\bar{y}$는 반응변수의 산술평균을 각각 나타낸다.

회귀모형에서의 관찰값과 적합값(예측값)의 비교는 이들의 거리 제곱에 근거하지만, 로지스틱 모형에서는 로그 가능도함수를 통하여 관찰값과 적합값의 비교를 하게 된다. 가능도함수를 이용한 관찰값과 예측값의 비교는 다음 표현에 근거를 둔다.

$$D=-2\ln\left[\frac{\text{적합된 모형에 대한 가능도}}{\text{포화모형에 대한 가능도}}\right]. \tag{1.6}$$

위의 대괄호 안의 값을 가능도비(likelihood ratio)라고 부른다. −2배를 함으로써 어떤 알려진 분포를 하게 되며, 이를 이용해 가설검정을 할 수 있게 된다. 여기에서 포화모형(saturated model)이란 데이터 개수만큼 모수들이 있는 것을 뜻한다.

어떤 독립변수의 유의성을 검정하기 위해 그 독립변수가 포함된 경우와 제거된 경우의 D값의 차이를 비교한다. 즉, 그 독립변수의 삽입으로 인한 D값의 변화는 다음과 같다.

$$G=D(\text{변수를포함하지않은모형})-D(\text{변수를포함한모형}). \tag{1.7}$$

독립변수가 하나인 경우, 통계량 G는 β_1이 "0"이라는 귀무가설 하에서 $\chi^2(1)$인 분포를 하게 된다. 여기에서 $\chi^2(u)$는 자유도 u인 카이제곱 분포를 나타낸다.

두 개의 다른 통계적으로 동등한 검정법으로 월드 검정법(Wald test)과 스코어 검정법(Score test)이 있다. 월드 검정법은 모수 β_1의 추정값 $\widehat{\beta_1}$을 그 표준오차로 나눈 통계량이 귀무가설 $\beta_1 = 0$ 하에서 표준정규분포를 한다는 사실을 이용하는 검정법이다. 물론 이 식에서 사용한 추정된 모수들의 표준오차에 대하여 언급하지 않았지만, 여러 통계패키지에서 산출됨을 알 수 있을 것이다. 예를 들어 [표 1-5]의 로지스틱 회귀모형에 대한 월드 검정은 z 라는 표제어 밑에 그 값이 주어지고, 다음과 같이 표현된다.

$$w = \frac{\widehat{\beta_1}}{\widehat{\mathrm{SE}}(\widehat{\beta_1})} = \frac{0.111}{0.024} = 4.610. \tag{1.8}$$

표제어 유의확률 밑의 값은 $P(|w| > 4.610)$를 의미한다. 통계패키지 SAS와 STATA에서는 월드 통계량이 위의 식 (1.8)로 표현되지만, SPSS에서는 식 (1.8)에 나타난 값의 제곱으로 표현됨에 유의하라.

스코어 검정은 이러한 일련의 계산을 필요로 하지 않는다. 이 검정법은 로그 가능도의 미분값의 분포에 근거를 두고 있다. 스코어 검정법의 검정통계량은

$$ST = \frac{\sum x_i (y_i - \bar{y})}{\sqrt{\bar{y}(1-\bar{y}) \sum (x_i - \bar{x})^2}} \tag{1.9}$$

로 나타나며, 월드 검정통계량과 같이 표준정규분포를 이용한다.

1.4 신뢰구간의 추정

절편항 (β_0)과 기울기 (β_1)의 신뢰구간은 각각 월드 검정법에 근거를 둔다. 기울기에 대한 $100(1-\alpha)\%$ 신뢰구간은

$$\widehat{\beta_1} \pm z_{1-\alpha/2}\, \widehat{\mathrm{SE}}(\widehat{\beta_1}) \tag{1.10}$$

이며, 절편항에 대한 $100(1-\alpha)\%$ 신뢰구간은

$$\widehat{\beta_0} \pm z_{1-\alpha/2}\widehat{\text{SE}}(\widehat{\beta_0}) \tag{1.11}$$

이다. 여기에서 $z_{1-\alpha/2}$는 표준정규분포의 상위 $100(1-\alpha/2)\%$, $\widehat{\text{SE}}(\cdot)$는 표준오차의 추정값을 각각 나타낸다. 예를 들어, 식 (1.10)의 결과를 이용하여 기울기에 대한 95% 신뢰구간은

$$0.111 \pm 1.96 \times 0.024$$

가 되고, 절편항의 95% 신뢰구간은

$$-5.309 \pm 1.96 \times 1.134$$

가 된다.

로지스틱 회귀모형의 선형부분인 로짓의 추정량은

$$\hat{g}(x) = \widehat{\beta_0} + \widehat{\beta_1}x = b_0 + b_1 x$$

이며, 로짓 추정량의 분산의 추정값은 다음과 같다.

$$\widehat{\text{Var}}(\hat{\text{g}}(\text{x})) = \widehat{\text{Var}}(\text{b}_0) + \text{x}^2\widehat{\text{Var}}(\text{b}_1) + 2\text{x}\,\widehat{\text{Cov}}(\text{b}_0, \text{b}_1). \tag{1.12}$$

즉, 로짓의 $100(1-\alpha)\%$ 신뢰구간은

$$\hat{g}(x) \pm z_{1-\alpha/2}\widehat{\text{SE}}[\hat{\text{g}}(\text{x})]$$

이다. 단, $g(\pi(x))$는 편의상 $g(x)$로 표기하고, $\widehat{\text{SE}}(\hat{\text{g}}(\text{x}))$는 식 (1.12)에 주어진 분산의 추정값의 양의 근호값을 나타낸다.

어떤 연령에 대한 식 (1.10)을 계산하기 위해서는 추정된 분산-공분산 행렬이 필요하게 된다. 로지스틱 회귀모형의 SPSS 패키지에서 산출된 분산-공분산 행렬이 [표 1-6]에 주어졌다. 예를 들어, 연령이 50인 어떤 개체의 추정된 로짓은

$$\hat{g}(50) = -5.31 + 0.111 \times 50$$
$$= 0.240$$

이며, 또한 식 (1.12)와 [표 1-6]을 이용하여 분산의 추정값을 구해 보면

$$\widehat{Var}(\hat{g}(50)) = 1.28517 + 50^2 \times 0.000579 + 2 \times 50 \times (-0.026677)$$
$$= 0.0650$$

이다. 따라서 추정된 표준오차는 $\widehat{SE}[\hat{g}(50)] = 0.2550$ 이다. 즉, 연령이 50세인 사람의 추정된 로짓의 95% 신뢰구간은

$$0.240 \pm 1.96 \times 0.2550 = (-0.260,\ 0.740)$$

이 된다. 연령이 50세인 로지스틱 확률의 추정값은

$$\hat{\pi}(50) = \frac{\exp(b_0 + b_1 x)}{1 + \exp(b_0 + b_1 x)}$$
$$= 0.560$$

이고, 적합된 값의 95% 신뢰구간은

$$\left(\frac{e^{-0.260}}{1 + e^{-0.260}},\ \frac{e^{0.740}}{1 + e^{0.740}} \right) = (0.435,\ 0.677)$$

이 됨을 알 수 있다.

[표 1-6] 추정된 계수의 분산-공분산 행렬의 추정값

	AGE	Constant
AGE	0.000579	
Constant	−0.026677	1.28517

1.5 승산비의 추정

독립변수가 명목척도로 측정되고 이분형인 경우, 로지스틱 회귀 계수를 어떻게 해석할 것인가? 독립변수(x)가 "0" 또는 "1"로 코드화되었다고 가정하자. 이때 $x=1$과 $x=0$에 대한 로짓의 차이는 다음과 같다.

$$g(1)-g(0)=(\beta_0+\beta_1)-\beta_0=\beta_1.$$

즉, 이 경우 로짓의 차이는 β_1과 같다. 이 결과를 해석하기 위해서 다음에 소개할 연관성 측도의 기준인 승산비(Odds Ratio: OR)를 생각해 보기로 한다. [표 1-7]은 2×2 교차표로 4개의 로지스틱 확률값을 나타낸다.

[표 1-7] 독립변수가 이분형인 경우 로지스틱 회귀모형의 값

종속변수(y)	독립변수(x) $x=1$	$x=0$
$y=1$	$\pi(1)=\dfrac{\exp(\beta_0+\beta_1)}{1+\exp(\beta_0+\beta_1)}$	$\pi(0)=\dfrac{\exp(\beta_0)}{1+\exp(\beta_0)}$
$y=0$	$1-\pi(1)=\dfrac{1}{1+\exp(\beta_0+\beta_1)}$	$1-\pi(0)=\dfrac{1}{1+\exp(\beta_0)}$
계	1.0	1.0

우선 $x=1$인 경우 종속변수 y가 "1"이 될 승산(odds)은 $\frac{\pi(1)}{1-\pi(1)}$로 정의한다. 마찬가지로 $x=0$인 경우 종속변수 y가 "1"이 될 승산은 $\frac{\pi(0)}{1-\pi(0)}$으로 정의한다. 이때 $x=0$에 대한 $x=1$의 승산의 비를 승산비라고 정의하며, 다음과 같이 표현한다.

$$\mathrm{OR}=\frac{\pi(1)/\{1-\pi(1)\}}{\pi(0)/\{1-\pi(0)\}}. \tag{1.13}$$

[표 1-7]에 표현된 4개의 식을 식 (1.13)에 대입하면,

$$\mathrm{OR} = \frac{\left(\dfrac{\exp(\beta_0+\beta_1)}{1+\exp(\beta_0+\beta_1)}\right) \Big/ \left(\dfrac{1}{1+\exp(\beta_0+\beta_1)}\right)}{\left(\dfrac{\exp(\beta_0)}{1+\exp(\beta_0)}\right) \Big/ \left(\dfrac{1}{1+\exp(\beta_0)}\right)} \tag{1.14}$$

$$= \frac{\exp(\beta_0+\beta_1)}{\exp(\beta_0)}$$

$$= \exp(\beta_1)$$

이 된다. 그러므로 독립변수가 "0"과 "1"로 코드화된 이분형인 로지스틱 회귀모형에서 승산비와 회귀 계수 간의 관계는 다음과 같다.

$$\mathrm{OR} = \exp(\beta_1).$$

승산비는 특히 역학(epidemiology)에서 많이 사용되는 연관성의 측도이며, 결과가 $x=0$ 에 해당하는 대상보다 $x=1$ 에 해당하는 대상에 얼마나 더 일어날 것인가를 의미한다. 예를 들어, y 는 폐암의 존재 여부, x 는 흡연 여부를 나타낼 때 $\widehat{\mathrm{OR}}=2$ 인 값을 얻게 되면 "폐암은 자료를 수집한 모집단에서 비흡연가보다 흡연가들 사이에 2배 정도 발생할 가능성이 있다는 것"을 의미한다. 또 다른 예로써, y 를 심장병 존재 여부, x 를 꾸준한 육체적 운동 여부라 할 때 만일 추정된 승산비 $\widehat{\mathrm{OR}}=0.5$ 의 값을 얻게 되면 "운동을 규칙적으로 한 사람이 그렇지 않은 사람에 비해 절반 정도 심장병이 발생할 가능성이 있다"고 해석할 수 있다.

예제 1.1

[표 1-1]의 변수 AGE에서 환자의 연령이 55세 이상을 "1", 나머지를 "0"을 갖는 변수를 AGED라고 하자. 이렇게 연령을 이분화시킨 AGED와 CHD를 다음과 같이 교차 분류할 수 있다.

[표 1-8] AGED와 CHD의 교차분류표

CHD(y)	AGED(x)		계
	≥55(1)	<55(0)	
발생함(1)	21	22	43
발생 않음(0)	6	51	57
계	27	73	100

식 (1.13)에 근거한 승산비의 점추정값은

$$\widehat{\mathrm{OR}} = \frac{21/6}{22/51} = 8.11$$

이며, $\widehat{\beta_1} = \ln(8.11) = 2.094$ 가 된다.

■ **승산비에 대한 신뢰구간의 추정**

모수를 추정할 뿐만 아니라, 모수의 값에 대한 추가 정보를 얻기 위해 신뢰구간을 구하는 것은 유용하다. 승산비는 해석이 용이하기 때문에 로지스틱 회귀모형에서 관심이 있는 모수이기도 하다. 그러나 승산비 추정값($\widehat{\mathrm{OR}}$)은 통상 한쪽으로 치우쳐진 분포를 가진다. 그 이유는 귀무가설 하에서는 승산비의 값이 "1"이 되지만 그 승산비 추정값은 0과 ∞ 사이의 값을 갖기 때문이다.

이론상 충분히 큰 표본에서 $\widehat{\mathrm{OR}}$ 은 정규분포를 따르지만, 실제로 이 표본 크기를 만족하는 상황은 드물다. 그래서 $\ln(\widehat{\mathrm{OR}}) = \widehat{\beta_1}$ 의 표본분포에 근거하여 추론을 행하면 훨씬 작은 표본 크기에 대해서도 $\ln(\widehat{\mathrm{OR}})$ 은 정규분포를 따르는 경향이 있다. 승산비에 대한 $100(1-\alpha)\%$ 신뢰구간은 다음과 같다.

$$\exp[\widehat{\beta_1} \pm z_{1-\alpha/2} \cdot \widehat{\mathrm{SE}}(\widehat{\beta_1})]. \tag{1.15}$$

예제 1.2

[예제 1.1]에서 추정한 승산비의 95% 신뢰구간은 다음과 같다.

$$\exp(2.094 \pm 1.96 \times 0.529) = (2.9,\ 22.9).$$

승산비의 점 추정값이 "1"보다 큰 경우에서 흔히 찾아볼 수 있듯이, 이 신뢰구간 역시 오른쪽으로 치우쳐 있다. 그리고, 95% 신뢰 수준에서 이 실험에 해당하는 모집단의 55세 이상의 환자들이 54세 이하의 환자들에 비해 작게는 2.9배, 크게는 22.9배나 관상동맥 심장병이 발생할 가능성이 있다는 것을 시사한다.

지금까지 언급한 사실들은 독립변수가 이분형일 경우 "0" 또는 "1"로 코드화 되었을 때만 성립한다. 만일 독립변수의 두 수준이 각각 $x = a$ 대 $x = b$로 코드화 되었다면, 두 값에서 계산된 추정된 로짓의 차이는

$$\begin{aligned} \ln[\widehat{OR}(a,b)] &= \hat{g}(x=a) - \hat{g}(x=b) \\ &= (\widehat{\beta_0} + \widehat{\beta_1} \times a) - (\widehat{\beta_0} + \widehat{\beta_1} \times b) \\ &= \widehat{\beta_1}(a-b) \end{aligned}$$

이며, 승산비의 점추정값은

$$\widehat{OR}(a,b) = \exp[\widehat{\beta_1}(a-b)] \tag{1.16}$$

또는

$$\widehat{OR}(a,b) = \frac{\hat{\pi}(x=a)/\{1-\hat{\pi}(x=a)\}}{\hat{\pi}(x=b)/\{1-\hat{\pi}(x=b)\}} \tag{1.17}$$

가 된다. 식 (1.17)에 주어진 승산비의 신뢰구간은 다음과 같다.

$$\exp\left[\widehat{\beta_1}(a-b) \pm z_{1-\alpha/2}\,|a-b| \times \widehat{SE}(\widehat{\beta_1})\right] \tag{1.18}$$

1.6 이분형 로지스틱의 SPSS 사용 예

[표 1-1]에서 언급한 100명의 환자들의 연령(AGE)에 대한 관상동맥의 심장병(CHD)의 존재 여부(0: 없음, 1: 있음)를 조사한 자료를 사용하기로 한다.

■ 로지스틱 회귀분석 수행 방법

1단계

SPSS를 사용하여 로지스틱 회귀분석을 하기 위해서, [그림 1-9]의 데이터 편집기에서 자료를 입력하고 메뉴에서 다음을 선택한다.

분석(A) > 회귀분석(R) > 이분형 로지스틱(G)...

[그림 1-9] 이분형 로지스틱

2단계

[그림 1-10]에서 이분형 종속변수(CHD)와 공변량(AGE)을 선택한다.

[그림 1-10] 이분형 로지스틱 대화 상자

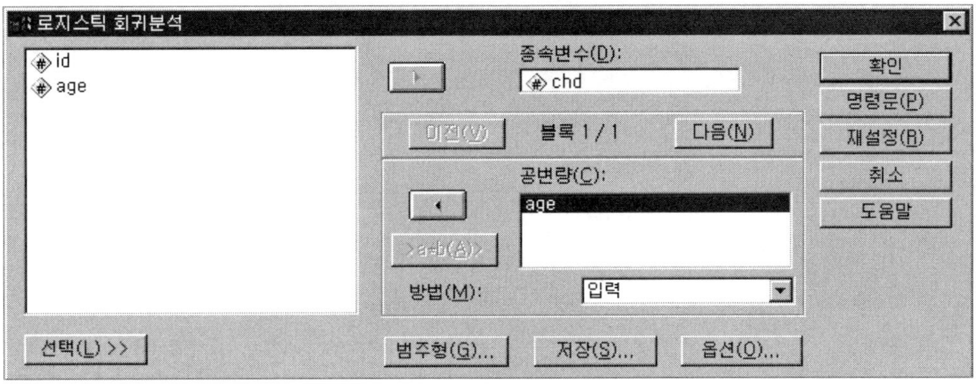

참고로 교호작용항을 모형에 포함시키려는 문제와 집단(블록)의 변수 입력에 관해서는 2장에서 다루기로 한다.

[표 1-11]은 출력 결과 중 모수를 추정한 결과를 요약한 것이다. 결과 중 B는 추정된 모수의 값, S.E.는 추정된 모수에 대한 표준오차를 의미한다. 즉, 추정방정식은

$$\hat{\pi}(x) = \frac{\exp(-5.309 + 0.111x)}{1 + \exp(-5.309 + 0.111x)}$$

임을 알 수 있다. 이때 추정된 두 모수의 p 값이 0.000이므로 통계적으로 매우 유의하다. 또한 [표 1-11]의 Exp(B)는 독립변수 (x)가 "1"인 경우의 $x = 0$ 에 대한 승산비의 값을 나타낸다.

[표 1-11] 결과

		B	S.E.	Wald	자유도	유의확률	Exp(B)
1 단계	AGE	.111	.024	21.254	1	.000	1.117
	상수	-5.309	1.134	21.935	1	.000	.005

2

이분형 로지스틱 다중회귀모형

2.1 로지스틱 회귀모형

1장에서는 독립변수가 하나인 로지스틱 회귀모형을 다루었다. 여기에서는 선형회귀모형과 마찬가지로 모형 (1.1)을 확장시켜 p 개의 독립변수가 존재하는 경우를 고려하여, 다음과 같은 로지스틱 다중(multiple)회귀모형을 다룰 것이다.

$$
\begin{aligned}
P(y=1|x_1,\cdots,x_p) &= \pi(x_1,\cdots,x_p) \\
&= \frac{\exp(\beta_0+\beta_1 x+\cdots+\beta_p x_p)}{1+\exp(\beta_0+\beta_1 x+\cdots+\beta_p x_p)} \qquad (2.1) \\
&= \frac{\exp(z)}{1+\exp(z)}
\end{aligned}
$$

또는

$$\pi(x_1,\cdots,x_p) = \frac{1}{1+\exp(-z)}.$$

여기에서 $\beta_0,\beta_1,\cdots,\beta_p$ 는 추정될 모수이고, z 는 선형결합으로

$$z = \beta_0+\beta_1 x_1+\cdots+\beta_p x_p$$

이다. 마찬가지로 로지스틱 다중회귀모형의 로짓은

$$g(\pi(x_1,\cdots,x_p)) = \beta_0 + \beta_1 x_1 + \cdots + \beta_p x_p$$

가 된다. 만일 독립변수들 중 명목척도로 측정된 변수(예: 인종, 성별 등)가 포함되어 있으면 회귀분석에서와 같이 가변수(dummy variable)로 취급하여 다룬다. 이 장에서는 공변량(독립변수를 의미함)이 둘 이상인 이분형 자료를 예로 들어 설명하기로 한다.

2.2 로지스틱 회귀모형의 적합

1장에서 설명한 대로 회귀모형에서는 최소제곱법으로 모형의 모수를 추정하였다. 즉, 종속변수의 관찰값과 예측값 사이의 거리제곱을 최소로 하는 회귀 계수를 선택하였다. 독립변수의 수가 p 개인 경우$(p \geqq 2)$, n 개의 관측값

$$(\boldsymbol{x_i}, y_i),\ i = 1,2,\cdots,n$$

가 주어졌다고 하자. 1장에서와 마찬가지로, 로지스틱 다중회귀모형에서 모수 $\beta = (\beta_0, \beta_1, \cdots, \beta_p)'$ 를 추정하기 위해서는 최대가능도법을 사용한다. 즉, 관측된 결과가 가장 잘 일어나는 계수를 추정하는 것이다. 앞 장에서와 같이 로지스틱 회귀모형은 비선형이므로 모수 추정을 위해서는 반복적인 알고리즘이 필요하다. 가능도함수는 식 (1.4)에 주어진 것과 거의 비슷한 형태이며, 로그 가능도함수를 $(p+1)$개의 모수에 대하여 편미분함으로써 다음과 같은 $(p+1)$개의 정규방정식을 얻을 수 있다.

$$\sum_{i=1}^{n} \{y_i - \pi(\boldsymbol{x_i})\} = 0$$

$$\sum_{i=1}^{n} x_{ij}\{y_i - \pi(\boldsymbol{x_i})\} = 0, \quad j = 1,2,\cdots,p.$$

여기에서 $\boldsymbol{x}_i = (1, x_{i1}, x_{i2}, \cdots, x_{ip})'$, $i = 1,2,\cdots,n$ 이다.

이때 $\hat{\beta}(b)$를 정규방정식의 해라고 표기하자. 또한 로지스틱 다중회귀모형을 적합한 값 $\hat{\pi}(\boldsymbol{x}_i)$는 식 (2.1)에 $\hat{\beta}$, $\boldsymbol{x}_i$를 넣어서 구하면 된다.

추정된 계수들의 분산-공분산 행렬을 유도하는 방법을 생각해 보자. 최대가능도 추정법의 이론에 의해 원하는 추정량들은 로그 가능도함수의 이차 편미분 행렬에서 얻을 수 있다. 이차 편미분값들은 다음과 같은 형태를 갖는다.

$$\frac{\partial^2 L(\beta)}{\partial \beta_j^2} = -\sum_{i=1}^{n} x_{ij}^{\ 2}\,\pi_i(1-\pi_i) \tag{2.2}$$

$$\frac{\partial^2 L(\beta)}{\partial \beta_j \partial \beta_l} = -\sum_{i=1}^{n} x_{ij}\,x_{il}\,\pi_i(1-\pi_i) \tag{2.3}$$

여기에서 $j, l = 0,1,2,\cdots,p$ 이고, π_i는 $\pi(\boldsymbol{x}_i)$를 나타낸다.

식 (2.2)와 식 (2.3)에 주어진 항들에 $-$를 곱한 값들을 요소로 하는 $(p+1)\times(p+1)$ 행렬을 $I(\beta)$로 놓자. 이 행렬을 관측된 정보 행렬(information matrix)이라 부른다. 추정된 계수들의 분산-공분산 값들은 이 정보 행렬의 역행렬에서 구할 수 있으며,

$$\mathrm{Var}(\hat{\beta}) = \mathrm{I}^{-1}(\beta)$$

로 나타낸다. $\mathrm{Var}(\hat{\beta}_j)$는 이 행렬의 $(j+1)$번째 대각선원소를 $\mathrm{Cov}(\hat{\beta}_i, \hat{\beta}_j)$는 이 행렬의 $(i+1)-(j+1)$번째 원소를 나타내기로 한다. 분산-공분산 행렬의 추정값은 $\hat{\beta}$에서의 $\mathrm{Var}(\beta)$를 계산하면 얻을 수 있으며, $\widehat{\mathrm{Var}}(\hat{\beta})$로 표기하자. 추정된 계수의 표준오차의 추정값은

$$\widehat{\mathrm{SE}}(\hat{\beta}_j) = \left[\widehat{\mathrm{Var}}(\hat{\beta}_j)\right]^{\frac{1}{2}}, \mathrm{j} = 0,1,2,\cdots,\mathrm{p}$$

가 된다.

$n \times (p+1)$ (계획)행렬 $\boldsymbol{X}$와 $n \times n$ 대각행렬 $\boldsymbol{V}$는 다음과 같다.

$$
\boldsymbol{X} = \begin{bmatrix} 1 & x_{11} & x_{12} & \cdots & x_{1p} \\ 1 & x_{21} & x_{22} & \cdots & x_{2p} \\ \vdots & \vdots & \vdots & \cdots & \vdots \\ 1 & x_{n1} & x_{n2} & \cdots & x_{np} \end{bmatrix},
$$

$$
\boldsymbol{V} = \begin{bmatrix} \widehat{\pi_1}(1-\widehat{\pi_1}) & 0 & \cdots & 0 \\ 0 & \widehat{\pi_2}(1-\widehat{\pi_2}) & \cdots & 0 \\ \vdots & 0 & \ddots & \cdots \\ 0 & \cdots & 0 & \widehat{\pi_n}(1-\widehat{\pi_n}) \end{bmatrix}
$$

이며, 정보 행렬(information matrix)의 추정값 $\hat{I}(\hat{\beta})$는 다음으로 표현된다.

$$
\hat{\boldsymbol{I}}(\hat{\beta}) = \boldsymbol{X}'\boldsymbol{V}\boldsymbol{X}
$$

2.3 모형의 유의성 검정

일단 로지스틱 다중회귀모형을 적합시킨 후에는 모형의 유의성 검정을 하게 된다. 1장에서와 마찬가지로 모형에 있는 변수들의 유의성 여부를 사정하게 된다. p개의 독립변수 모두에 대한 유의성을 검정하기 위해 단변량인 경우와 같이 가능도비 검정을 시행한다. 이 검정법은 식 (1.7)의 통계량 G에 근거를 둔다. p개의 기울기 모수들이 모두 "0"이라는 귀무가설 하에서 G의 분포가 $\chi^2(p)$임을 이용하면 될 것이다.

단변량 월드(Wald) 통계량 $W_j = \hat{\beta}_j / \widehat{\mathrm{SE}}(\hat{\beta}_j)$는 이 모수가 "0"이라는 귀무가설 하에서 근사적인 표준정규분포를 한다. 다변량 월드 통계량

$$
\begin{aligned}
W &= \hat{\beta}' [\widehat{\mathrm{Var}}(\hat{\beta})]^{-1} \hat{\beta} \\
&= \hat{\beta}' (\boldsymbol{X}'\boldsymbol{V}\boldsymbol{X}) \hat{\beta}
\end{aligned}
$$

는 $(p+1)$ 개의 계수가 모두 "0"이라는 귀무가설하에서 $\chi^2(p+1)$ 를 따르게 된다. 따라서 단지 p 개의 기울기 모수들에 관한 검정은 $\hat{\beta}$에서 절편항인 $\widehat{\beta_0}$ 를 제외하고 $X'VX$ 에서 $\widehat{\beta_0}$ 와 관련된 행과 열을 제외함으로써 시행할 수 있을 것이다. 그렇지만 이 검정법은 행렬의 연산을 요구하기 때문에 모형의 유의성을 검정하기 위해 가능도비 검정법이 많이 사용된다.

2.4 신뢰구간의 추정

모수들의 $100(1-\alpha)\%$ 신뢰구간은 1장의 식 (1.10)과 (1.11)에서 구할 수 있다. 여기에서 로짓에 관한 신뢰구간을 추정해 보자. p 개의 공변량을 가진 로짓의 추정량은 다음과 같다.

$$\hat{g}(\boldsymbol{x}) = b_0 + b_1 x_1 + b_2 x_2 + \cdots + b_p x_p = \boldsymbol{x}'\boldsymbol{b}\,. \tag{2.4}$$

여기에서 $\boldsymbol{x} = (x_0, x_1, x_2, \ldots, x_p)'$ 는 상수와 p 개의 공변량값,

$$\hat{\boldsymbol{\beta}} = \boldsymbol{b} = (b_0, b_1, b_2, \cdots, b_p)'$$

는 $(p+1)$개의 추정값을 각각 나타낸다.

식 (2.4)의 로짓의 추정량의 분산을 구해 보면

$$\widehat{\mathrm{Var}}[\hat{\mathrm{g}}(\mathbf{x})] = \widehat{\mathrm{Var}}(\mathbf{x}'\mathbf{b}) = \mathbf{x}'\widehat{\mathrm{Var}}(\mathbf{b})\mathbf{x} = \mathbf{x}'(\mathrm{X}'\mathrm{V}\,\mathrm{X})^{-1}\mathbf{x}$$

로 표현됨을 알 수 있다.

2.5 승산비

2.5.1 다분형 독립변수인 경우

3개 이상($k > 2$)의 수준 또는 범주를 가지는 다분형(polychotomous) 독립변수를 고려해 보자. 예를 들어, 어느 특정한 지역에서 인종(RACE)으로 구분된 변수를 선택한다. 이 변수들은 고정된 이산형 값을 가지며 명목척도로 측정되었다. 명목척도인 변수를 구간척도로 측정된 변수로 모형화하는 것은 적절하지 않다. 그러므로, 변수의 범주들을 대표하는 지시변수(indicator variable)를 만들어야 한다. 지시변수를 계획변수(design variables) 또는 가변수(dummy variable)라고도 부른다. 이번 절에서는 독립변수가 다분형인 경우 계획변수를 만드는 방법을 소개한다. 이는 분석의 목표와 모형의 선택 과정에 따라 달라진다.

예를 들어, CHD 자료에서 변수 RACE에 4개의 수준($k = 4$)이 있다고 가정하면, [표 2-1]과 같이 RACE와 CHD를 교차 분류시킬 수 있다.

[표 2-1] RACE와 CHD의 교차분류표

CHD	White	Black	Hispanic	기타	계
유	5	20	15	10	50
무	20	10	10	10	50
계	25	30	25	20	
승산비	1	8	6	4	
95% C.I.		(2.3, 27.6)	(1.7, 21.3)	(1.1, 14.9)	
$\ln(\widehat{OR})$	0.0	2.079	1.792	1.386	

[표 2-1]의 아랫부분은 White를 기준 그룹(reference group) 또는 기준 범주(reference category)로 택하여 각 그룹에 대한 승산비를 계산한 것이다. 예를 들어, Hispanic에 관한 추정된 승산비는 (15×20)/(5×10)=6이다. 그리고 맨 밑줄에는 각 승산비에 자연로그를 취한 값이 있다. 승산비에서 "1"의 값은 기준 그룹을 의미한

다. 계획변수를 지정하는 방법으로 기준 그룹의 값은 모두 "0"으로 놓고 다른 그룹에 대해서는 한 개만의 계획변수를 "1"로 놓는다. [표 2-2]는 이를 나타내는 예이다. 이때 이 방법을 지시변수 코딩방법(indicator variable coding scheme) 또는 기준셀 코딩방법(reference cell coding)이라 부른다.

[표 2-2] 기준셀 코딩방법을 이용하여 RACE에 대한 계획변수 지정

(단, White가 기준 그룹)

RACE(코드)	계획변수		
	RACE_2	RACE_3	RACE_4
White (1)	0	0	0
Black (2)	1	0	0
Hispanic (3)	0	1	0
기타 (4)	0	0	1

[표 2-2]에서 언급한 계획변수들을 이용하여 SPSS 로지스틱 회귀절차를 실행하면, [표 2-3]에 나타난 추정된 로지스틱 회귀 계수들을 얻을 수 있다.

[표 2-3] 기준셀 코딩방법에 근거한 로지스틱 회귀모형의 적합 결과

변수	계수	표준오차	z	$P>\|z\|$
RACE_2	2.079	0.6325	3.29	0.001
RACE_3	1.792	0.6466	2.78	0.006
RACE_4	1.386	0.6708	2.07	0.039
상수	−1.386	0.5000	−2.77	0.006

Log likelihood = −62.2937

[표 2-3]에 나타난 추정된 계수들과 [표 2-1]의 로그 승산비들을 비교하면 다음 식을 유도할 수 있다.

$$\ln[\widehat{OR}(\text{Black,White})] = \ln(8) = 2.079 = \hat{\beta}_1$$

$$\ln[\widehat{OR}(\text{Hispanic, White})] = \ln(6) = 1.792 = \hat{\beta}_2$$

$$\ln[\widehat{OR}(\text{기타, White})] = \ln(4) = 1.386 = \hat{\beta}_3.$$

이것이 우연히 일어났는가? 로짓 차이를 계산하면 그렇지 않음을 알 수 있다. 한 예로 Black과 White를 비교하면 다음과 같다.

$$\begin{aligned}
&\ln[\widehat{OR}(\text{Black,White})] \\
&= \hat{g}(\text{Black}) - \hat{g}(\text{White}) \\
&= [\hat{\beta}_0 + \hat{\beta}_1(\text{RACE_2} = 1) + \hat{\beta}_2(\text{RACE_3} = 0) + \hat{\beta}_3(\text{RACE_4} = 0)] \\
&\quad - [\hat{\beta}_0 + \hat{\beta}_1(\text{RACE_2} = 0) + \hat{\beta}_2(\text{RACE_3} = 0) + \hat{\beta}_3(\text{RACE_4} = 0)] \\
&= \hat{\beta}_1.
\end{aligned}$$

나머지 계수들 역시 [표 2-1]에 나타난 로그 승산비와 같게 된다.

이항 로지스틱 회귀모형에서 계산된 계수들의 추정된 표준오차는 분류표에 나타난 셀 빈도를 이용하여 구해진 값들과 동일하다. 예를 들어, 계획변수 RACE_2에 대한 추정된 표준오차는 아래와 같다.

$$\widehat{SE}(\hat{\beta}_1) = \sqrt{\frac{1}{5} + \frac{1}{20} + \frac{1}{20} + \frac{1}{10}} = 0.6325.$$

이 결과를 유도하는 방법은 Bishop 외 2인(1975)을 참조하라.

승산비에 대한 신뢰구간은 1장에서 언급한 것과 같은 방법으로 구한다. 즉, 로지스틱 회귀 계수 또는 로그 승산비에 대한 신뢰구간을 계산한 뒤 승산비에 대한 양끝점을 구하기 위해 이 양끝점에 지수함수를 취한다. 일반적으로 계수에 대한 $100(1-\alpha)\%$ 신뢰구간은

$$\hat{\beta}_j \pm z_{1-\alpha/2} \cdot \widehat{SE}(\hat{\beta}_j) \tag{2.5}$$

이다. 그러므로 승산비에 대한 신뢰구간은 다음과 같다.

$$\exp\left[\widehat{\beta}_j \pm z_{1-\alpha/2} \cdot \widehat{\mathrm{SE}}\left(\widehat{\beta}_j\right)\right]. \tag{2.6}$$

[표 2-1] 하단에 나타난 신뢰구간은 [표 2-3]에 나타난 추정된 계수들과 그 표준오차를 이용하여 구할 수 있다. 여기에서 $\alpha = 0.05$ 이다.

기준셀 코딩방법은 대조군(control group) 또는 비노출군(unexposed group)의 위험에 대해 노출된(exposed) 그룹의 위험을 추정하는 데 흔히 사용한다. 계획변수들을 코딩하는 또 다른 방법은 평균에서의 편차(deviation from means) 코딩방법이다. 이 코딩방법에서는 효과를 "전체평균(overall mean)"과 "그룹평균(group mean)"과의 편차로 표현한다. 로지스틱 회귀분석에서 "전체평균"은 모든 그룹에 대한 평균로짓이며, "그룹평균"은 그룹에 대한 로짓이다. 이 코딩방법에서 한 범주에 대한 모든 계획변수들의 값을 "−1"로 놓고, 나머지 범주에 대한 계획변수들을 "0" 또는 "1"로 고정시킨다. [표 2-4]는 이 방법을 예로 들어 설명한 것이며, [표 2-5]는 이 방법을 근거로 하여 로지스틱 회귀 계수를 추정한 결과이다.

[표 2-4] 평균에서의 편차 코딩방법을 이용하여 RACE에 대한 계획변수 지정

RACE(코드)	계획변수		
	RACE_2	RACE_3	RACE_4
White (1)	−1	−1	−1
Black (2)	1	0	0
Hispanic (3)	0	1	0
기타 (4)	0	0	1

[표 2-5] 평균에서의 편차 코딩방법에 근거한 로지스틱 회귀모형의 적합 결과

변수	계수	표준오차	z	$P>\|z\|$
RACE_2	0.765	0.3506	2.18	0.029
RACE_3	0.477	0.3623	1.32	0.188
RACE_4	0.072	0.3846	0.19	0.852
상수	−0.072	0.2189	−0.33	0.742

Log likelihood = −62.2937

[표 2-5]에 나타난 추정된 계수를 해석하기 위해서, [표 2-1]을 언급하여 RACE의 4개의 범주에 대한 로짓을 다음과 같이 계산한다.

$$\hat{g_1} = \ln\left(\frac{5/25}{20/25}\right) = \ln\left(\frac{5}{20}\right) = -1.386$$

$$\hat{g_2} = \ln\left(\frac{20}{10}\right) = 0.693$$

$$\hat{g_3} = \ln\left(\frac{15}{10}\right) = 0.405$$

$$\hat{g_4} = \ln\left(\frac{10}{10}\right) = 0\,.$$

그리고, 이 로짓들의 평균은 $\bar{g} = \dfrac{\sum \hat{g_i}}{4} = -0.072$이다. 계획변수 RACE_2에 대한 추정된 계수는 다음과 같다.

$$\hat{g_2} - \bar{g} = 0.693 - (-0.072) = 0.765$$

계획변수 RACE_j에 대한 추정계수의 일반식은 $j = 2, 3, 4$에 대해 $\hat{g_j} - \bar{g}$이다.

추정된 계수들의 해석은 기준 그룹이 사용된 상황만큼 명확하지 않다. 추정된 계수에 지수함수를 취하면 특정 그룹에 대한 승산과 승산의 기하평균의 비가 된다. 예를 들어, [표 2-5]에 나타난 RACE_2의 경우를 고려하면,

$$\begin{aligned}\exp(0.765) &= \exp(\hat{g_2} - \bar{g}) \\ &= \frac{\exp(\hat{g_2})}{\exp\left(\sum \hat{g_j}/4\right)} \\ &= \left(\frac{20}{10}\right) \Big/ \left(\frac{5}{20}\cdot\frac{20}{10}\cdot\frac{15}{10}\cdot\frac{10}{10}\right)^{1/4} \\ &= 2.15\end{aligned}$$

가 된다. 이때 "2.15"는 분자 및 분모의 값들이 두 개의 특정적인 범주에 대한 승산을 나타내지 않으므로 실제 승산비가 아니다. 추정된 계수에 지수함수를 취하면 평균승산에 대한 승산 즉, 기하평균으로 표현된다. 이 값을 해석하는 것은 "평균" 승산이 실제 의미가 있는지 여부에 따라 달라진다.

평균에서의 편차 코딩방법을 이용하여 얻어진 추정된 계수들은 기준 범주에 대한 특정범주의 승산비를 추정하는 데 사용할 수 있다. 추정값에 대한 방정식은 기준셀 코딩방법을 이용하여 얻어진 식보다 더 복잡하다. 그러나 이 방법은 승산비를 계산하는 데 로짓 차이를 이용하는 기본 원칙을 이용한 좋은 방법이기도 하다.

이를 설명하기 위해 [표 2-4]에 주어진 계획변수들에 대한 코딩방법을 이용하여 Black 대 White의 로그 승산비를 계산할 수 있다. 로짓값의 차이는 다음과 같다.

$$
\begin{aligned}
&\ln[\widehat{OR}(\text{Black}, \text{White})] \\
&\quad = \hat{g}(\text{Black}) - \hat{g}(\text{White}) \\
&\quad = [\hat{\beta}_0 + \hat{\beta}_1(\text{RACE\_2}=1) + \hat{\beta}_2(\text{RACE\_3}=0) + \hat{\beta}_3(\text{RACE\_4}=0)] \\
&\qquad - [\hat{\beta}_0 + \hat{\beta}_1(\text{RACE\_2}=-1) + \hat{\beta}_2(\text{RACE\_3}=-1) + \hat{\beta}_3(\text{RACE\_4}=-1) \\
&\quad = 2\hat{\beta}_1 + \hat{\beta}_2 + \hat{\beta}_3.
\end{aligned}
\tag{2.7}
$$

신뢰구간을 구하기 위해 식 (2.7)에 나타난 $2\hat{\beta}_1+\hat{\beta}_2+\hat{\beta}_3$ 의 분산을 추정해야 한다. 이 경우 분산의 추정량은

$$
\begin{aligned}
&\widehat{Var}\{\ln[\widehat{OR}(\text{Black}, \text{White})]\} \\
&\qquad = 4\times\widehat{Var}(\hat{\beta}_1) + \widehat{Var}(\hat{\beta}_2) + \widehat{Var}(\hat{\beta}_3) + 4\times\widehat{COV}(\hat{\beta}_1, \hat{\beta}_2) \\
&\qquad\quad + 4\times\widehat{COV}(\hat{\beta}_1, \hat{\beta}_3) + 2\times\widehat{COV}(\hat{\beta}_2, \hat{\beta}_3)
\end{aligned}
\tag{2.8}
$$

이다. 승산비에 대한 신뢰구간은 $2\hat{\beta}_1+\hat{\beta}_2+\hat{\beta}_3$ 의 신뢰구간의 양 끝점에 지수함수를 취해 얻을 수 있다. 식 (2.7)을 계산하면,

$$\ln[\widehat{OR}(\text{Black,White})] = 2(0.765) + 0.477 + 0.072$$
$$= 2.079$$

가 된다. 분산의 추정값은

$$\widehat{Var}\{\ln[\widehat{OR}(\text{Black,White})]\}$$
$$= 4(0.351)^2 + (0.362)^2 + (0.385)^2$$
$$+4(-0.031) + 4(-0.040) + 2(-0.044)$$
$$= 0.400$$

이며, 추정된 표준오차는 다음과 같다.

$$\widehat{SE}\ \{\ln[\widehat{OR}(\text{Black,White})]\text{RIGHT} = 0.6325.$$

추정된 로그 승산비(2.079)와 추정된 표준오차(0.6325)가 각각 추정된 계수와 [표 2-3]에 나타난 첫째 계획변수의 표준오차와 동일함에 유의하라.

그러므로 승산비를 구할 때 계획변수를 코딩하는 방법으로 평균에서의 편차 코딩방법이 기준셀 코딩방법에 비해 계산상 훨씬 복잡하다는 것을 알 수 있다. 이산형 명목척도로 측정된 변수들을 계획변수들로 기입할 때 이 변수들을 적절히 분석에 포함시켜야 한다. 기준셀 코딩방법이 해석하기 쉽지만, 계획변수를 선택하는 것은 어떤 응용을 할 것인지에 따라 달라진다.

2.5.2 연속형 독립변수

로지스틱 회귀모형에 연속형 독립변수가 포함되었을 때, 이 변수에 대한 추정된 계수는 모형에 어떤 방법 및 어떤 단위로 입력하느냐에 따라 달라진다. 연속형 독립변수에 대한 계수를 해석하기 위해 로짓이 선형이라고 가정한다. 이 가정을 다루는 모형전략은 3장에서 다루기로 한다.

로짓이 연속형 공변량(x)에서 선형이라는 가정 하에서, 로짓의 식은 $g(x) = \beta_0 + \beta_1 x$ 가 된다. 이때 기울기를 나타내는 계수(β_1)는 x의 값이 "1" 단위 증가함에 따른 로그 승산의 변화량을 의미한다. 즉, 모든 x값에 대해 $\beta_1 = g(x+1) - g(x)$가 된다. "1"은 임상적으로 의미가 없다. 예를 들어, 수축기 혈압에서 1mmHg량을 증가시키거나 연령 1세의 증가는 중요하게 고려하기에는 너무 작은 양이다. 10년 또는 10mmHg 증가는 임상적으로 중요시될 수 있을 것이다. 반면에 x의 범위가 "0"에서 "1"까지라면, "1"의 변화는 너무 크고 "0.01"이 더 현실적일 수 있다. 그래서, 연속형 공변량을 적절하게 해석하기 위해서는 공변량에서 임의의 "c"단위만큼 변화한 값에 대해 점추정 및 구간추정할 방법을 모색할 필요가 있다.

x의 "c"단위만큼 변화한 값에 대한 로그 승산비는 로짓값의 차이인 $g(x+c) - g(x) = c\beta_1$으로부터 구할 수 있으며, 이에 관련된 승산비는 이 로짓값의 차에 지수함수를 취하여(즉, $\mathrm{OR}(c) = \mathrm{OR}(x+c, x) = \exp(c\beta_1)$) 구할 수 있다. 이때 추정값은 β_1 대신 최대가능도 추정값 $\widehat{\beta}_1$으로 대치된다. 신뢰구간을 구할 때 필요한 표준오차 추정값은 $\widehat{\beta}_1$의 표준오차 추정값에 c를 곱하면 된다. 그러므로 $\mathrm{OR}(c)$에 대한 $100(1-\alpha)\%$ 신뢰구간 추정값은 다음이 된다.

$$\exp\left[c\widehat{\beta}_1 \pm z_{1-\alpha/2} c \cdot \widehat{\mathrm{SE}}(\widehat{\beta}_1).\right]$$

점추정값과 신뢰구간의 두 끝점은 어느 "c"를 택하느냐에 따라 달라진다. "c"를 택하는 데 논란이 있을 수 있다. 예를 들어 5년 또는 심지어 20년에 해당하는 값이 동일하다면, 10년의 변화는 무슨 의미가 있는가? 물론 어느 적절한 값을 사용할 수 있지만 분석하고자 하는 목적을 염두에 두어야 한다. 즉, 결과가 일어날 위험이 얼마나 변수를 변화시키느냐에 중점을 둔다. 5의 배수 또는 10의 배수의 변화가 가장 의미가 있을 수 있으며 쉽게 이해된다.

한 예로 [표 1-3]에 나타난 모형을 고려해 보자. 이 결과는 [표 1-1] 자료에 근거하여 AGE에 대한 CHD 상태를 로지스틱 회귀모형으로 적합한 것이다. 추정된 로짓은 $\widehat{g}(\mathrm{AGE}) = -5.309 + 0.111\mathrm{AGE}$ 이다. 연령을 10년 증가시킨 것에 대한 추정된 승산비는

$$\widehat{\mathrm{OR}}(10) = \exp(10 \times 0.1110) = 3.03$$

이다. 이를 통해 연령이 10세 증가함에 따라 CHD 추가 위험은 50세에 비해 60세가 갖는 CHD 추가 위험과는 현저히 다르므로, 앞에서 언급한 내용은 논란의 여지가 있을 수 있다. 이는 연속형 공변량이 로짓함수에서 선형으로 모형화되었기 때문에 기인한다. 만일 로짓함수가 공변량에 대해 비선형이라면, 그룹화와 가변수를 사용하여 다시 고려할 수 있다. 예를 들어, 공변량에 대해 고차항($x^2, x^3, \cdots$) 또는 다른 비선형 형태를 고려할 수 있다. 따라서 연속형 공변량을 모형에 포함시킬 때 중요하게 고려해야 할 점은 로짓함수에 취해지는 척도화(scaling)이다. 이 예에서 승산비에 대한 95% 신뢰구간은 다음과 같다.

$$\exp(10 \times 0.111 \pm 1.96 \times 10 \times 0.024) = (1.90,\ 4.86)$$

결론적으로, 연속형 변수에 대한 추정된 계수를 해석하는 것은 명목형 변수의 계수(즉, 추정된 로그 승산비)와 비슷하다. 주요한 차이점은 의미 있는 변화는 연속형 변수에서 정의된다는 것이다.

2.6 교호작용과 교락

역학자들이 주로 사용하는 용어로 교락(confounding)이란, 종속변수와 중요한 독립변수 또는 위험 요인(risk factor) 모두에 관련된 공변량을 설명하기 위하여 사용된다. 양쪽에 모두 관련이 있는 경우 위험 요인과 종속변수 사이의 관련성이 교락되어 있다고 말한다.

이번 절에서는 교호작용의 개념을 소개하고, 로지스틱 회귀모형에서 그 효과를 어떻게 조절할지를 보여 줄 것이다. 우선 교호작용에 관해서는 예를 통해 알아보도록 하자. 위험 요인으로 흡연 여부를 나타내는 이분형변수 SMOKE, 연령을 나타내는 연속형 공변량 AGE, 그리고 반응변수 y는 폐암에 걸렸는지의 여부를 나타낸다고 하자.

만일 흡연자 군에서의 AGE와 y 의 관련성이 비흡연자 군에서의 AGE와 y 의 관련성과 동일하다면, 이때 공변량 AGE와 위험 요인인 SMOKE 간에는 아무런 교호작용도 없다고 정의한다. 만일 교호작용이 존재한다면, 공변량 AGE의 수준에 따라 위험 요인 SMOKE와 반응변수 y 간의 연관성이 다르다는 것이다. 즉 공변량 AGE는 위험 요인 SMOKE의 효과를 수정하게 된다.

역학자들은 위험 요인과 서로 교호작용을 하는 변수를 표현하기 위해 효과 수정항(effect modifier)이라는 용어를 사용한다.

[그림 2-6] 교호작용의 존재 여부를 보여 주는 3가지 다른 모형하의 로짓그림

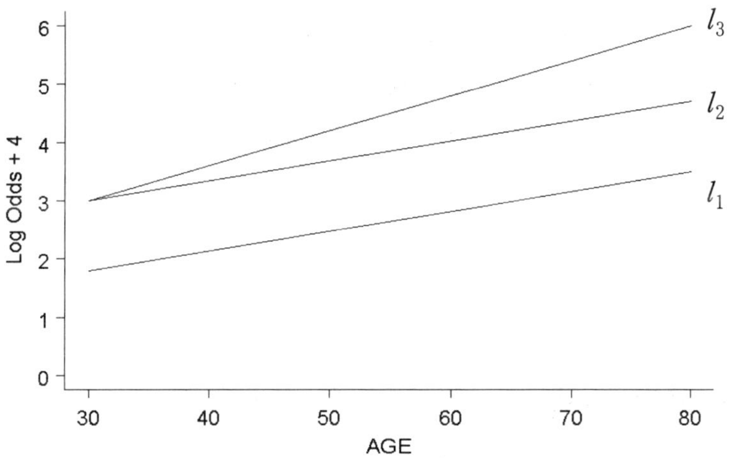

[그림 2-6]은 3가지의 서로 다른 로짓의 그래프를 나타낸다. 교호작용을 설명하기 위해 이 로짓의 그래프를 사용하여 보자. 반응변수는 CHD의 존재 여부, 위험 요인으로는 SEX, 그리고 공변량으로 AGE가 있다고 하자. 직선 l_1 은 여성들에 관한 로짓을 연령의 함수로 표현했고, 직선 l_2 는 남성들의 로짓이다. 만일 이 두 직선이 서로 평행하다면, 공변량 AGE와 반응변수 CHD 간의 관계가 성별에 관계없이 동일하다는 것을 말해 준다. 이런 상황을 교호작용이 존재하지 않는다고 말하고, AGE의 효과를 수정한 성별에 대한 로그 승산비는 두 직선 사이의 차이로 주어짐

을 알 수 있다. 여기에서 차이란 물론 두 직선 사이의 수직 거리를 의미한다. 반면에 남성들의 로짓을 직선 l_3 라고 하자. 이 직선은 직선 l_1 보다 더 가파름을 보여준다. 다시 말해, 남성들에 있어서 AGE와 CHD 사이의 관련성이 여성들의 관련성과는 서로 다르다는 것이다. 이런 경우 AGE과 SEX 사이에 교호작용이 있다고 말한다. 이때 AGE의 효과를 수정한 성별에 관한 승산비는 두 직선 사이의 수직 거리로 주어지지만, 비교가 이루어지는 AGE의 값에 따라 그 차이가 다름을 알 수 있다. 이때 AGE를 효과 수정항이라고 부른다.

실제적으로 어떤 공변량의 교락 상태를 체크해 보는 한 가지 방법은 이 공변량을 모형에 포함한 경우와 그렇지 않은 경우 각각에서 위험 요인의 계수를 구하여 비교해 보는 것이다. 추정된 계수의 통계적인 유의성 여부에 관계없이 어떤 특정한 공변량을 제거하였을 때 위험 요인을 추정한 값이 많이 변하거나, 임상적으로 중요한 의미가 있다면 교락인자(confounder)라고 부를 수 있을 것이다.

반면에 어느 모형에 추가된 교호작용항이 임상적으로 의미 있을 뿐 아니라 통계적으로도 유의하다면, 그 공변량을 효과 수정항이라고 믿게 된다. 공변량이 효과 수정항일 경우 위험 요인의 계수 추정값은 공변량의 값에 따라 달라지게 된다.

2.7 교호작용이 존재하는 경우의 승산비 추정

단지 두 변수와 그들의 교호작용이 있는 모형을 생각해 보자. 위험 요인은 X, 공변량은 C, 그들의 교호작용항을 $X \times C$로 나타내자. 이 모형에서의 로짓은 다음과 같다.

$$g(x,c) = \beta_0 + \beta_1 x + \beta_2 c + \beta_{12} x \times c.$$

공변량 $C = c$ 에서 변수 X 의 두 수준 x_1, x_0 을 비교하는 승산비를 구한다고 하자. 이때 두 로짓을 각각 구해 보자.

$$g(x_1, c) = \beta_0 + \beta_1 x_1 + \beta_2 c + \beta_{12} x_1 \times c$$

$$g(x_0, c) = \beta_0 + \beta_1 x_0 + \beta_2 c + \beta_{12} x_0 \times c.$$

이때 로그 승산비를 계산하여 구하면 다음과 같이 된다.

$$\begin{aligned} \ln[\mathrm{OR}(\mathrm{X} = \mathrm{x}_1, \mathrm{X} = \mathrm{x}_0, \mathrm{C} = \mathrm{c})] &= \mathrm{g}(\mathrm{x}_1, \mathrm{c}) - \mathrm{g}(\mathrm{x}_0, \mathrm{c}) \\ &= \beta_1(x_1 - x_0) + \beta_{12} c (x_1 - x_0). \end{aligned} \tag{2.9}$$

다음으로 로그 승산비의 신뢰구간을 유도하여 보자. 로그 승산비의 신뢰구간의 경계점(끝점)을 구하려면 교호작용항이 없는 경우와 같은 방법으로 유도하면 된다. 즉 신뢰구간의 경계점을 구한 후 지수를 취해 준다. 로그 승산비의 $100(1-\alpha)\%$ 신뢰구간은 다음과 같다.

$$\begin{aligned} &\left[\widehat{\beta_1}(x_1 - x_0) + \widehat{\beta_{12}} c (x_1 - x_0)\right] \\ &\quad \pm z_{1-\alpha/2} \, \widehat{\mathrm{SE}} \left\{\ln[\widehat{\mathrm{OR}}(X = x_1, X = x_0, C = c)]\right\}. \end{aligned} \tag{2.10}$$

예를 들어, 저체중아 자료(low birth weight data)를 사용하여 로지스틱 회귀모형을 적합시켜 보자(저체중아 자료는 부록 참조). 저체중아 자료는 연속변수인 AGE, 이분형변수 LWD가 있다. 이 LWD 변수는 어머니의 무게 LWT가 110파운드 미만이면 "1", 110파운드 이상이면 "0"을 취한다. 일련의 로지스틱 회귀모형을 적합한 결과가 [표 2-7]에 주어진다.

[표 2-7]에 주어진 결과를 보면, 변수 AGE는 강한 교락요인은 아니다. 그렇지만 변수 AGE와 변수 LWD와의 교호작용의 p 값이 "0.076"이므로, 저체중아를 출산할 위험을 예측하기 위해서 이 변수의 교호작용항을 모형에 포함시켜야 할 것이다.

[표 2-7] 추정된 로지스틱 회귀의 결과

Model	Constant	LWD	AGE	LWD×AGE	G	p
0	−0.790					
1	−1.054	1.054			8.44	0.004
2	−0.027	1.010	−0.044		1.96	0.160
3	0.774	−1.944	−0.080	0.132	3.14	0.076

여기에서 G는 가능도비 검정통계량, p 는 유의확률을 각각 나타낸다.

식 (2.9)와 [표 2-7]의 결과를 이용하여 연령이 AGE = a 인 저체중 여성에 대한 로그 승산비를 다음과 같이 추정하여 보자.

$$\ln\left[\widehat{\mathrm{OR}}(\mathrm{LWD}=1, \mathrm{LWD}=0, \mathrm{AGE}=\mathrm{a})\right] = -1.944 + 0.132\mathrm{a}.$$

추정된 계수의 분산을 얻으려면 분산-공분산 행렬이 필요할 것이다. SPSS 패키지 프로그램을 이용하여 [표 2-8]에 주어진 형태의 결과를 얻을 수 있을 것이다.

[표 2-8] 추정된 분산-공분산 행렬

	Constant	LWD	AGE	LWD×AGE
Constant	0.828			
LWD	−0.828	2.975		
AGE	−0.353−02	−0.353−01	0.157−02	
LWD×AGE	−0.353−01	−0.128	−0.157−02	0.573−02

식 (2.9)에 주어진 로그 승산비의 추정된 분산은 다음과 같다.

$$\begin{aligned}\widehat{\mathrm{Var}}\ &\{\ln[\widehat{\mathrm{OR}}(\mathrm{LWD}=1, \mathrm{LWD}=0, \mathrm{AGE}=\mathrm{a})]\} \\ &= \widehat{\mathrm{Var}}(\widehat{\beta_1}) + \mathrm{a}^2\widehat{\mathrm{Var}}(\widehat{\beta_{12}}) + 2\mathrm{a}\,\widehat{\mathrm{Cov}}(\widehat{\beta_1}, \widehat{\beta_{12}}) \\ &= 2.975 + a^2 \times 0.0057 + 2 \times a \times (-0.128) \qquad (2.11)\end{aligned}$$

식 (2.9)-식 (2.11)을 이용하여 연령이 30세일 경우, 승산비 추정값과 그 95% 신뢰구간은

$$\widehat{\mathrm{OR}} = 7.55$$

$$\widehat{\mathrm{CI}} = (1.95,\ 29.19)$$

이다. 연령이 30세인 저체중 여성은 같은 연령의 저체중이 아닌 여성보다 7.5배나 저체중아를 출산할 위험률이 높은 것으로 추정되며, 95%의 신뢰로 그 위험률은 2배에서 29배까지나 높게 추정됨을 보여 준다.

2.8 로지스틱 회귀분석과 층화분석의 비교

교호작용과 교락효과를 검출하기 위한 다른 방법으로 2×2 교차표의 층화분석(stratified analysis)을 시행하여 보자. 각 층에서의 승산비가 일정하다면, Mantel-Haenszel 추정량이나 가중 로짓 추정량 같은 층화승산비 추정량을 구해 볼 수 있겠다.

이 두 가지 방법을 설명하기 위해 저체중아 자료(low birth weight data)를 다시 사용하기로 한다. 종속변수인 LOW는 신생아의 체중이 2500g 미만이면 "1", 그렇지 않으면 "0"의 값을 가지며, 위험 요인인 SMOKE는 담배를 피는 경우 "1", 그렇지 않으면 "0"의 값을 가지게 된다.

변수 LOW와 SMOKE의 2×2 교차표에서 계산된 수정되지 않은 승산비는 $\widehat{\mathrm{OR}} = 2.02$이다([표 2-9] 참조).

[표 2-9] Low 대 Smoke의 교차표

		SMOKE		
		1	0	Total
LOW	1	30	29	59
	0	44	86	130
Total		74	115	189

[표 2-10]은 어머니의 인종에 따른 2×2 교차표를 보여 준다. Mantel-Haenszel 추정량은 각 층의 승산비의 가중평균으로 표현되며 다음과 같이 정의된다.

$$\widehat{\mathrm{OR}}_{MH} = \frac{\sum a_i d_i / N_i}{\sum b_i c_i / N_i}.$$

여기에서 a_i, b_i, c_i, d_i는 i번째 층의 2×2 교차표에서 각 셀에 관찰된 빈도수이고, N_i는 전체 빈도수를 나타낸다.

[표 2-10]의 자료를 이용하여 Mantel-Haenszel 추정량을 계산해 보면 다음과 같다.

$$\widehat{OR}_{MH} = \frac{13.067}{4.234} = 3.09$$

[표 2-10] 인종에 따른 Low와 Smoke의 교차표

White				
		SMOKE		
		1	0	Total
LOW	1	19	4	23
	0	33	40	73
Total		52	44	96

Black				
		SMOKE		
		1	0	Total
LOW	1	6	5	11
	0	4	11	15
Total		10	16	26

Other				
		SMOKE		
		1	0	Total
LOW	1	5	20	25
	0	7	35	42
Total		12	55	67

승산비의 가중 로짓 추정량은 각 층의 로그 승산비의 가중평균으로 정의된다.

$$\widehat{OR}_L = \exp\left(\frac{\sum w_i \ln(\widehat{OR}_i)}{\sum w_i}\right).$$

여기에서 가중값 w_i는 i 번째 층의 로그 승산비의 분산의 역수를 나타낸다. [표 2-10]의 자료에 대한 가중 로짓 추정량은

$$\widehat{\mathrm{OR}}_L = \exp\left(\frac{7.109}{6.582}\right) = 2.95$$

이며, Mantel-Haenszel 추정값보다 조금 작다. 각 인종 층에서의 승산비의 값이 비슷하지 않고 서로 다른 경우, 변수 RACE에 관한 교락요인이 있거나 또는 수정 효과가 있음을 시사해 준다. 일반적으로 각 층 내의 자료들이 성기지 않다면, 위에서 정의한 두 통계량의 값이 거의 비슷함을 알 수 있다. Mantel-Haenszel 추정량의 장점은 어떤 셀의 빈도수가 "0"일 때에도 구할 수 있다는 것이다.

지금까지는 모수들을 추정하여 그 추정값을 이용하고 또한 승산의 추정 등에 관하여 살펴보았다. 그렇지만 모형을 설정한 후 그 적합된 값을 이용하는 경우도 드물지 않게 있다. 저체중아 자료를 예로 들어 설명해 보자. 우선 자료에 있는 개체들의 반응값의 예측에 관하여 토론하여 보자. 체중(LWT)이 150파운드이고, 인종이 백인인 경우를 고려해 보자. 이런 값을 가진 개체는 자료 내의 189명 중에 속하게 된다. 그러므로 적합된 값의 추정, 로짓 그리고 로짓의 표준오차들은 쉽게 결과물로부터 구해진다.

반면에 데이터 세트 내에 있지 않은 여성의 저체중아 출산 확률을 추정하여 구하고자 한다. 예를 들어, 150파운드 흑인 여성의 로짓을 구하여 보면

$$\begin{aligned}\hat{g}(\mathrm{LWT} = 150, \mathrm{RACE} = \mathrm{Black}) \\ &= 0.806 - 0.015 \times 150 + 1.081 \times 1 + 0.481 \times 0 \\ &= -0.363\end{aligned}$$

이며, 로지스틱 확률의 추정값은

$$\begin{aligned}\hat{\pi}(\mathrm{LWT} = 150, \mathrm{RACE} = \mathrm{Black}) &= \frac{\exp(-0.363)}{1 + \exp(-0.363)} \\ &= 0.410\end{aligned}$$

이 된다. 즉, 이 모형은 150파운드의 흑인 여성 중 41% 정도가 저체중아를 출산할 가능성이 있음을 말해 준다. 신뢰구간을 구하기 위하여 식 (1.12)를 이용한다.

표준오차를 계산하여 보면

$$\widehat{SE}[\hat{g}(LWT = 150, RACE = Black)] = 0.1725$$

이며, 확률의 95% 신뢰구간은 (0.331, 0.494)가 된다. 150파운드의 흑인 여성이 저체중아를 출산할 확률은 95%의 신뢰로 "0.331"에서 "0.494"임을 보여 준다. 이때 150파운드의 값이 이 자료 내의 26명의 흑인 여성들의 체중 범위인 98파운드부터 241파운드 내에 위치하여야만 한다는 사실에 유의하여야 한다.

2.9 변수 선택의 방법

다른 다변량 통계적 기법들과 마찬가지로, 로지스틱 회귀에서도 종속변수를 잘 설명하여 주는 독립변수(공변량)들을 식별하여 선택하여야 하는 상황이 자주 발생한다. 회귀분석이나 판별분석에서 변수 선택에 관련된 문제들을 로지스틱 회귀에서도 똑같이 생각해 볼 수 있겠다. 물론 어떤 모형도 통계적인 관점에서 최적의 모형이라고 단정지을 수는 없을 것이다. 서로 다른 변수 선택법은 서로 다른 모형을 산출할 것이다. 여러 가능한 모형들을 면밀히 조사하여 그들 중에서 해석적인 면, 변수의 수, 변수의 접근성 등에 근거하여 최적의 모형을 고를 수 있을 것이다. 늘 그렇듯이 모형은 모집단에서 선택된 임의의 표본을 적합시키므로 다른 표본이 추출되면 다른 모형이 적합될 것이다.

이 절에서는 SPSS에서의 변수선택 방법에 대해 다루기로 한다. 선택의 절차는 다음과 같다.

① 진입(Enter): 변수들을 그냥 모형에 삽입
② 전진단계선택법(Forward stepwise selection)
③ 후진단계제거법(Backward stepwise elimination)

.SPSS에서는 변수의 입력 시 항상 스코어 통계량(Score statistic)을 사용하며, 변수를 제거할 때는 월드 통계량, 가능도비값의 변화, 조건통계량(conditional statistic)들을 사용할 수 있다. 이때 유의할 점은 하나의 범주형변수를 나타내는 모든 변수들은 한꺼번에 모형에 들어가거나, 제거되어야 한다는 것이다.

■ 전진단계선택법

로지스틱 회귀에서 전진단계선택법은 중회귀모형에서와 같다. 모형에서 절편항을 생략하라는 옵션을 사용하지 않는 한, 항상 절편항만 있는 모형(constant only model)에서 시작하게 된다.

각 단계마다 스코어 통계량에 대한 제일 적은 유의 수준을 가진 변수를 고른다. 이 변수가 주어진 기준 절단값(cutoff value: 디폴트로 0.05)보다 작으면 선택된 변수를 채택하여 모형에 넣는다. 모형에 이미 들어온 전진단계 블록 내의 모든 변수는 제거 기준을 만족하는지 검사한다. 만일 변수를 제거하기 위해서 월드 통계량을 사용하기로 했다면, 모형 내의 모든 변수에 대한 월드 통계량을 조사하여 가장 큰 유의 수준값을 가진 변수를 찾는다. 이 변수가 만일 선택한 기준 절단값(디폴트 0.1)을 초과하면, 모형에서 제거시킨다. 제거 기준을 만족시키는 변수가 없을 때, 다음의 자격 있는 변수가 모형에 삽입된다. 어떤 변수가 모형에서 제거하기 위해 선택되어 이미 고려한 모형이 다시 된다면, 변수 선택은 멈추게 된다.

그렇지 않으면 제거된 변수 없이 모형이 추정되고 변수들을 제거하기 위해 다시 검사한다. 더 이상 제거할 변수가 없을 때까지 계속한다. 그리고 나서 변수들을 모형에 입력시키기 위한 검사를 다시 한다. 이 과정을 전에 고려한 모형을 다시 만나게 되거나(알고리즘이 반복됨을 의미한다) 또는 어떤 변수도 입력이나 제거 기준을 만족하지 못할 때까지 계속하면 된다.

변수들을 모형에서 제거하기 위해 사용한 월드 통계량보다 더 나은 기준으로 가능도비 검정법이 있다. 이 방법은 각 변수가 모형에 입력된 경우와 그렇지 않은 경우의 로그 가능도비의 차이에 −2배를 곱한 값에 근거한다. 귀무가설이 사실이고 표본 크기가 충분히 크면, 이 변화량은 $\chi^2(r)$의 분포를 하게 된다(McCullagh & Nelder, 1989). 여기에서 r은 완전모형(full model)과 축소모형(reduced model)에서의 항의 수의 차이를 나타낸다.

변수를 모형에서 제거하기 위해 가능도비 검정법을 사용한다면, 그 유의 수준을 기준 절단값과 비교하게 된다. 알고리즘은 전에 설명한 바와 같지만 변수를 제거하기 위해 월드 통계량 대신 가능도비 검정통계량을 사용함에 유의하여야 한다.

변수를 제거하기 위해 조건통계량을 사용할 수도 있다. 가능도비 검정법과 같이 조건통계량은 완전모형과 축소모형의 가능도비 차이에 근거를 둔다. 그러나 조건통계량은 모형을 다시 추정하지 않으므로 구하려는 계산 과정이 많이 줄어든다.

[표 2-11] 모형에 포함되지 않은 변수

			Score	df	Sig.
Step 0	Variables	AGE	1.095	1	.295
		ACID	3.117	1	.077
		XRAY	11.283	1	.001
		STAGE	7.438	1	.006
		GRADE	4.074	1	.044
	Overall Statistics		19.451	5	.002

이 예에서는, 계수들이 모두 "0"이라는 귀무가설을 기각하므로 변수의 선택을 계속해서 진행하게 된다.

앞에서 설명한 대로, 월드 통계량처럼 스코어 통계량은 계수가 "0"이라는 귀무가설을 검정하기 위한 측도이다. 월드 통계량과는 달리 모수 추정시 과도한 계산이 필요하지 않으므로 계수들을 다시 계산하기 쉽지 않은 상황에 매우 유용함을 알 수 있다. 그러나 귀무가설이 옳은 경우 월드 통계량, 가능도비 검정통계량 그리고 라오의 스코어 통계량 모두 대표본에서는 서로 동등함을 알 수 있다(Rao, 1973).

[표 2-11]에서, 변수 XRAY의 유의확률이 0.001로 제일 작을 뿐 아니라 디폴트 값 0.05보다 크지 않으므로 모형에 선택되는 가장 최초의 변수가 된다. 각 단계마다 추정된 계수들과 관련 통계량이 [표 2-12]에 주어진다. 모형에 포함되지 않은 통계량은 [표 2-13]에 나타난다.

[표 2-12] 단계별 모형에 추정된 변수의 계수와 통계량

		B	S.E.	Wald	df	Sig.	Exp(B)
Step 1	XRAY	2.182	.697	9.783	1	.002	8.861
	Constant	−1.170	.382	9.403	1	.002	.310
Step 2	XRAY	2.119	.747	8.054	1	.005	8.326
	STAGE	1.588	.700	5.148	1	.023	4.895
	Constant	−2.045	.610	11.236	1	.001	.129

[표 2-13] 단계별 모형에 추정되지 않은 변수의 통계량

			Score	df	Sig.
Step 1	Variables	AGE	1.352	1	.245
		ACID	2.073	1	.150
		STAGE	5.639	1	.018
		GRADE	2.371	1	.124
	Overall Statistics		10.360	4	.035
Step 2	Variables	AGE	1.268	1	.260
		ACID	3.092	1	.079
		GRADE	.584	1	.445
	Overall Statistics		5.422	3	.143

[표 2-14] 모형에 포함되지 않은 변수

		Chi-square	df	Sig.
Step 1	Model	11.251	1	.001
	Block	11.251	1	.001
	Step	11.251	1	.001
Step 2	Model	16.889	2	.000
	Block	16.889	2	.000
	Step	5.647	1	.017

두 번째 단계에서 모형(Model) 카이제곱항은 절편항만 있는 모형과 절편항 변수 XRAY, 변수 STAGE가 있는 두 모형 사이의 −2LL값의 차이를 나타낸다(70.252 − 53.353 = 16.899). Step 카이제곱항은 변수 STAGE가 절편항과 변수 XRAY가 있는 모형에 추가되었을 때 −2LL값의 차이임을 보여 준다.

만일 변수를 제거하기 위해 가능도비 통계량을 선택하게 되면 결과물은 앞에서 설명한 것과는 조금 다른 형태가 된다.

[표 2-15] 제거된 모형의 통계량

	Variable	Model Log Likelihood	Change in −2LL	df	Sig. of the Change
Step 1	XRAY	−35.126	11.251	1	.001
Step 2	XRAY	−31.276	9.199	1	.002
	STAGE	−29.500	5.647	1	.017

모형의 각 변수에 대해 [표 2-15]는 만일 어떤 변수가 모형에서 제거되었을 경우 로그 가능도비와 −2LL의 차이뿐 아니라 그 유의확률값을 보여 준다. 유의확률값이 주어진 기준 절단값보다 더 크면 그 변수는 모형에서 제거되고, 제거할 변수들이 또 있는지 조사하기 위해 모형의 통계량들을 다시 계산하게 된다.

■ 후진단계제거법

전진단계선택법은 모형에 아무런 변수가 없을 때부터 시작하지만 후진단계제거법은 모든 변수를 포함한 모형에서 시작한다. 각 단계마다 변수의 입력과 제거에 관하여 검사한다. 변수를 모형에 포함시켜야 할지 결정하기 위해서는 항상 스코어 통계량을 사용하게 된다. 전진선택법과 마찬가지로 월드 통계량, 가능도비 통계량, 조건통계량은 제거할 변수를 고르기 위해서 사용된다.

3

이분형 로지스틱 회귀모형의 추론

이 장에서는 로지스틱 회귀모형이 잘 적합되었는지를 측정하고 평가하는 방법에 관하여 토론해 보도록 한다. 모형을 설정한 후 고려해야 할 여러 변수들이 모두 잘 채택되었고 또한 그들의 올바른 함수 형태도 잘 선택되었다고 가정하자. 이제 설정한 모형이 반응변수를 얼마나 잘 설명하고 있는지 알아보고자 한다. 이는 로지스틱 회귀모형을 적합시킨 적합된 값(fitted values)과 반응변수의 값을 비교함으로써 점검해 볼 수 있다. 이것을 모형의 적합도(goodness of fit)라고 부른다.

모형이 적합된다는 표현은 무엇을 의미하는가?

반응변수를 벡터 $\boldsymbol{y} = (y_1, y_2, \ldots, y_n)'$, 적합된 값을 $\hat{\boldsymbol{y}} = (\widehat{y_1}, \widehat{y_2}, \ldots, \widehat{y_n})'$ 라고 표기하자. 다음과 같은 경우 모형이 잘 적합되었다고 결론지어 말할 수 있다.

① 관찰값 $\boldsymbol{y}$와 예측값 $\hat{\boldsymbol{y}}$ 사이의 거리의 어떤 총측도(summary measure)의 값이 그리 크지 않거나,

② 어느 한 쌍$(y_i, \widehat{y_i})$의 어떤 총 측도에 대한 기여가 구조적이지 않을 뿐 아니라 모형의 오차 구조에 비하여 상대적으로 작은 경우이다.

즉, 적합된 모형을 완전히 평가하려면 $\boldsymbol{y}$ 와 $\hat{\boldsymbol{y}}$ 사이의 거리의 총 측도뿐 아니라 그 각각의 요소를 검사하여야 할 것이다.

3.1 적합도의 측도

적합도를 측정하는 통계량을 논하기 전에 적합된 모형이 모형의 평가를 위해 필요한 자유도에 미치는 영향을 먼저 생각하여 보자. 공변량패턴(covariate pattern) 또는 블록(block)이라는 용어는 모형 내의 공변량들의 값이 같은 집합을 의미한다. 예를 들어, 변수 인종(RACE)과 성별(SEX)만을 가진 모형에서 각 변수는 각각 두 개의 수준을 가진다고 하자. 이때 공변량패턴 수(블록 수)는 모두 4종류가 된다.

적합된 모형은 p 개의 독립변수 $\boldsymbol{x} = (x_1, x_2, \ldots, x_p)'$ 와 J개의 공변량패턴 수를 가진다고 하자. 만일 어떤 두 개체가 같은 $\boldsymbol{x}$ 값을 가진다면, $J < n$ 이 될 것이다.

독립변수 $\boldsymbol{x} = \boldsymbol{x}_j$ 인 개체들의 수를 m_j, $j = 1, 2, \cdots, J$로 표시하자. 그러면 $\sum_{j=1}^{J} m_j = n$ 이 될 것이다. 독립변수가 $\boldsymbol{x} = \boldsymbol{x}_j$ 인 m_j 개체 중에서 $y = 1$ 인 개체들의 수를 Y_j 라고 놓자. n_1 을 전체의 자료 중 $y = 1$ 인 개체들의 수라고 하면 $\sum_{j=1}^{J} Y_j = n_1$ 이 된다.

3.1.1 피어슨 카이제곱 통계량과 편차 카이제곱 통계량

회귀모형에서는 진단통계량을 각 개체에 대하여 정의하고 산출하였으며, 적합의 총 측도는 주로 관찰값과 예측값의 차이인 잔차(residual) $r_i = y_i - \hat{y}_i$ 의 함수로 표현하였다. 로지스틱 회귀모형에서 관찰값과 예측값 사이의 차이를 재는 측도에 대하여 알아보자. 로지스틱 회귀모형에서 적합된 값은 각 공변량패턴에 대하여 같은 값을 가지게 되고 그 공변량패턴의 값에서 추정된 확률값이 된다는 사실을 강조하기 위해, j 번째 개체에 대해 적합된 값 $\hat{y}_j$ 와 j 번째 공변량패턴에 대해 적합된 값을 $\hat{Y}_j$ 로 표기하면 그 값은 각각 다음과 같다.

$$\hat{y}_j = \hat{\pi}_j = \frac{\exp(\hat{g}(x_j))}{\{1 + \exp(\hat{g}(x_j))\}}$$

$$\widehat{Y}_j = m_j \widehat{\pi}_j = m_j \frac{\exp(\hat{g}(x_j))}{\{1+\exp(\hat{g}(x_j))\}}.$$

여기에서 $\hat{g}(x_j)$는 추정된 로짓값을 나타낸다.

관찰값과 적합된 값 사이의 차이를 나타내는 두 측도로 표준화된 잔차(standardized residual) 또는 피어슨 잔차(Pearson residual)와 편차 잔차(deviance residual)를 고려하여 보자. 어떤 한 개체와 임의의 한 공변량패턴에 대한 표준화된 잔차를 다음과 같이 각각 정의한다.

$$z_j = \frac{y_j - \widehat{\pi}_j}{\sqrt{\widehat{\pi}_j(1-\widehat{\pi}_j)}} \tag{3.1}$$

$$r(Y_j, \widehat{\pi}_j) = \frac{Y_j - m_j\widehat{\pi}_j}{\sqrt{m_j\widehat{\pi}_j(1-\widehat{\pi}_j)}}. \tag{3.2}$$

공변량패턴에 대하여 이런 일련의 피어슨 잔차들에 근거한 총 통계량이 바로 피어슨 카이제곱 통계량(Pearson chi-square statistics)

$$\chi^2 = \sum_{j=1}^{J} r(Y_j, \widehat{\pi}_j)^2 \tag{3.3}$$

이 된다. 피어슨 잔차와 마찬가지로, 어떤 개체와 공변량패턴에 대한 편차 잔차는 각각 다음과 같다.

$$d(y_j, \widehat{\pi}_j) = \pm \left\{ 2\left[y_j \ln\left(\frac{y_j}{\widehat{\pi}_j}\right) + (1-y_j)\ln\left(\frac{1-y_j}{1-\widehat{\pi}_j}\right)\right]\right\}^{1/2} \tag{3.4}$$

$$d(Y_j, \widehat{\pi}_j) = \pm \left\{ 2\left[Y_j \ln\left(\frac{Y_j}{m_j\widehat{\pi}_j}\right) + (m_j - Y_j)\ln\left(\frac{m_j - Y_j}{m_j(1-\widehat{\pi}_j)}\right)\right]\right\}^{1/2}. \tag{3.5}$$

여기에서 부호(+ 또는 −)는 $y_j - \widehat{\pi}_j$ 그리고 $Y_j - m_j\widehat{\pi}_j$의 부호와 동일하다. $Y_j = 0$인 공변량패턴에 대한 편차 잔차는

$$d(Y_j, \hat{\pi}_j) = -\sqrt{2m_j |\ln(1-\hat{\pi}_j)|}$$

이며, $Y_j = m_j$ 일 때의 편차 잔차는

$$d(Y_j, \hat{\pi}_j) = \sqrt{2m_j |\ln(\hat{\pi}_j)|}$$

가 된다. 편차 잔차들에 근거한 총 통계량이 바로 편차 카이제곱 통계량

$$D = \sum_{j=1}^{J} d(Y_j, \hat{\pi}_j)^2 \tag{3.6}$$

가 된다.

적합된 모형이 올바르다는 가정 하에서 위의 두 통계량 χ^2 과 D 의 분포는 $\chi^2(J-p-1)$ 을 따른다고 한다. 편차 D 가 χ^2 분포를 한다는 사실은 모수의 수가 J 개인 경우의 포화모형 대 $(p+1)$ 개로 적합된 모형의 가능도비 검정통계량에서 바로 편차 D 가 유도되었다는 사실에 기인한다. 마찬가지로 통계량 χ^2 의 분포가 유도된다.

SPSS의 이분형 로지스틱 절차에서는 5종류의 잔차, 예측값, 3종류의 영향력 통계량들을 모두 각각 모든 개체에 대하여 제공하여 주고 있지만, 다항 로지스틱 절차에서 제공하는 두 개의 적합도 카이제곱 통계량인 피어슨 카이제곱 통계량과 편차 카이제곱 통계량은 모두 공변량패턴에 대한 잔차를 사용하고 있음에 유의하여야 한다.

3.1.2 Hosmer-Lemeshow 통계량

공변량 $\boldsymbol{x}_i = (x_{i1}, x_{i2}, \cdots, x_{ip})'$ 에서 적합된 확률값

$$\hat{\pi}_i = \frac{\exp(\hat{\beta}_0 + \sum_{j=1}^{p} \hat{\beta}_j x_{ij})}{1 + \exp(\hat{\beta}_0 + \sum_{j=1}^{p} \hat{\beta}_j x_{ij})}$$

를 모든 개체 n에 대해 계산하였다고 하자. 이렇게 구한 $\widehat{\pi_1}, \widehat{\pi_2}, \cdots, \widehat{\pi_n}$의 값을 제일 작은 값에서 가장 큰 값 순으로 순서화하였다고 가정하자.

이제 전체의 개체들을 여러 그룹으로 나누어 보자. 개체들을 그룹화하는 방법(grouping strategy)은 추정된 확률의 백분율(percentiles)에 근거한다. 다음과 같이 그룹의 수 g가 10이 되도록 데사일(deciles, 그룹)을 만들어 보자.

처음 데사일은 가장 작은 $\widehat{\pi_i}$ 값을 가진 $\frac{n}{10}$개로 구성됨.

둘째 데사일은 그 다음 작은 $\widehat{\pi_i}$ 값을 가진 $\frac{n}{10}$개로 구성됨.

……

열번째 데사일은 가장 큰 $\widehat{\pi_i}$ 값을 가진 $\frac{n}{10}$개로 구성됨.

만일 전체 개체수(n)가 10의 배수가 아니라면, 각 그룹의 크기는 조금씩 다를 것이다. 또한 n이 10의 배수라고 해도 자료의 공변량패턴에 따라 각 그룹의 크기는 조금씩 다를 것이다. 어떤 임의의 데사일을 생각해 보자. $y=1$인 행에 대한 그 데사일 내 기대값의 추정값으로 그 그룹내 모든 개체들에 대하여 추정된 확률값을 모두 합하여 사용하게 된다.

Hosmer & Lemeshow(1980)가 제시한 적합도통계량(χ^2_{HL})은 관측값과 추정된 기대도수를 $(2\times g)$ 분할표에 적용한 피어슨의 카이제곱 통계량을 계산하여 얻을 수 있다.

만일 어떤 개체 i와 i'에 대한 독립변수들의 값이 동일하다면, 두 관측값은 같은 공변량패턴 또는 블록에 있다고 말한 바 있다. 하나 이상의 공변량패턴들이 같은 데사일에서 발생할 때, 이 공변량패턴 내의 개체들은 모두 같은 그룹에 속하게 된다. 즉 같은 공변량패턴 내의 모든 개체들은 동일한 데사일 내에 배치하도록 한다. 이 개념을 이용하여 $g=10$개 정도의 그룹을 만들면 자유도를 적게 할 수 있다.

Hosmer-Lemeshow의 적합도통계량은 다음과 같이 정의된다.

$$\chi^2_{HL} = \sum_{k=1}^{g} \frac{(o_k - n_k' \overline{\pi_k})^2}{n_k' \overline{\pi_k}(1 - \overline{\pi_k})}. \tag{3.7}$$

여기에서 n_k'는 k 번째 그룹 내의 전체 개체 수

c_k는 k 번째 그룹의 공변량패턴 수

$o_k = \sum_{j=1}^{c_k} Y_j$는 k 번째 그룹에서 c_k 개의 공변량패턴 내의 $y=1$ 인 개체 수

$\overline{\pi_k} = \sum_{j=1}^{c_k} \frac{m_j \widehat{\pi_j}}{n_k'}$는 k 번째 그룹에서 사건이 발생할 기대확률의 추정값을

각각 나타낸다.

[그림 3-1] 옵션(Hosmer-Lemeshow 적합도)

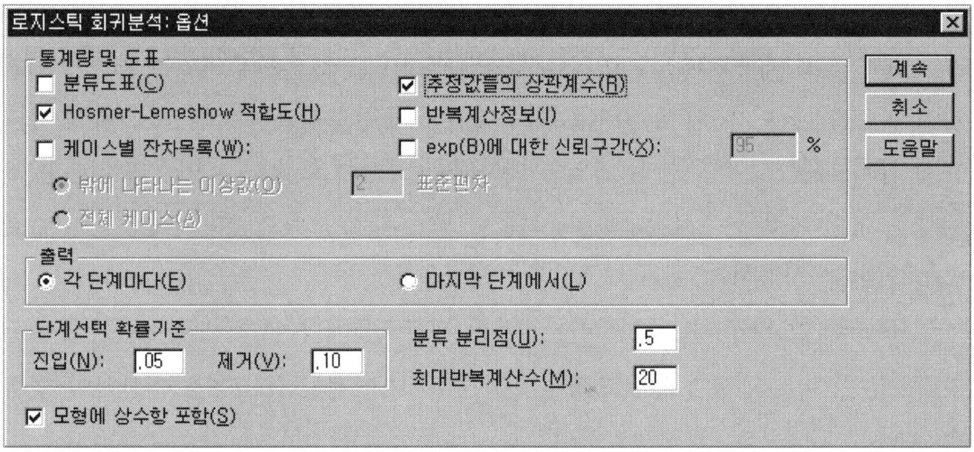

Hosmer & Lemeshow(1980)는 $J = n$ 이고 적합된 로지스틱 모형이 적절하면 χ^2_{HL}은 근사적으로 $\chi^2(g-2)$ 인 분포에 따르게 됨을 많은 시뮬레이션을 통하여 보여 주었다.

SPSS에서 주어진 CHD 자료를 이용하여 χ^2_{HL}를 계산하기 위해서는 로지스틱 회귀분석의 "옵션" 대화 상자 [그림 3-1]에서 Hosmer-Lemeshow 적합도(H)를 선택한다.

[표 3-2] Hosmer-Lemeshow 검정 결과

단계	카이제곱	자유도	유의확률
1	.890	8	.999

[표 3-2] 결과에서 보는 바와 같이 계산된 통계량 값은 "0.890"이며 이에 해당하는 p값은 "0.999"가 된다. 이를 통해 추정된 모형이 통계적으로 매우 잘 적합한다고 말할 수 있다.

3.1.3 분류표

종속변수 y와 로지스틱 회귀모형을 추정한 확률값에서 정의된 이분형변수 $\tilde{y}$ 사이의 2×2 교차표를 분류표(classification table)라고 부른다. 이때 이분형변수 $\tilde{y}$를 다음과 같이 정의한다.

$$\tilde{y} = \begin{cases} 1, \hat{\pi} \geq c \\ 0, \hat{\pi} < c \end{cases} \tag{3.8}$$

그리고 경계점(cut point) c는 대부분 "0.5"로 주어진다.

다음과 같은 분류표가 있다고 하자. 이때 올바르게 분류한 확률(Probability of Correct Classification: PCC)의 추정값은 다음과 같다.

$$PCC = \frac{9+14}{30} = \frac{23}{30}$$

[표 3-3] 경계점 0.5를 사용한 분할표

예측된 값	관찰값 y=1	관찰값 y=0	합
$\tilde{y}=1$	9	3	12
$\tilde{y}=0$	4	14	18
합	13	17	30

sensitivity = 9/13 = 69.23%
specificity = 14/17 = 82.35%

민감도(sensitivity)란 종속변수 y 의 값이 "1"인 개체들 중에서, "1"로 맞게 예측하는 경우의 비율로 정의한다(신호(signal)를 신호로 맞게 탐지할 확률을 의미하며, 양의 사실(True-Positive: TP)일 확률이라고도 함). 특이도(specificity)는 종속변수 y 의 값이 "0"인 개체들 중에서 "0"으로 맞게 예측하는 경우의 비율로 정의한다(잡음(noise)을 잡음으로 맞게 탐지할 확률이라고 표현되며, 음의 사실(True-Negative: TN)일 확률이라고도 함). [표 3-3]에서 민감도는 $\frac{9}{13}$, 특이도는 $\frac{14}{17}$로 주어진다.

경계선은 x축 위의 질병이 있는 그룹을 양의 사실(TP)와 음의 거짓(False Negative: FN)으로 나누고, x축 아래의 질병이 없는 그룹은 음의 사실(TN)과 양의 거짓(False Positive: FP)로 나눈다.

[그림 3-4] 경계점의 값은 $y=1$인 경우를 양의 사실(TP)과 음의 거짓(FN), $y=0$인 경우를 음의 사실(TN)와 양의 거짓(FP)으로 나누었다

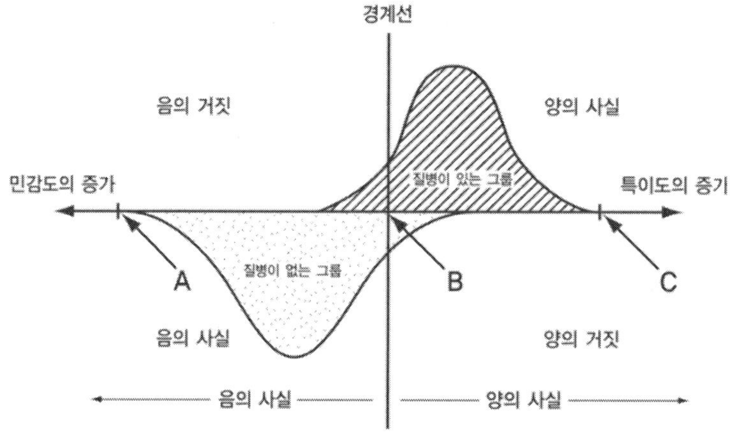

[그림 3-5] 경계점 A, B, C, D의 값에 따른 민감도와 특이도의 그래프

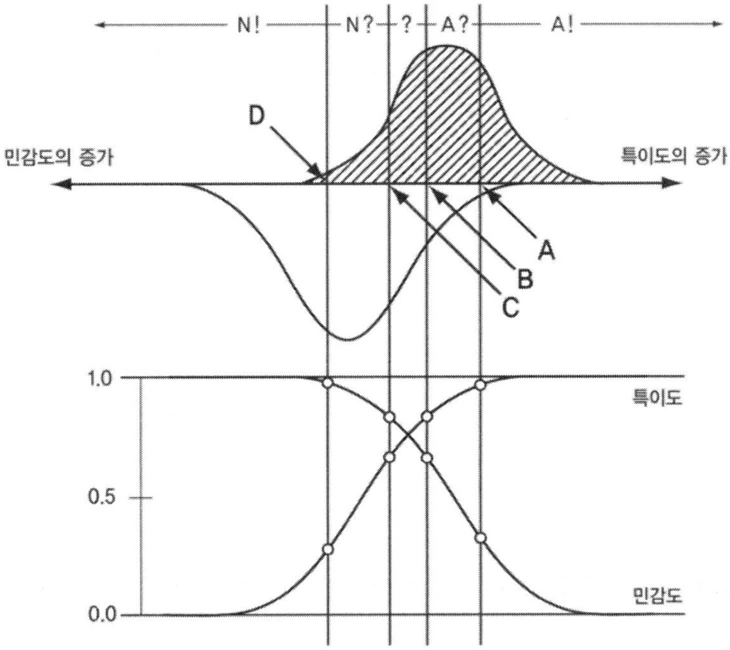

경계선을 x 축을 따라 오른쪽으로 이동시키면 민감도의 값은 "1"에서 "0"으로 감소하지만, 특이도의 값은 "0"에서 "1"로 증가함을 알 수 있다(점 A에서는 A! 내의 모든 개체를, 점 B에서는 A?와 A!내의 모든 개체를 "1"로 분류한다).

3.1.4 ROC 곡선

ROC 곡선(Receiver Operating Characteristic curve)은 경계점의 값에 따른 민감도 대 (1-특이도)의 그래프로 적합된 모형이 종속변수의 값이 "1"인 개체와 그렇지 않은 개체를 얼마나 잘 식별해 낼 수 있는지를 재는 측도라 할 수 있다.

[그림 3-6] 경계점 A, B, C, D에 대한 민감도 대 (1-특이도)의 점들을 연결한 ROC 곡선

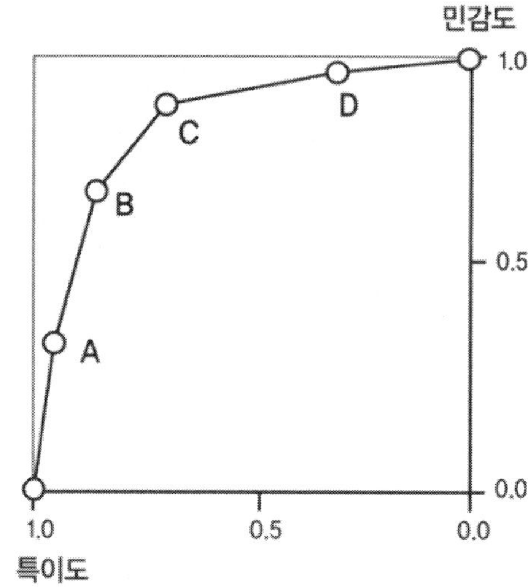

[그림 3-7] $y=1$인 개체와 $y=0$인 개체를 완벽하게 식별해 주는 이상적인 검정법

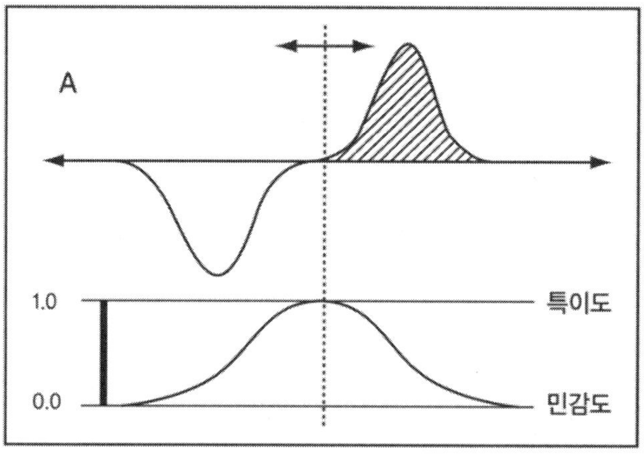

[그림 3-6]은 x축은 (1-특이도)의 값, y축은 민감도의 값으로 플롯한 점을 연결한 곡선을 나타낸다. 그리고 곡선 아래의 빗금친 면적은 모형의 식별 능력을 나타낸다.

[그림 3-7]과 [그림 3-8]에서 A는 $y=1$인 개체를 모두 $y=1$로, $y=0$인 개체를 모두 $y=0$으로 완전하게 식별해 주는 이상적인 검정법([그림 3-7])과 그 ROC 곡선을 각각 나타낸다(직선으로 주어짐). 곡선 C(점선으로 표현됨)는 $y=1$인 개체와 $y=0$인 개체를 전혀 식별하지 못하는 검정법의 ROC 곡선을 나타낸다. 대부분의

모든 상황의 ROC 곡선은 이 두 가지 검정법 사이에 놓일 것이다([그림 3-8] B). 또한 곡선 아래의 면적이 크면 클수록 검정법의 식별 능력이 뛰어남을 알 수 있다.

[그림 3-8] 이상적인 검정법(A)과 그렇지 않은 검정법(B, C)의 ROC 곡선

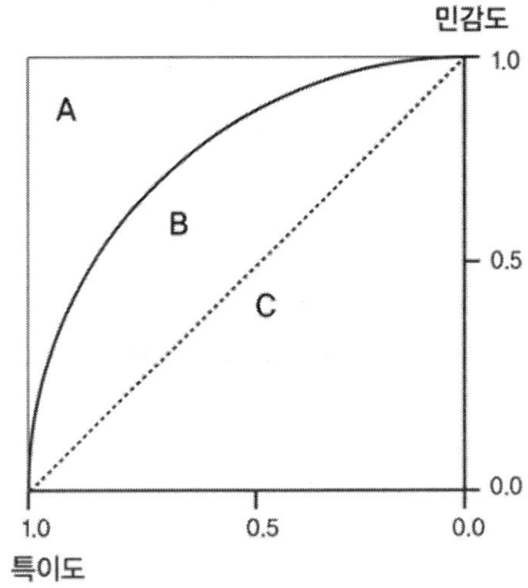

ROC 곡선 아래 면적의 의미를 다른 방법으로 해석할 수 있다. $y=1$ 인 개체수를 n_1, $y=0$ 인 개체수를 n_0 라고 하자. $y=1$ 인 각 개체에 $y=0$ 인 각 개체를 짝을 지어 보자. 그러면 $n_1 \times n_0$ 의 쌍이 짝지워진다. 이 $n_1 \times n_0$ 쌍 중에서, $y=1$ 인 개체가 $y=0$ 인 개체보다 더 큰 추정 확률을 가지는 짝(같은 방향의 쌍)의 경우의 수를 모두 구한다. 이때 구해진 경우의 수를 $n_1 \times n_0$ 값으로 나눈 비율이 바로 ROC 곡선 아래의 면적과 같게 된다(확률이 같은 경우의 개체 쌍인 경우 1/2로 처리한다). 이때 ROC 곡선 아래의 면적은 모형 적합의 측도 대신, 모형 식별의 측도로 사용하여야 함에 유의하여야 한다.

CHD 자료를 이용하여 ROC 곡선을 그리고 그 곡선 아래의 면적을 구해 보자. SPSS 절차를 이용하려면, 다음 두 단계의 작업이 필요하다.

첫째, 이분형 로지스틱 회귀분석을 실행하여 예측값(PRED_1)을 저장한다.
둘째, ROC 곡선을 그리고 그 곡선 아래의 면적을 산출한다.

[그림 3-9] 예측값 자료와 ROC 곡선 메뉴

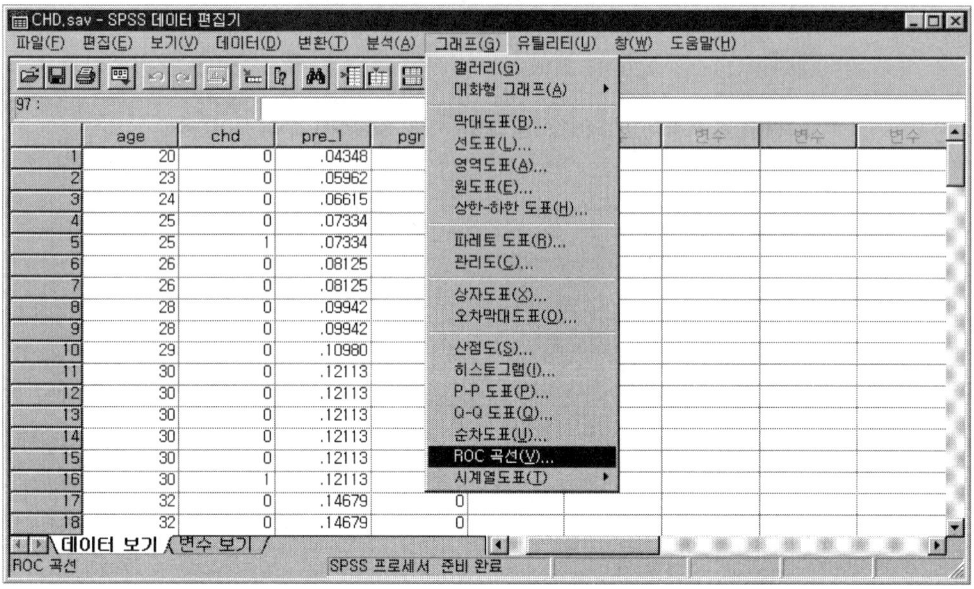

[그림 3-10] ROC 곡선 대화 상자

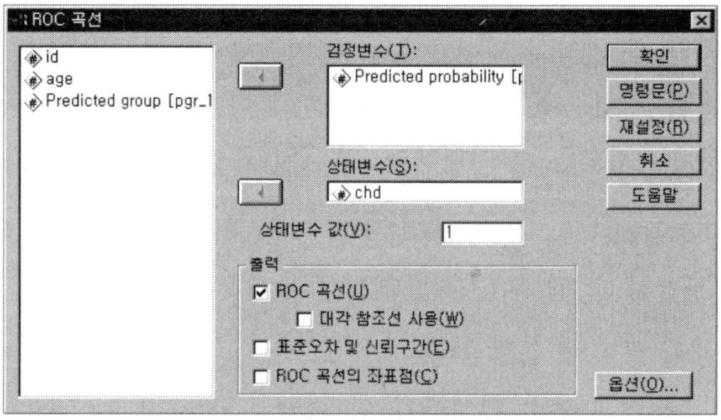

[그림 3-10]의 대화 상자를 실행함으로써 다음과 같은 ROC 곡선의 결과가 산출된다.

[표 3-11] 케이스 처리 요약

CHD	유효수(목록별)
정(+)[a]	43
부(-)	57

검정 결과 변수의 큰 값은 강한 양의 실제 상태를 나타냅니다.
a. 양의 실제 상태는 1입니다.

[그림 3-12] ROC 곡선

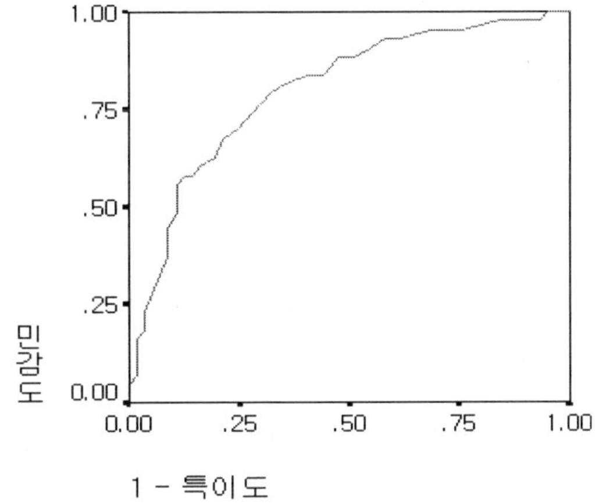

대각 세그먼트는 동률에 의해 생성됩니다.

[표 3-13] 곡선 아래 영역

검정 결과 변수: Predicted probability

영역
.800

검정 결과 변수: Predicted probability에는 양의 실제 상태 집단과 음의 실제 상태 집단 사이에 하나 이상의 동률이 있습니다. 통계량은 편향될 수 있습니다.

이 예에서 종속변수 CHD=1인 경우는 43명, 0인 경우는 57명이므로 43×57=2451가지의 서로 다른 종속변수의 값을 가지는 쌍이 존재한다. 종속변수 CHD=1일 확률의 추정값이 CHD=0인 개체에 비해 CHD=1인 개체가 더 큰 값을 가지면 동일한 방향의 쌍이 된다. 동일한 방향의 쌍이 대략 80%, 반대 방향의 쌍도 20%가 됨을 알 수 있다.

3.1.5 결정계수

일반적으로 회귀모형에서는 추정된 모형이 주어진 자료를 얼마나 잘 설명하는지의 여부를 평가하는 기준으로 결정계수(R^2)를 사용한다. 로지스틱 회귀모형에서도 마찬가지로 비슷한 통계량을 산출하여 자료의 설명력을 진단할 수 있다. 다음 두 종류의 결정계수를 소개하도록 한다.

■ Cox & Snell의 **결정계수**

$$R^2_{CS} = 1 - \left(\frac{L(0)}{L(\hat{\beta})}\right)^{2/n}. \tag{3.9}$$

여기에서 $L(\hat{\beta})$는 현 모형의 가능도함수, $L(0)$는 단지 절편항만 있는 모형의 가능도함수이며 n은 표본의 크기이다. 만일 절편항이 모형에 포함되어 있지 않으면 $\ln L(0) = n \ln\left(\frac{1}{2}\right)$이며, 절편항이 모형에 포함되어 있으면 다음과 같다.

$$\ln L(0) = n_1 \ln\left(\frac{n_1}{n}\right) + n_0 \ln\left(\frac{n_0}{n}\right)$$

이때 ln은 자연대수를 나타내며, $n_1 = \sum_i^n y_i$, $n_0 = n - n_1$이다. 그런데 Cox & Snell R^2의 문제점은 이 통계량이 "1"이 될 수 없다는 것이다. Nagelkerke(1991)는 Cox & Snell R^2이 "1"의 값을 가질 수 있도록 다음과 같은 수정된 통계량을 제안하였다.

■ Nagelkerke의 **결정계수**

$$R^2_N = \frac{R^2_{CS}}{\max(R^2_{CS})}. \tag{3.10}$$

여기에서 $\max(R^2_{CS}) = 1 - \{L(0)\}^{2/n}$이다.

[표 3-14] 모형 요약

단계	-2 Log 우도	Cox & Snell의 R-제곱	Nagelkerke R-제곱
1	107.353	.254	.341

CHD 자료에 근거하여 계산된 두 통계량의 SPSS 출력 결과는 [표 3-14]와 같다.

일반적으로 잘 적합된 회귀모형의 결정계수(R^2)에 비하여 앞에서 정의된 두 개의 R^2은 비교적 작은 값(0.254, 0.341)을 갖는다. 다시 말해서 로지스틱 회귀모형에서 얻은 R^2은 대체적으로 작은 값을 가진다는 것이다. 이런 이유로 로지스틱 회귀분석에서 R^2은 모형설정단계에서 중요한 부분을 차지하지 않고 단지 참고 정보만을 줄 뿐이다. 표의 Nagelkerke R^2은 반응변수의 변동 중 34% 정도를 로지스틱 회귀모형에서 설명하고 있음을 보여 준다.

3.2 로지스틱 회귀진단

3.1에서 언급한 피어슨 잔차에 근거하여 얻을 수 있는 여러 통계량들을 사용하여 관찰값과 적합된 값 사이의 차이를 하나의 값으로 요약할 수 있다. 이 통계량이 갖는 장점이자 단점은 상당한 양의 정보를 단지 하나의 값으로 요약한다는 것이다. 그러므로 모형이 잘 적합되었다고 결론 내리기 전에 이 적합이 모든 공변량패턴에서 잘 되었는지 조사하려면 다른 여러 측도들도 면밀히 검사하여야 할 것이다. 회귀분석에서 진단통계량에 익숙한 독자는 이해가 쉬울 것이다. 참고로 회귀진단의 입문서로는 박성현(1998)이 있으며, 더 구체적인 정보는 Cook & Weisberg(1982), Belsley 외 2인(1980)을 읽기 바란다. Pregibon(1981)은 회귀진단을 로지스틱 회귀분석으로 확장하였으며, 적합도를 평가하는 데 필요한 로지스틱 회귀진단을 자세히 설명하였다.

여기에서 로지스틱 회귀진단을 하기 위해 적합된 모형에 p개의 공변량이 존

재하며, 이 공변량들이 J개의 공변량패턴을 갖는다고 가정하자. 회귀진단에서와 같이 로지스틱 회귀진단에 대한 중요한 요소는 "잔차제곱합"이다. 회귀모형에서는 오차 분산이 조건평균 $E(Y_j|\boldsymbol{x}_j)$의 함수로 표현되지 않았다. 반면에 로지스틱 회귀모형에서는 이항 오차가 존재하므로, 오차 분산은 조건평균의 함수가 된다. 즉, i번째 개체와 공변량패턴에 대한 오차 분산은 다음과 같다.

$$Var(y_j|\boldsymbol{x}_j) = E(y_j|\boldsymbol{x}_j)[1 - E(y_j|\boldsymbol{x}_j)]$$
$$= \pi(\boldsymbol{x}_j)[1 - \pi(\boldsymbol{x}_j)]$$

$$Var(Y_j|\boldsymbol{x}_j) = m_j E(y_j|\boldsymbol{x}_j)[1 - E(y_j|\boldsymbol{x}_j)] \tag{3.11}$$
$$= m_j \pi(\boldsymbol{x}_j)[1 - \pi(\boldsymbol{x}_j)]$$

식 (3.3)을 제외한 식 (3.1)–식 (3.5)의 통계량 모두 대략 표준오차의 추정값으로 각각 나누었으므로 가정된 로지스틱 회귀모형이 사실이라면 이 값은 대략 평균이 "0", 분산이 "1"이 될 것이다.

각 개체와 공변량패턴에 대한 잔차뿐만 아니라 회귀진단을 하는 중요한 요소는 "모자행렬(hat matrix)"과 "레버리지(leverage)"이다. 회귀모형에서의 모자행렬은 반응변수를 공변량 공간에 사영(projection)하여 적합된 값을 제공해 준다. 만일 계획행렬 $\boldsymbol{X}_{n\times(p+1)}$가 p개의 관측된 공변량의 값으로부터 만들어진 행렬이라 하자. 물론 행렬 $\boldsymbol{X}$의 첫째 열은 모형의 절편을 나타낸다. 선형회귀에서의 모자행렬은 $\boldsymbol{H} = \boldsymbol{X}(\boldsymbol{X}'\boldsymbol{X})^{-1}\boldsymbol{X}'$이 되고, 잔차는 $(\boldsymbol{y} - \hat{\boldsymbol{y}}) = (\boldsymbol{I} - \boldsymbol{H})\boldsymbol{y}$로 표현된다. 여기에서 I는 차원이 $n\times n$인 단위행렬을 나타낸다. Pregibon(1981)은 가중 최소제곱 선형회귀모형을 사용하여 근사적인 예측값을 산출하였다. 이것이 로지스틱 회귀의 모자행렬이 되며 다음과 같이 표현된다.

$$\boldsymbol{H} = \boldsymbol{V}^{1/2}\boldsymbol{X}(\boldsymbol{X}'\boldsymbol{V}\boldsymbol{X})^{-1}\boldsymbol{X}'\boldsymbol{V}^{1/2}. \tag{3.12}$$

여기에서 대각행렬 $\boldsymbol{V}_{n\times n}$의 j번째 요소는 다음과 같다.

$$v_j = \hat{\pi}(\boldsymbol{x}_j)[1 - \hat{\pi}(\boldsymbol{x}_j)] \tag{3.13}$$

선형회귀에서 모자행렬의 j 번째 대각선원소인 j 번째 레버리지(h_j)는 $\boldsymbol{x}_j$ 와 자료들의 평균과의 거리에 비례한다. 따라서 평균으로부터 멀리 떨어진 점들은 추정된 모수값에 상당한 영향을 미칠 수 있다. 레버리지 개념을 로지스틱 회귀로 확장시키기 위해서는 추가적인 작업이 필요하다.

h_j 를 식 (3.12)에서 정의한 행렬 $\boldsymbol{H}$ 의 j 번째 대각선원소라고 하자.

$$h_j = \hat{\pi}(\boldsymbol{x}_j)[1-\hat{\pi}(\boldsymbol{x}_j)]\boldsymbol{x}_j{}'(\boldsymbol{X}'\boldsymbol{V}\boldsymbol{X})^{-1}\boldsymbol{x}_j = v_j b_j.$$

여기에서 $b_j = \boldsymbol{x}_j{}'(\boldsymbol{X}'\boldsymbol{V}\boldsymbol{X})^{-1}\boldsymbol{x}_j$ 이며, $\boldsymbol{x}_j = (1, x_{1j}, x_{2j}, \cdots, x_{pj})'$ 는 j 번째 개체의 공변량값이다. 선형회귀에서와 같이 $\boldsymbol{H}$ 의 대각선원소들의 합인 $\sum h_j = (p+1)$은 모형 내 모수들의 수이다. 선형회귀에서 모자행렬의 차원은 $n \times n$ 이고 대각선원소의 상한(an upper bound)은 "1"이다. 마찬가지로 로지스틱 회귀에 대한 모자행렬의 대각선원소의 상한은 "1"이 된다.

레버리지를 해석할 때 염두에 둘 점은 v_j 가 식 (3.12)의 h_j 에 미치는 효과이다. Pregibon(1981)은 추정된 계수는 확률을 추정하므로 h_j 가 큰 값인 점들은 공변량 공간의 극단에 있으므로 평균과 멀리 떨어져 있다고 지적했다(Lesaffre, 1986, 117쪽).

평균으로부터의 거리를 측정하는 요소는 $b_j = \boldsymbol{x}_j{}'(\boldsymbol{X}'\boldsymbol{V}\boldsymbol{X})^{-1}\boldsymbol{x}_j$ 이다. 만일 거리에만 관심이 있으면 b_j 에 초점을 두면 된다. b_j 는 공변량 공간에서 거리를 측정하는 도구이며 선형회귀에서의 레버리지 값과 흡사함을 알 수 있다. 로지스틱 회귀에서 가장 유용한 진단통계량인 레버리지(h_j)의 거리에 해당하는 부분이 b_j 이다. 예측확률이 "0.1" 미만 또는 "0.9"보다 큰 개체에 대해 비록 영향력이 있을지라도 레버리지 값은 작을지도 모른다.

SPSS 절차를 사용하면 각 개체들에 근거하여 다양한 진단통계량이 계산된다. SAS에서는 입력된 자료의 형태에 따라 진단통계량을 산출한다. 만일 자료 입력 시 공변량패턴에 근거하여 그룹화되고 이항시행 입력 (Y_j/m_j)의 형태로 자료가 입력되었다면 진단통계량들은 공변량패턴에 대하여 계산된다. 진단통계량들을 각 개체가 아닌 공변량패턴에 관하여 산출하는 패키지(STATA 등)도 있다. 특히 공변량패턴의 수(J)가 n 보다 훨씬 작거나 몇 개의 m_j 값이 "5"보다 클 경우는 공변량패턴에 대하여 진단통계량들을 구하는 것이 유용할 것이다.

공변량패턴의 수가 n 보다 훨씬 작으면, 영향력 있는 공변량패턴(들)과 잘못 적합된 공변량패턴을 구별할 수 없을 위험이 있다. 개체수가 m_j, Y_j 는 0, 추정된 로지스틱 확률값이 $\hat{\pi}_j$ 인 공변량패턴을 고려해 보자. 각 개체에 대해 개별적으로 적용하여 식 (3.1)에서 정의한 피어슨 잔차를 구하여 보면

$$
\begin{aligned}
r_j &= \frac{(0-\hat{\pi}_j)}{\sqrt{\hat{\pi}_j(1-\hat{\pi}_j)}} \\
&= -\sqrt{\frac{\hat{\pi}_j}{1-\hat{\pi}_j}}
\end{aligned}
$$

가 되며, 공변량패턴에 근거한 피어슨 잔차는 다음과 같다.

$$
\begin{aligned}
r_j &= \frac{(0-m_j\hat{\pi}_j)}{\sqrt{m_j\hat{\pi}_j(1-\hat{\pi}_j)}} \\
&= -\sqrt{m_j}\sqrt{\frac{\hat{\pi}_j}{1-\hat{\pi}_j}}
\end{aligned}
$$

이때 m_j 가 증가할수록 r_j 는 감소한다. $m_j = 1$, $\hat{\pi}_j = 0.5$ 면 그리 크지 않은 피어슨 잔차값($r_j = -1$)을 얻게 되지만, 이 공변량패턴에서 $m_j = 16$이면 큰 피어슨 잔차값($r_j = -4.0$)을 얻게 된다.

공변량 $\boldsymbol{x}_j$ 에 대한 스튜던트화 잔차(studentized residual)는 다음과 같이 정의한다.

$$
r_{sj} = \frac{j\text{번째 편차 잔차}}{\sqrt{1-h_j}} \tag{3.14}
$$

$$
= \pm\frac{\left\{2\left[y_j\ln\left(\frac{y_j}{\hat{\pi}_j}\right)+(1-y_j)\ln\left(\frac{1-y_j}{1-\hat{\pi}_j}\right)\right]\right\}^{1/2}}{\sqrt{1-h_j}}.
$$

스튜던트화 잔차는 어떤 개체를 제외했을 때 편차 카이제곱 통계량의 변화에 근호를 취한 값과 비슷하게 된다. 편차 잔차와 스튜던트화 잔차의 값이 크면 특이한 개체를 식별한 것으로 생각할 수 있다. 스튜던트화 잔차를 정규확률 그림으로 나타내면 분석에 더욱 유용하다.

로짓 잔차(logit residual)는 로짓 척도로 예측될 경우의 잔차로 다음과 같이 정의한다.

$$r_{li} = \frac{i\text{ 번째 잔차}}{\hat{\pi}_i(1-\hat{\pi}_i)} = \frac{y_i - \hat{\pi}_i}{\hat{\pi}_i(1-\hat{\pi}_i)}. \tag{3.15}$$

어느 특정한 개체를 제거할 때 추정된 계수들의 값과 전반적인 적합도를 측정하는 요약통계량에 미치는 영향을 조사하는 진단통계량이 있다. 추정된 계수의 변화는 선형회귀에서 다루는 Cook의 거리통계량과 유사하다. 이는 $\hat{\beta}$와 $\hat{\beta}_{(-j)}$ 사이의 차를 표준화시켜 얻을 수 있다. 이때 $\hat{\beta}$는 n개의 모든 개체를 이용하여 구한 최대가능도 추정값이고, $\hat{\beta}_{(-j)}$는 j번째 개체를 제외한 $(n-1)$개의 개체들에 근거하여 구한 추정값이다. Pregibon(1981)은 로지스틱 회귀에서 이 통계량을 다음과 같이 정의했다.

$$\begin{aligned} C_j &= \left(\hat{\beta}-\hat{\beta}_{(-j)}\right)'(\boldsymbol{X}'\boldsymbol{V}\boldsymbol{X})\left(\hat{\beta}-\hat{\beta}_{(-j)}\right) \qquad (3.16) \\ &= \frac{z_j^2 h_j}{(1-h_j)^2}. \end{aligned}$$

여기에서 z_j는 j번째 피어슨 잔차, h_j는 j번째 레버리지를 의미한다. Cook의 거리는 그 개체의 레버리지뿐만 아니라 피어슨 잔차의 값에 따라 달라짐을 알 수 있다.

또 다른 유용한 진단통계량으로 모형에서 어떤 한 개체를 제거했을 때 로지스틱 회귀 계수의 변화를 재는 측도인 Dfbeta 통계량이 있다. 절편항을 포함하여 각 로지스틱 회귀 계수의 추정값 변화를 계산해 볼 수 있다. 예를 들어, i번째 개체를 제거하였을 때 처음 계수의 변화는

$$\mathrm{D\,fbeta}(\beta_1^{(\mathrm{i})}) = \mathrm{b}_1 - \mathrm{b}_1^{(\mathrm{i})} \tag{3.17}$$

로 정의되며, 이때 b_1은 모든 개체가 있는 경우 모수 β_1의 추정계수이며, $b_1^{(i)}$는 i 번째 개체를 모형에서 제거했을 때 모수 β_1의 추정계수를 나타낸다. 변화가 큰 값은 유의하여야 할 개체임을 말해 주며 또한 SPSS 로지스틱 회귀절차에 의해 계산된 Dfbeta값은 근사값임을 밝혀 둔다.

■ **진단통계량의 그림**

[그림 3-15] 편차 잔차들의 정규확률 그림

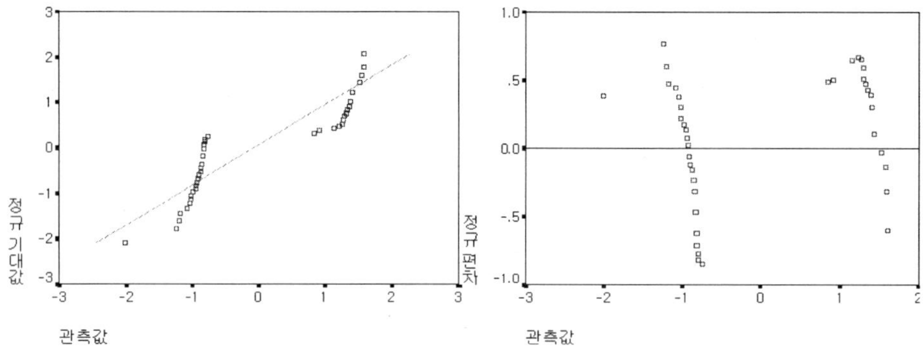

이 장에서 설명한 모든 진단통계량들은 더 구체적인 분석을 위해 데이터로 저장할 수 있다. 저장된 진단통계량의 값으로 정규확률 그림과 그래프 절차를 사용하여 각 진단통계량을 그릴 수 있다(이 절차들에 관한 구체적 정보는 *SPSS Base User's Guide*를 참조하라).

[그림 3-15]는 편차 잔차들의 정규확률그림과 다른 형태의 정규확률그림을 각각 보여 준다. 보는 바와 같이 편차들은 정규분포를 따르지 않는 것처럼 나타난다. 그것은 모형에 잘 적합되지 않는 개체들이 있기 때문이다. [그림 3-28]에서 부정확한 그룹 내에 속할 확률이 높은 개체들을 발견하게 된다.

[그림 3-16] 케이스별 표준화된 잔차 그림

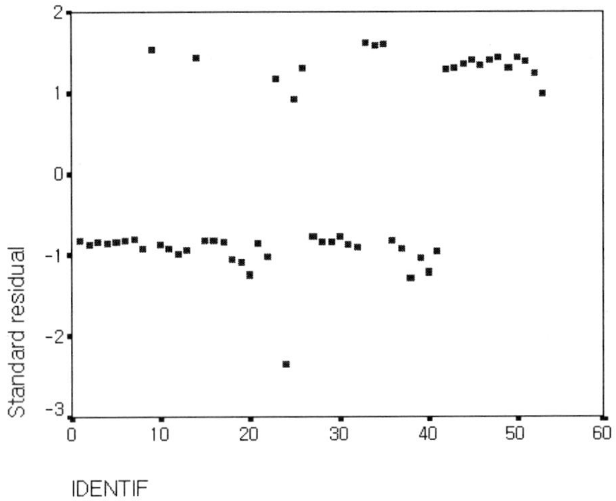

[표 3-17] 방정식에 포함된 변수

		B	S.E.	Wald	자유도	유의확률	Exp(B)	EXP(B)에 대한 95.0% 신뢰구간	
								하한	상한
1 단계[a]	ACID	.024	.013	3.423	1	.064	1.025	.999	1.051
	AGE	-.069	.058	1.432	1	.231	.933	.833	1.045
	XRAY	2.045	.807	6.421	1	.011	7.732	1.589	37.614
	STAGE	1.564	.774	4.083	1	.043	4.778	1.048	21.783
	GRADE	.761	.771	.976	1	.323	2.141	.473	9.700
	상수	.062	3.460	.000	1	.986	1.064		

[그림 3-16]은 표준화된 잔차 대 각 개체의 일련 번호에 대한 그림이다. 앞에서 살펴본 바와 같이 표준화된 잔차의 값이 매우 큰 개체들을 발견할 수 있다. [그림 3-18]에서는 나머지 레버리지 값보다 월등히 큰 값을 가진 개체가 하나 있음을 알 수 있다. 마찬가지로 [그림 3-19]을 통해 변수 ACID의 계수를 추정하는 데 상당한 영향을 미치는 개체가 하나 있음을 알 수 있다(케이스 24). 자료를 조사해 보면 24번째 개체는 혈청인산염(serum acid phosphatase)의 값은 제일 크지만 악성 림프절을 가지고 있지 않음을 알 수 있다. [표 3-17]에 따르면 혈청인산염은 악성 림프절과 양의 관계에 있기 때문에 매우 이례적인 개체라고 할 수 있다. 24번째 개체를 제거하고 분석하여 보면 혈청인산염의 계수는 "0.0243"에서 "0.0490"으로 변화한다. 24번째 개체를 제거함으로써 훨씬 더 중요한 공변량으로 변화하게 되었다.

[그림 3-18] 케이스별 레버리지 그림

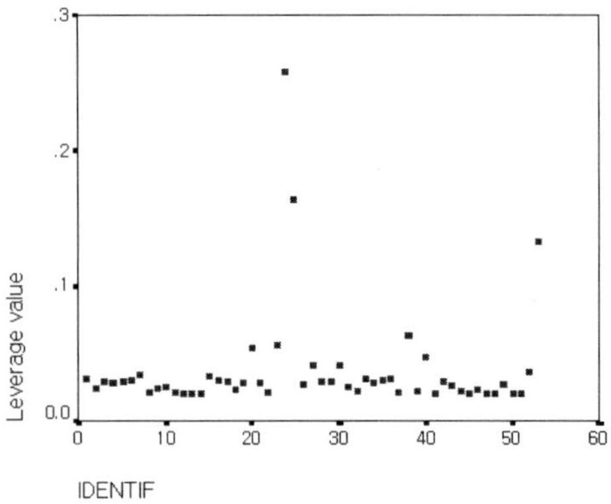

[그림 3-19] 케이스별 ACID 계수 변화의 그림

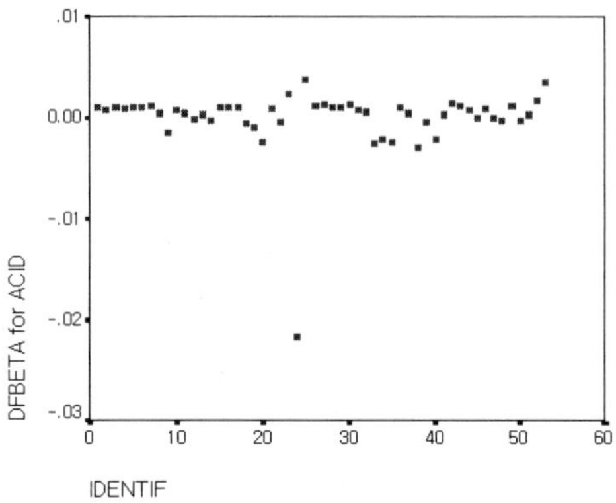

지금부터는 공변량패턴에 관한 통계량들을 소개하여 보자. 공변량패턴 x_j 에 대해 표준화된 피어슨 잔차(standardized Peason residual)는 아래와 같이 나타난다.

$$r_{sj} = \frac{r_j}{\sqrt{1-h_j}}$$

이때 r_j 는 공변량패턴 x_j 에 대한 피어슨 잔차, h_j 는 공변량패턴 x_j 에 대한 모자 행렬의 j 번째 대각선 원소를 각각 나타낸다.

공변량패턴이 $\boldsymbol{x}_j$ 인 m_j 개의 개체들을 제거하였을 때 선형근사를 이용한 피어슨 카이제곱 통계량의 감소량은 다음과 같다.

$$\triangle\chi_j^2 = \frac{r_j^2}{1-h_j} \qquad (3.18)$$

$$= r_{sj}^2$$

마찬가지로 공변량패턴 x_j 에 대한 편차 카이제곱 통계량의 변화량은

$$\triangle D_j = d_j^2 + \frac{r_j^2 h_j}{1-h_j}$$

이며, r_j^2 을 d_j^2 로 대치하여 근사하면,

$$\triangle D_j = \frac{d_j^2}{1-h_j} \tag{3.19}$$

이 되며, 식 (3.18)과 비슷한 형태이다.

특히 이 진단통계량들을 통해 $\triangle\chi_j^2$와 $\triangle D_j$의 값이 크고(즉, 잘 적합하지 않는), Cook의 거리통계량 C_j가 큰(즉, 추정된 모수들에 영향을 많이 주는) 공변량패턴을 식별할 수 있다. 영향력 있는 패턴의 개체들을 식별한 뒤에 이 개체들이 하였던 역할을 생각해 볼 수 있다.

진단통계량을 사용하기 전에 몇 가지 사항들을 토론하여 보자. 우선 적합의 측도 $(\triangle\chi_j^2)$는 j번째 공변량패턴에서 Y_j와 $m_j\hat{\pi}(\boldsymbol{x}_j)$가 비슷한 값을 가질 때 가장 작다. 즉, $Y_j=0$, $\hat{\pi}(\boldsymbol{x}_j) < 0.1$ 또는 $Y_j=m_j$, $\hat{\pi}(\boldsymbol{x}_j) > 0.9$일 때 작은 값을 가지게 된다. 마찬가지로 Y_j가 $m_j\hat{\pi}(\boldsymbol{x}_j)$에서 가장 멀리 떨어졌을 때($Y_j=0$, $\hat{\pi}(\boldsymbol{x}_j) > 0.9$ 또는 $Y_j=m_j$, $\hat{\pi}(\boldsymbol{x}_j) < 0.1$일 때) 가장 큰 값을 갖는다. 똑같은 공변량패턴이라도 $\hat{\pi}(\boldsymbol{x}_j) < 0.1$ 또는 $\hat{\pi}(\boldsymbol{x}_j) > 0.9$일 때 $C_j \approx \triangle\chi_j^2 h_j$이고 h_j는 "0"에 접근하므로 C_j가 커질 것 같지는 않다. 영향력을 측정하는 진단통계량 C_j는 $\triangle\chi_j^2$과 h_j의 값이 모두 클 때 커진다. 이런 경우는 $0.1 < \hat{\pi}(\boldsymbol{x}_j) < 0.3$ 또는 $0.7 < \hat{\pi}(\boldsymbol{x}_j) < 0.9$일 때 발생한다. [표 3-20]은 개략적인 진단통계량에 대한 설명이다.

[표 3-20] 추정된 로지스틱 확률$(\hat{\pi})$ 값의 5개 범위에서의 진단통계량 $\triangle\chi^2, C_j, h$의 해석

	진단 통계량		
$\hat{\pi}$	$\triangle\chi^2$	C_j	h
< 0.1	크거나 작다	작다	작다
0.1–0.3	보통이다	크다	크다
0.3–0.7	보통에서 작음 사이	보통	보통에서 작음 사이
0.7–0.9	보통	크다	크다
> 0.9	크거나 작다	작다	작다

선형회귀에서는 두 가지 방법을 사용하여 진단 통계량값을 해석한다. 첫째는

그래픽 방법이다. 두 번째 방법은 적합된 모형이 옳다는 가정 하에서 진단통계량의 분포를 알기 위해 회귀모형의 분포 이론을 이용하는 것이다. 그래픽 방법에서 진단통계량의 값이 큰 것은 그래프의 끝 또는 극단 부분에 위치한다. 여러 점들로부터 멀리 떨어져 있는 점에 대한 진단통계량의 값이 이에 해당하는 분포의 일정한 양의 백분율보다 크게 되면 이상점(outlier) 또는 영향을 크게 주는 관찰값(influential observation)으로 판단한다. 회귀모형에서 오차가 정규분포를 따른다는 가정 하에서 진단통계량이 크다고 판단할 수 있는 통계적 분포에 근거한 백분율이 소개되어 있다. 모형이 올바르고 정확히 적합되었다면 아마도 눈에 띄게 큰 진단통계량의 값은 존재하지 않고, 그래프 역시 진단통계량의 분포가 갖는 형태를 가져야 할 것이다.

모형이 잘 적합하였다는 가정 하에서 진단통계량의 분포가 특정적인 것으로 알려져 있을 때 로지스틱 회귀에서는 주로 시각적인 평가에 의존한다. 예를 들어, 피어슨 잔차(r_j)를 고려해 보자. 가정된 모형이 사실일 때 이 잔차들의 분포는 근사적으로 $N(0,1)$ 을 따른다. 이는 이항분포가 정규분포로 근사할 수 있을 만큼 m_j 가 충분히 클 때 성립된다. 예를 들어, $m_j = 1$ 이면 r_j 는 두 개의 가능한 값을 가지며 거의 정규분포를 따르지 않는다. 모든 진단통계량들은 공변량패턴에 따라 달라진다. 따라서 오차들이 이항분포를 따를 때 정규분포로 근사시키는 것은 공변량패턴 내의 개체수에 따라 달라진다. 적합된 모형 안에 연속인 공변량들이 있을 때 공변량패턴의 수(J)는 n 과 똑같은 차수를 갖는다. 실제로 진단통계량의 값이 크다고 판정할 수 있는 것은 경험과 분석된 데이터 세트에 근거를 두고 판단하여야 할 것이다.

아래와 같이 7개의 진단통계량을 세 개의 범주로 나누어 보자.

① 기본 진단통계량(r_j, d_j, h_j)

② 모형 적합에 대한 각 공변량패턴의 효과 측정($r_{sj}, \Delta\chi_j^2, \Delta D_j$)

③ 추정된 모수에 대한 각 공변량패턴의 효과 측정(C_j)

이 장에서 소개된 모든 그래프를 다 다룰 수는 없으므로 쉽게 사용하면서 의미 있는 몇 개의 그래프에 대해 알아보자.

① $\Delta\chi_j^2$ 대 $\hat{\pi}_j$의 그래프

② ΔD_j 대 $\hat{\pi}_j$의 그래프

③ C_j 대 $\hat{\pi}_j$의 그래프

④ $\Delta\chi_j^2$ 대 h_j

⑤ ΔD_j 대 h_j

⑥ C_j 대 h_j

White(1982, 1989)는 적합된 모형이 이론적으로 올바른 모형인지를 검정하였다. 그러나 이 검정법은 실제로 계산하기 어려울 뿐만 아니라, 검정력에 대한 연구가 수행되지 않았다. 따라서 적합된 로지스틱 모형의 타당성을 평가하기 위해 이 장에서 제시한 방법들을 사용하기를 권한다. 어떤 로지스틱 모형이 자료를 충분히 설명하지 못한다면 대체 모형은 임상적인 면을 고려하여 선택되어야 한다.

분석을 행할 때 주요한 모든 공변량을 포함한 자료를 수집하기를 원한다. 그러나, 결과변수와 관련된 임상적인 요인들이 알려져 있지 않아 중요한 변수가 자료에 포함되지 않을 수 있다. 자료를 다시 수집하여 재분석하지 않는 한 이 경우 더 이상 할 일은 없다. 그러나, 대부분의 상황에서 자료를 재수집하는 시도는 비실용적이라 할 수 있다. 결론적으로 모형 적합을 요약통계량과 진단통계량을 사용하여 철저하게 규명하기까지는 적합된 모형의 결과를 함부로 사용해서는 안 될 것이다.

3.3 적합된 로지스틱 회귀모형의 결과 해석

일단 모형의 적합이 적절하다고 판단되면, 이 모형을 이용하여 여러 가지 추론을 하게 된다. 거의 대부분 승산비를 추정하기 위해 모형의 추정값을 사용하게 된다. [표 3-21]에는 적합된 모형으로부터 얻은 상세한 결과가 나타나 있다.

[표 3-21] UIS($n=575$) 자료에 대한 최종 로지스틱 회귀모형의 결과

변수	계수	표준 오차	z	p값	95% 신뢰구간
AGE	0.117	0.0289	4.04	0.001	0.060, 0.173
NDRGFP1	1.669	0.4072	4.10	0.001	0.871, 2.467
NDRGFP2	0.434	0.1169	3.71	0.001	0.205, 0.663
IVHX_2	−0.635	0.2987	−2.13	0.034	−1.220, −0.049
IVHX_3	−0.705	0.2616	−2.70	0.007	−1.217, −0.192
RACE	0.684	0.2641	2.59	0.010	0.166, 1.202
TREAT	0.435	0.2038	2.14	0.033	0.035, 0.834
SITE	0.516	0.2549	2.03	0.043	0.017, 1.016
AGE×NDRGFP1	−0.015	0.0060	−2.53	0.011	−0.027, −0.391
RACE×SITE	−1.429	0.5298	−2.70	0.007	−2.468, −0.391
상수	−6.844	1.2193	−5.61	0.001	−9.234, −4.454

[표 3-21]에는 이분형 주효과를 나타내는 공변량(TREAT), 다분형 주효과인 공변량(IVHX), 두 이분형 공변량과 그 교호작용(RACE와 SITE), 선형 연속형 공변량, 비선형 연속형 공변량과 그들간의 교호작용(AGE와 NDRGTX(NDRGFP1과 NDRGFP2를 통해 모형화된 변수))이 있다. 우선 주효과만으로 나타난 명목형 공변량부터 시작하여 보자(UIS 자료는 부록 참조).

앞에서 살펴본 바와 같이 "0"과 "1"로 코드화된 이분형 공변량들과 다분형 공변량들의 추정된 계수들과 신뢰구간의 양 끝점에 지수함수를 취하여 이 공변량들에 대한 승산비의 추정값들과 그 신뢰구간을 각각 구할 수 있다. 공변량 TREAT와 IVHX에 대한 승산비들과 그 승산비의 신뢰구간들은 [표 3-22]에 나타나 있다.

[표 3-22] UIS($n=575$) 자료에 근거한 공변량 TREAT와 IVHX의 추정된 승산비와 승산비의 95% 신뢰구간

변수	값	승산비	95% 신뢰구간
TREAT	Short	1.00	
	Long	1.54	1.04, 2.30
IVHX	Never	1.00	
	Previous	0.53	0.30, 0.95
	Recent	0.49	0.30, 0.83

[표 3-22]의 처음 2열에 공변량과 그 공변량의 수준들이 주어졌다. 기준수준(reference level)에 대한 승산비는 "1"이다. 변수 TREAT에 대한 승산비의 추정값은 "1.54"이며 다음과 같이 해석할 수 있다. 오랜 기간 치료를 받은 환자가 12개월 동안 약물 복용 없이 지낼 승산이 단기 치료를 받은 환자의 승산보다 "1.54"배 크다고 예측된다. 대부분의 경우에 있어서 승산비에 대한 해석이 다음과 같이 간결하게 내려지지만 정확하지 않은 경우도 있다. 즉, 이 경우 "장기 치료를 받은 환자가 12개월 동안 약물 복용 없이 지낼 가능성이 1.54배이다"라고 잘못 해석할 수 있다. 이 해석은 승산비를 상대위험(relative risk)으로 근사시키는 방법으로 반응이 드물게 발생할 경우에만 맞는 해석이 된다. 경험상으로 이 해석은 반응이 전체의 10% 이내에서 발생한 경우에 맞는 것 같다. 이 예에서는 약물 복용 없이 지낼 로지스틱 확률이 작아야 함을 의미한다. 환자의 25.6%가 12개월 동안 약물 복용 없이 지냈고 추정값의 범위가 "0.02"에서 "0.78"이므로 이는 사실이 아니다. 더구나 단기 치료를 받은 그룹의 환자들 중 21%가 12개월 동안 약물을 복용하지 않았다.

Zhang & Yu(1998)는 반응이 드물지 않게 발생할 때 승산비가 얼마나 상대위험을 과대평가하는지를 조사했다. 그 결과를 보면 승산비가 "2.5"보다 크거나 "0.5"보다 작을 때 과대평가할 수 있다는 것이다. 이 결과가 실제로 얼마나 중요한지는 추정된 승산비를 어떻게 사용하느냐에 의존한다. 예를 들어, 모형에서 장기 치료(TREAT)는 통계적으로 유의하며(p 값=0.033), 추정된 승산비를 해석하는 두 가지 방법 모두 이를 설명하는 데 합당하므로 둘 중 어느 것을 사용해도 무방하다. 반면에 약물을 복용하지 않을 가능성의 증가를 정확하게 추정하려면 올바른 해석 방법을 사용하여 승산비를 해석해야 한다. 예를 들어, 전체 중 21%인 위험에 노출되지 않은 그룹에서 발생할 승산비의 값이 "1.5"일 때 상대위험도는 약 1.3 정도로 수정된다. 경험에 의하면 대부분 로지스틱 모형을 적합하여 구한 승산비의 추정값은 가능성의 증가를 정확히 표현하는 방식보다는 차라리 널리 쓰는 표현 방식을 채택하여 해석한다. 그래서, 이 책 전반에 걸쳐 승산비에 대한 해석을 간결하게 상대위험도의 형태로 하기로 한다.

[표 3-22]에 나타난 신뢰구간을 통해 장기 치료에 대한 승산이 단기 치료에

대한 승산보다 적게는 1.04배, 많게는 2.3배나 됨을 알 수 있다. 공변량 IVHX에 대한 승산비의 추정값 모두 1.0보다 작다. 승산비가 "1"보다 작게 되면 그 공변량을 결과에 대해 "보수적(protective)"이라고 말한다. 만일 승산비가 "1"보다 작으면 $y=1$ 인 결과가 발생할 가능성이 적을 것이다. 이 예에서는 $y=1$ 이 약물 복용 없이 지내는 바람직한 결과에 해당하므로 상황이 뒤바뀌었다. 전에 IV 약물을 복용한 경험이 있는 환자의 경우를 생각해 보자. [표 3-22]에서의 승산비 추정값이 "0.53"이며 이에 대한 95% 신뢰구간이 (0.30, 0.95)이다. 이는 전에 IV 약물 사용을 한 경험이 있는 환자가 전혀 약물을 사용하지 않은 환자에 비해 12개월 동안 약물을 복용하지 않을 가능성이 대략 0.53배이며 이 승산은 95% 신뢰를 가지고 적게는 0.3배, 많게는 0.95배 정도 된다는 것으로 해석된다. 최근 IV 약물 사용에 대한 승산비는 "0.49"이며 이에 대한 95% 신뢰구간은 (0.30, 0.83)이다. 그래서, 최근 약물을 사용한 경험이 있는 환자는 전혀 약물 복용을 하지 않은 환자에 비해 12개월 동안 약을 복용하지 않을 가능성이 대략 50%가 된다.

공변량 IVHX에 대한 두 가변수들의 추정된 계수값이 서로 비슷함으로([표 3-21] 참조) 이에 대한 승산비들([표 3-22] 참조) 역시 비슷한 값을 가진다. 이를 통해 공변량 IVHX를 이분형 공변량(즉, 약물 복용의 경험 있음, 없음)으로 구분하여 모형화할 필요성을 느낄 수 있다. 모형설정 시 "모수 절약의 원리"를 사용하여 더 좋은 모형을 찾을 수 있다.

서로 교호작용을 하는 변수 RACE와 SITE의 결과에 대해 해석하여 보자. 공변량 SITE는 프로그램의 위치를 조절하기 위해 모형 내에 포함되었고 이는 인종 차이보다 덜 중요하다. 따라서 [표 3-23]에서 보는 바와 같이 두 개의 장소에서 각각 백인에 대한 유색인의 승산비를 추정하였다.

[표 3-23] UIS 자료에서 장소 내 인종에 대한 추정된 승산비와 승산비에 대한 95% 신뢰구간

장소	인종	승산비	95% 신뢰구간
A	백인	1.00	
	기타	1.98	1.18, 3.33
B	백인	1.00	
	기타	0.47	0.19, 1.18

[표 3-23]의 결과를 통해 다음과 같이 몇 가지 사항들을 해석할 수 있다.

① 장소 A의 유색인 환자가 백인 환자에 비해 12개월 동안 약물을 복용하지 않을 가능성이 거의 2배가량 된다. 또한 그 차이가 작게는 1.2배 정도, 크게는 3.3배가량 된다.

② 장소 B의 유색인 환자는 백인 환자에 비해 12개월 동안 약물을 복용하지 않을 가능성이 0.47배로 추정된다. 그러나 장소 B에서 승산비에 대한 신뢰구간에 "1"이 포함되므로 백인 대 유색인의 차이는 유의하지 않다.

다음은 연령과 전에 약물치료를 받은 횟수에 대한 승산비를 추정하여 보자. 모형이 두 공변량에 대해 복잡하지만, [표 3-23]의 장소에 따른 인종에 대한 승산비를 추정한 것과 같은 방법을 사용하면 된다. 승산비를 추정하기 위해 관심 있는 공변량과 그 수준 그리고 교호작용하는 변수의 값들을 명확히 해야 한다. 예를 들어, 다른 공변량은 고정시키고, 전에 약물 치료를 받은 횟수가 0, 1, 3, 6인 개체와 5년을 단위로 한 연령에 대한 승산비를 계산하고 싶다고 하자. 두 로짓을 추정한 후 그 차이를 구한 뒤 결과에 지수함수를 취하는 절차를 따른다. 공변량 IVHX, RACE, TREAT, SITE를 고정시켰으므로 이 공변량에 대한 각각의 계수들은 로짓값을 구할 때 필요 없게 된다. 따라서 공변량 AGE와 NDRGTX(변수 변환 포함)만 있는 로짓의 추정값은 다음과 같다.

$$\hat{g}(\mathrm{AGE},\mathrm{NDRGTX}) = \hat{\beta}_0 + \hat{\beta}_1(\mathrm{AGE}) + \hat{\beta}_2(\mathrm{NDRGFP1}) + \hat{\beta}_3(\mathrm{NDRGFP2}) + \hat{\beta}_4(\mathrm{AGE}\times\mathrm{NDRGFP1}) \quad (3.20)$$

그리고 $\mathrm{AGE}+5$ 에서

$$\hat{g}(\mathrm{AGE}+5,\mathrm{NDRGTX}) = \hat{\beta}_0 + \hat{\beta}_1(\mathrm{AGE}+5) + \hat{\beta}_2(\mathrm{NDRGFP1}) + \hat{\beta}_3(\mathrm{NDRGFP2}) + \hat{\beta}_4((\mathrm{AGE}+5)\times\mathrm{NDRGFP1}) \quad (3.21)$$

이다. 여기에서 $\hat{\beta}_1, \hat{\beta}_2, \hat{\beta}_3, \hat{\beta}_4$ 는 [표 3-21]에 나타난 추정된 계수들이다. 두 개의 변수 변환된 공변량은 다음과 같다(변수 변환을 하여 NDRGFP1과 NDRGFP2를 구하

는 절차는 Hosmer & Lemeshow(2000) 참조).

$$\mathrm{NDRGFP1} = \left(\frac{\mathrm{NDRGTX}+1}{10}\right)^{-1} \tag{3.22}$$

$$\mathrm{NDRGFP2} = \mathrm{NDRGFP1} \times \ln\left(\frac{1}{\mathrm{NDRGFP1}}\right).$$

그러므로, 추정된 로짓의 차이는

$$\begin{aligned}\hat{g}(\mathrm{AGE}+5, \mathrm{NDRGTX}) - \hat{g}(\mathrm{AGE}, \mathrm{NDRGTX}) \\ = \widehat{\beta_1} \times 5 + \widehat{\beta_4} \times 5 \times \mathrm{NDRGFP1}\end{aligned} \tag{3.23}$$

이 된다. 두 로짓은 모두 복잡할지 모르나 그 차이는 **NDRGFP1**과 연령의 변화의 선형함수가 된다. 식 (3.23)에 변수 **NDRGFP1** 값을 넣어 지수함수를 취하면 승산비를 추정할 수 있다. 식 (3.23)의 로짓 차이의 분산의 추정량은

$$\begin{aligned}&\widehat{\mathrm{Var}}(5\widehat{\beta_1} + 5\widehat{\beta_4} \times \mathrm{NDRGFP1}) \\ &= 5^2 \widehat{\mathrm{Var}}(\widehat{\beta_1}) + (5\mathrm{NDRGFP1})^2 \widehat{\mathrm{Var}}(\widehat{\beta_4}) \\ &\quad + 2 \times 5 \times 5 \times \mathrm{NDRGFP1} \times \widehat{\mathrm{Cov}}(\widehat{\beta_1}, \widehat{\beta_4})\end{aligned} \tag{3.24}$$

가 된다. 표기를 단순화하기 위해 식 (3.24)에 근호를 취하면,

$$\widehat{\mathrm{SE}}(\mathrm{AGE}+5, \mathrm{AGE}) = [\widehat{\mathrm{Var}}(5\widehat{\beta_1} + 5\widehat{\beta_4}\mathrm{NDRGFP1})]^{1/2} \tag{3.25}$$

이 된다. 따라서 로짓 차이에 대한 $100(1-\alpha)\%$ 신뢰구간은 다음과 같다.

$$[5\widehat{\beta_1} + 5\widehat{\beta_4}\mathrm{NDRGFP1}] \pm z_{1-\alpha/2} \widehat{\mathrm{SE}}(\mathrm{AGE}+5, \mathrm{AGE}) \tag{3.26}$$

식 (3.26)에 지수함수를 취하면 승산비에 대한 $100(1-\alpha)\%$ 신뢰구간을 구할 수 있다. 여기에서 공변량 **NDRGTX**의 다양한 값들에서 승산비의 추정값과 이에 관한 신뢰구간을 표로 표현하거나 그래프로 나타낼 수 있다. 이 경우 그래프로 표현하는 것이 더 효율적이다.

[그림 3-24] 승산비 추정값과 95% 신뢰구간

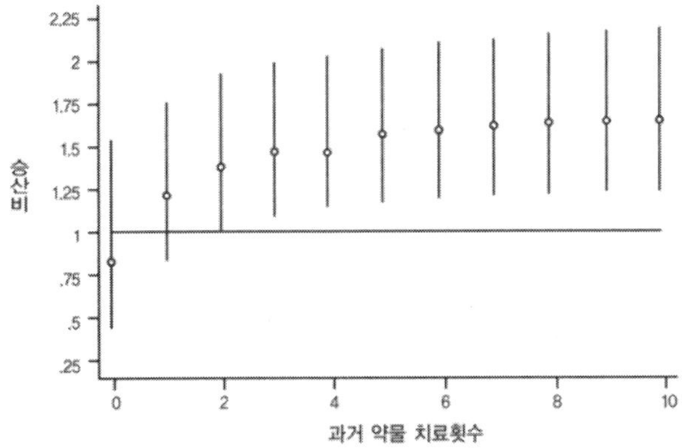

[그림 3-24]는 전의 약물 치료 횟수(0부터 10)와 5년을 단위로 한 연령에 대한 승산비를 추정한 값들과 그 신뢰구간을 그래프로 표현한 것이다. 이 그래프를 통하여 두 번 이상 약물 치료를 받은 연장자일수록 젊은 환자보다 통계적으로 유의하게 약물 치료를 받지 않을 것임을 알 수 있다. 승산비의 추정값이 열 번 약물 치료를 받은 상황인 약 "1.7"까지 서서히 증가하였다. 참고로 두 번 약물 치료를 받은 상황에서 신뢰구간의 하한은 "1.01"이라는 것에 주목하라. 약물 치료받은 횟수가 2회 미만인 경우의 신뢰구간은 "1.0"을 포함하므로, 이 수준에서 5세 연령의 증가는 유의하지 않다. 예를 들어, [그림 3-23]에서 보는 바와 같이 과거 약물 치료 횟수가 열 번인 환자에 대한 승산비의 추정값은 "1.76"이며, 신뢰구간은 (1.32, 2.33)이다. [그림 3-24]를 통한 방법이 표를 통한 방법보다 과거 약물 치료 횟수에 대한 연장자의 효과를 더 명확히 알 수 있다.

결과를 완성하기 위해 나이에 대해 과거 약물 치료 횟수의 효과를 표현할 필요가 있다. 모형이 공변량인 과거 약물 치료 횟수에 대해 비선형이므로, 각 값에서 효과를 표현해야 할 것이다. 우선 식 (3.21)부터 과거 약물 치료 횟수가 하나씩 증가할 때 로짓함수는

$$\hat{g}(\text{AGE},\text{NDRGTX}+1) = \hat{\beta}_0 + \hat{\beta}_1(\text{AGE}) + \hat{\beta}_2(\text{NDRGFP11}) + \hat{\beta}_3(\text{NDRGFP21}) + \hat{\beta}_4(\text{AGE}\times\text{NDRGFP11}) \tag{3.27}$$

이다. 여기에서,

$$\text{NDRGFP11} = \left(\frac{(\text{NDRGTX}+1)+1}{10}\right)^{-1} = \left(\frac{\text{NDRGTX}+2}{10}\right)^{-1},$$

$$\text{NDRGFP21} = \text{NDRGFP11}\times\ln\left(\frac{1}{\text{NDRGFP11}}\right)$$

이다. 식 (3.27)과 식 (3.21)의 로짓 차이는

$$\begin{aligned}\hat{g}(\text{AGE},\text{NDRGTX}+1) - \hat{g}(\text{AGE},\text{NDRGTX}) &= \hat{\beta}_2(\text{NDRGFP11}-\text{NDRGFP1}) \\ &+ \hat{\beta}_3(\text{NDRGFP21}-\text{NDRGFP2}) \\ &+ \hat{\beta}_4(\text{AGE})\times(\text{NDRGFP11}-\text{NDRGFP1})\end{aligned} \tag{3.28}$$

이다. 표기를 단순화하여

$$\begin{aligned}A &= \text{NDRGFP11}-\text{NDRGFP1} \\ &= \left(\frac{\text{NDRGTX}+2}{10}\right)^{-1} - \left(\frac{\text{NDRGTX}+1}{10}\right)^{-1}\end{aligned}$$

$$\begin{aligned}B &= \text{NDRGFP21}-\text{NDRGFP2} \\ &= \left[\text{NDRGFP11}\times\ln\left(\frac{1}{\text{NDRGFP11}}\right)\right] \\ &\quad - \left[\text{NDRGFP1}\times\ln\left(\frac{1}{\text{NDRGFP1}}\right)\right]\end{aligned}$$

이라 하면, 식 (3.28)의 로짓 차이는 다음과 같다.

$$\hat{g}(\mathrm{AGE}, \mathrm{NDRGTX}+1) - \hat{g}(\mathrm{AGE}, \mathrm{NDRGTX}) \tag{3.29}$$
$$= \widehat{\beta_2} A + \widehat{\beta_3} B + \widehat{\beta_4} \mathrm{AGE} \times \mathrm{A}$$

식 (3.29)에 AGE와 NDRGTX의 특정한 값을 대입하면 승산비에 대한 추정값을 얻는다. 물론 이 추정값들은 AGE와 NDRGTX의 값에 따라 달라진다. 따라서 [그림 3-24]와 같이 그래프로 표현하는 방법을 선택하지만 그래프로 나타내기 전에 신뢰구간을 구하는 방법에 대해 알아보자.

식 (3.29)에 나타난 로짓의 차이에 대한 분산 추정량은

$$\widehat{\mathrm{Var}}\left[\widehat{\beta_2}\mathrm{A} + \widehat{\beta_3}\mathrm{B} + \widehat{\beta_4}\mathrm{AGE} \times \mathrm{A}\right]$$
$$= A^2 \widehat{\mathrm{Var}}(\widehat{\beta_2}) + \mathrm{B}^2 \widehat{\mathrm{Var}}(\widehat{\beta_3}) + (\mathrm{AGE} \cdot \mathrm{A})^2 \widehat{\mathrm{Var}}(\widehat{\beta_4})$$
$$+ 2AB\widehat{\mathrm{Cov}}(\widehat{\beta_2}, \widehat{\beta_3}) + 2\mathrm{A}(\mathrm{AGE} \cdot \mathrm{A})\widehat{\mathrm{Cov}}(\widehat{\beta_2}, \widehat{\beta_4})$$
$$+ 2B(\mathrm{AGE} \cdot \mathrm{A})\widehat{\mathrm{Cov}}(\widehat{\beta_3}, \widehat{\beta_4})$$

가 되고, 표준오차의 추정량은

$$\widehat{\mathrm{SE}}(\mathrm{NDRGTX}+1, \mathrm{NDRGTX}) = \left\{\widehat{\mathrm{Var}}\left[\widehat{\beta_2}\mathrm{A} + \widehat{\beta_3}\mathrm{B} + \widehat{\beta_4}\mathrm{AGE} \cdot \mathrm{A}\right]\right\}^{1/2}$$

이 된다. $100(1-\alpha)\%$ 신뢰구간은 다음과 같이 된다.

$$[\hat{g}(\mathrm{AGE}, \mathrm{NDRGTX}+1) - \hat{g}(\mathrm{AGE}, \mathrm{NDRGTX})] \tag{3.30}$$
$$\pm z_{1-\alpha/2} \cdot \widehat{\mathrm{SE}}(\mathrm{NDRGTX}+1, \mathrm{NDRGTX})$$

연령과 과거의 약물 치료 횟수 사이의 관계가 복잡하기 때문에 그래프로 표현하는 방법이 약물 치료의 횟수를 증가시킬 때 나타내는 효과를 가장 잘 표현한다.

[그림 3-25] 연령별 승산비와 신뢰구간

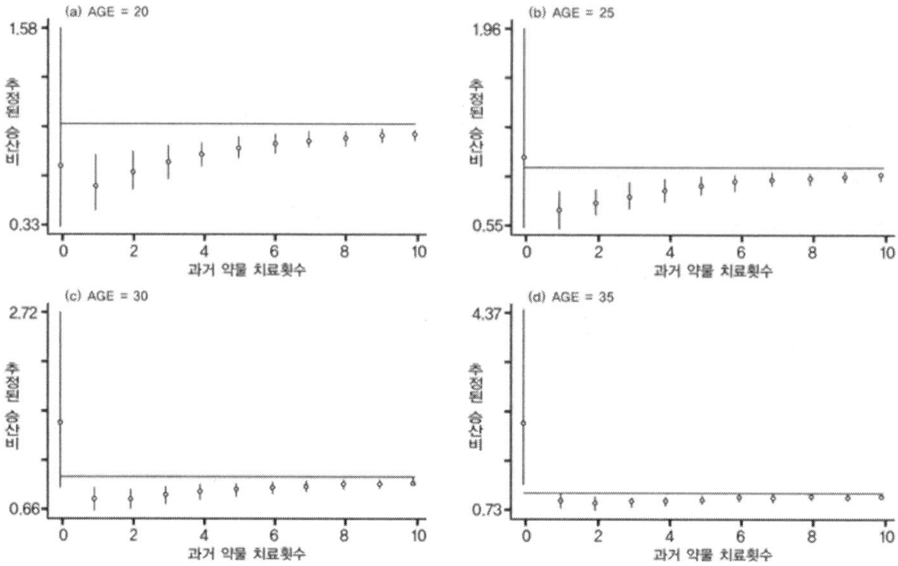

[그림 3-25]에서는 각각 연령 20, 25, 30, 35세에 대해 과거 약물 치료 횟수가 1회 증가할 때 승산비의 추정값과 이에 관련된 95% 신뢰구간을 나타내었다. 수평선을 "1.0"에 그은 이유는 승산비가 통계적으로 유의한지(즉, "0"이 아니다)의 여부를 쉽게 알기 위해서이다. 네 그래프 중 NDRGTX=0에서의 그림은 한번 약물 치료를 받은 것의 승산이 전혀 받지 않은 것에 대한 승산비이다. 변수 AGE=35를 제외한 세 그래프 모두에서 NDRGTX=0에 대한 신뢰구간들은 "1.0"을 포함한다. 이 경우 과거 약물 치료를 1회 받은 35세 환자가 전혀 약물 치료를 받지 않은 35세 환자보다 통계적으로 유의하게 12개월 동안 약물을 복용하지 않을 것이다. 각 그래프에 나타난 나머지 승산비들은 주어진 연령에 대해 과거 약물 치료 횟수가 2 대 1, 3 대 2,…, 11 대 10인 환자들을 비교한다. 모든 신뢰구간들이 "1"을 포함하지 않기 때문에 승산비가 유의하게 "1"보다 작게 된다. 약물 치료 횟수의 기준수가 증가함에 따라 승산비는 "1"에 접근한다. 즉, 약물 치료 횟수를 1회 늘리면 환자들은 12개월 동안 유의하게 약물을 복용하지 않게 된다는 의미이다. 약물 치료의 기준수가 증가함에 따라 위험의 증가량이 감소한다. 즉, 약물 치료 횟수 11 대 10(10% 증가)의 위험성은 약물 치료 횟수 2 대 1(50% 증가)이 갖는 위험보다 크지 않다. 네

그래프 중 세 곳에서 약물 복용을 하지 않을 승산비가 제일 작은 경우는 약물 치료 횟수가 2 대 1일 때이다. 따라서 약물 복용을 하지 않을 승산은 약물 치료 횟수가 "1"일 때 가장 크다. 약물 치료 횟수가 "1"인 경우를 기준으로 하여 각 약물 치료 횟수의 승산비를 구하는 것은 의미 있을 것이다.

특정한 연령에서 NDRGTX = 1인 경우에 대하여 과거 약물 치료 횟수의 차이에 대한 개별적인 로짓 차이와 그 신뢰구간은 다음과 같이 A와 B를 정의하여 식 (3.29)와 식 (3.30)을 사용하면 구할 수 있다.

$$A = \mathrm{NDRGFP1} - \left(\frac{1+1}{10}\right)^{-1} = \mathrm{NDRGFP1} - 5$$

$$\begin{aligned} B &= \mathrm{NDRGFP2} - \left(\frac{1+1}{10}\right)^{-1} \ln\left(\frac{1+1}{10}\right) \\ &= \mathrm{NDRGFP2} - 5\ln\left(\frac{1}{5}\right) \\ &= \mathrm{NDRGFP2} + 5\ln(5). \end{aligned}$$

바로 앞에서 정의한 A, B를 식 (3.29)와 식 (3.30)에 대입한 뒤 각각의 결과에 지수함수를 취하면 승산비와 승산비에 대한 신뢰구간을 구할 수 있다.

[그림 3-26] 연령별 승산비와 신뢰구간(NDRGTX=1이 기준임)

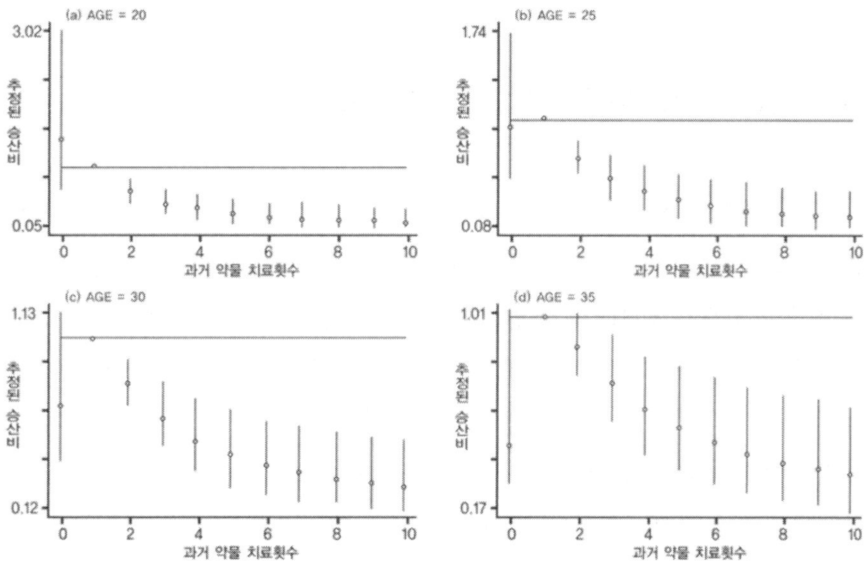

[그림 3-26]에 나타난 네 개의 그래프에서 NDRGTX = 0인 경우의 승산비들과 신뢰구간은 [그림 3-25]에 표현된 승산비의 역수와 같다. 나머지 약물 치료 횟수는 [그림 3-25]에 나타난 승산비의 곱으로 나타난다. 위의 그림에서 전반적으로 찾아낼 수 있는 것은 연령에 관계없이 과거 약물 치료를 더 많이 받은 환자들이 1번 약물 치료받은 환자들과 비교할 때 통계적으로 유의하게 12개월 동안 약물을 더 복용할 것이라는 사실이다. 연장자인 환자들에 대해 NDRGTX = 0인 경우의 승산비는 역시 "1"보다 작고 35세에서 유의하다.

일반적으로 대부분의 연령에서 1번 과거 약물 치료를 받은 환자들이 12개월 동안 약물을 복용하지 않을 가능성이 매우 높게 되고, 과거 약물 치료받은 횟수가 커짐에 따라 승산비는 점차적으로 작아짐을 알 수 있다.

이 절을 끝맺기 전에 모형 설정에 대해 몇 마디 언급하고자 한다. [표 3-21]에서 다룬 모형은 실제로 보건학 분야에서의 로지스틱 회귀모형보다 더 복잡하다. 이 분야에서 전형적으로 다루어지는 모형은 선형함수로 모형화된 연속형 공변량들, 몇 개의 계획변수들과 교호작용항들로 이루어진다. 여기에서 다룬 모형이 실제로 다루어지는 모형보다 복잡하더라도 모형설정, 모형평가 등을 하는 데 자신감을 갖고 최선의 모형을 찾을 수 있기를 바란다.

3.4 이분형 로지스틱의 SPSS 사용 예

암의 치료와 예후는 전이 정도에 따라 다르게 행해진다. 암이 전이되는 부위들 중 하나는 림프절이다. 만일 림프절에 암이 전이되었으면, 그 예후는 전이되지 않은 경우보다 일반적으로 좋지 않다. 림프절에 암의 전이되었는지의 여부를 가능한 빨리 입증하려는 이유도 바로 여기에 있다. 어떤 암에 대해서는 림프절에 암이 퍼져 있는지의 여부를 결정하기 위해 탐색적인 외과 처치를 시행한다. 어떤 치료가 필요할지를 정해야 하기 때문이다. 만일 수술을 하지 않고 얻어진 데이터에 근거하여 암이 림프절에 전이되지 않음을 예측할 수 있다면, 불안감과 비용을 상당히 줄

[표 3-27] Binary Data

Case No.	X Ray	Stage	Grade	Age	Acid	Nodes
1				66	48	
2				68	56	
3				66	50	
4				56	52	
5				58	50	
6				60	49	
7	1			65	46	
8	1			60	62	
9			1	50	56	1
10	1			49	55	
11				61	62	
12				58	71	
13				51	65	
14	1		1	67	67	1
15			1	67	47	
16				51	49	
17			1	56	50	
18				60	78	
19				52	83	
20				56	98	
21				67	52	
22				63	75	
23			1	59	99	1
24				64	187	
25	1			61	136	1
26				56	82	1
27		1	1	64	40	
28		1		61	50	
29		1	1	64	50	
30		1		63	40	
31		1	1	52	55	
32		1	1	66	59	
33	1	1		58	48	1
34	1	1	1	57	51	1
35		1		65	49	1
36		1	1	65	48	
37	1	1	1	59	63	
38		1		61	102	
39		1		53	76	
40		1		67	95	
41		1	1	53	66	
42	1	1	1	65	84	1
43	1	1	1	50	81	1
44	1	1	1	60	76	1
45		1	1	45	70	1
46	1	1	1	56	78	1
47		1		46	70	1
48		1		67	67	1
49		1		63	82	1
50		1	1	57	67	1
51	1	1		51	72	1
52	1	1		64	89	1
53	1	1	1	68	126	1

일 수 있을 것이다.

이 절에서는 Brown(1980)에 근거하여 전립선암에 걸린 53명의 환자에 관한 데이터를 사용한다. 수술시 암이 전립선 부근의 림프절에 퍼져 있는지의 여부뿐만 아니라 환자의 연령(AGE), 혈청인산염(ACID, serum acid phosphatase, 특정한 부위에 종양이 전이되었을 때 상승되는 실험실의 값), 질병 단계(STAGE, 질병이 얼마나 진행되었는지 재는 척도), 종양의 등급(GRADE, 진행의 정도), X-선(XRAY) 결과 등 각 환자에 대해 기록한다. 관심의 초점은 수술을 하지 않고 측정할 수 있는 변수값들에 근거하여 림프절이 암에 대해 양성인지의 여부를 예측하는 것이다.

3.4.1 모형의 적합도 평가

데이터를 모형에 적합시킬 때마다 모형이 표본뿐만 아니라 모집단을 얼마나 잘 적합시키는지의 여부를 알고자 한다. 모형은 통상 모집단보다는 표본 데이터를 더 잘 적합시킨다. 큰 데이터세트가 주어진 경우, 그 데이터를 둘로 나누는 것은 의미가 있다. 즉, 한쪽 부분은 모형을 추정하는 데 사용하고, 나머지 부분은 그 모형을 적용하여 얼마나 잘 적합하는지를 보기 위함이다. 모형이 또 다른 데이터 세트를 얼마나 잘 적합하는지를 평가하기 위한 또 다른 방법으로 잭나이프(jackknifing)와 붓스트랩(bootstrapping) 같은 통계 기법도 있다.

로지스틱 모형에서 모형의 성능을 평가하기 위한 두 개의 부가적인 표준 방법으로 모형판별(model discrimination)과 모형측정(model calibration)이 있다. 모형판별은 사건이 일어날 확률의 추정값에 근거하여, 두 그룹의 관찰값을 구분함으로써 모형의 성능을 평가하는 것이다. 즉, 발생할 사건의 추정확률이 반응이 실제로 일어나는 경우와 그렇지 않을 경우를 얼마나 잘 구분하는지 알고 싶을 때 사용한다. 모형측정이란 관측된 확률과 추정된 확률이 확률값의 전 영역에 걸쳐서 얼마나 잘 부합하는지를 평가하는 것이다. 우선 모형식별을 조사하는 몇 가지 간단한 방법을 생각해 보자. "모형 적합의 다른 측면"에서 모형판별과 모형측정에 관한 내용을 더 다룰 것이다.

■ **분류표**

[표 3-28] 분류표

관측			예측값		
			NODES		분류정확 %
			0	1	
1 단계	NODES	0	28	5	84.8
		1	7	13	65.0
	전체 %				77.4

a. 절단값은 .500입니다.

모형적합이 얼마나 잘 되었는지를 평가하는 한 방법으로 관측된 결과와 예측값을 비교한다. [표 3-28]에서는 추정된 확률값이 "0.5" 이상인 경우, 각 개체를 양성의 림프절로 분류하여 관측 그룹과 예측 그룹을 비교한다.

[표 3-28]에 의하면 악성 림프절이 없는 28명 환자들은 모형에 의해 올바르게 예측되었다. 마찬가지로, 림프절에 양성 반응을 보인 13명의 환자들도 올바르게 예측되었다. 표에서 대각선에 놓여지지 않은 수치들 즉, 림프절에 음성 반응을 보인 5명의 환자와 림프절에 양성 반응을 보인 7명 환자들은 잘못 분류된 환자들이다. 결국 전부 12명의 환자들이 잘못 분류되었다. 림프절에 암이 전이되지 않은 환자들 중 84.8%가 올바르게 분류되었고, 림프절에 암이 전이된 환자들 중 65%가 올바르게 분류되었다. 총괄적으로 53명 환자 중 77.4%가 올바르게 분류되었다.

분류표만으로는 두 그룹 내 환자들의 추정된 확률값의 분포를 알 수 없다. 예측된 각 그룹에 대해, 추정된 확률이 "0.5"보다 큰지의 여부만을 [표 3-28]을 통해 알 수 있을 뿐이다. 예를 들면, 음성으로 잘못 예측된 7명의 환자들이 50% 또는 더 낮은 예측확률을 갖게 되는지는 표를 통해서는 알 수 없다. 이상적으로는 두 그룹의 추정확률이 매우 다르기를 바랄 것이다. 즉, 악성 림프절이 없는 모든 환자들의 추정확률은 작고, 악성 림프절을 가진 경우의 추정확률이 매우 컸으면 바람직할 것이다.

■ 추정된 확률의 히스토그램

[그림 3-29] 추정된 확률의 히스토그램

```
              Observed Groups and Predicted Probabilities

         4 +  00                                                          +
           |  00                                                          |
           |  00                                                          |
F          |  00                                                          |
R        3 +  00   1          1                                  1        +
E          |  00   1          1                                  1        |
Q          |  00   1          1                                  1        |
U          |  00   1          1                                  1        |
E        2 +  0000 0   11     0         1  11                    1   1    +
N          |  0000 0   11     0         1  11                    1   1    |
C          |  0000 0   11     0         1  11                    1   1    |
Y          |  0000 0   11     0         1  11                    1   1    |
         1 +  000000010000 00100  0     00 000 0       1 1  1 1 1 01 11   +
           |  000000010000 00100  0     00 000 0       1 1  1 1 1 01 11   |
           |  000000010000 00100  0     00 000 0       1 1  1 1 1 01 11   |
           |  000000010000 00100  0     00 000 0       1 1  1 1 1 01 11   |
Predicted ---------------+---------------+---------------+----------------
  Prob:   0             .25             .5              .75               1
  Group:  000000000000000000000000000000001111111111111111111111111111111

          Predicted Probability is of Membership for 1
          The Cut Value is .50
          Symbols: 0 - 0
                   1 - 1
          Each Symbol Represents .25 Cases.
```

[그림 3-29]는 림프절에 암이 전이될 확률의 추정값을 히스토그램으로 나타낸 것이다. 각 개체에 사용된 표시(Positive: 1, Negative: 0)는 그 개체가 실제로 속한 그룹을 나타낸다. 만일 어떤 모형이 두 그룹을 성공적으로 식별한다면, 사건이 발생한 개체는 "0.5"의 오른쪽에, 그렇지 않은 개체는 "0.5"의 왼쪽에 위치하여야 한다. 두 그룹이 각각 그림의 끝부분에 운집할수록 더 좋다.

[그림 3-29]에서 암이 아닌 개체가 림프절에 큰 확률로 추정되어 양성 반응으로 나타난 것이 하나 있다(확률값이 약 0.88에서 "0"으로 표시된 개체). 반면에 추정된 확률이 "0.25"보다 작은 경우인데 질병이 있는 개체들이 4개 있다.

히스토그램에 나타난 예측 확률을 살펴보면, 개체들을 각 그룹에 배정하는 다른 유용한 법칙이 있을 수 있다. 예를 들어, 대부분 잘못된 분류가 "0.5" 근방에서 발생한다면, 이 지역에 있는 개체에 대한 판단을 보류해도 좋을 것이다. 이 예에서 로지스틱 예측이 올바른 것이라고 확신하는 개체에 한해서만 림프절 포함 여부를 예측할 수 있다는 것을 의미한다. 모든 의심스러운 개체에 대해서는 수술을 결정할 수도 있다.

만일 그른 분류로 인한 파급 효과가 서로 같지 않다면(예를 들어, 림프절이 실지로 양성인데 음성이라고 하는 것이 반대인 경우보다 더욱 심각하다면), 분류 방법을 변경시켜 더 심각한 에러를 줄일 수 있다. 예를 들면, 개체에 대한 추정확률이 단지 "0.3"보다 작을 때만 음성이라고 할 수 있다. 예측된 확률이 나타난 히스토그램을 살펴봄으로써, 어떤 분류 법칙이 유용할지를 알 수 있다(물론 이 모형을 또 다른 새로운 개체들에 적용한다면 이 분류 법칙이 정확히 같은 적용을 하리라는 기대를 할 수 없을 것이다).

■ **모형의 적합도**

관측된 데이터를 얼마나 잘 분류하는지를 검사함은 로지스틱 모형이 그 데이터를 얼마나 잘 설명하는지를 평가하는 한 방법이다. 모형의 적합도를 평가하는 또 다른 방법은 모수의 추정값이 주어졌을 때, 표본 결과가 실제로 얼마나 발생하는지를 검사하는 것이다(관측된 결과와 가능한 유사한 모수의 추정값을 선택해야 한다).

모수의 추정값이 주어졌을 때 관측된 결과의 확률을 가능도함수로 표현한다. 가능도함수는 "1"보다 작으므로 로그 가능도함수에 "−2"를 곱한 값(−2LL)을 추정된 모형이 데이터를 얼마나 잘 적합하는지를 재는 측도로 사용한다고 이미 설명한 바 있다. 좋은 모형이란 관측된 결과의 가능도함수값이 매우 클 때이며, −2LL은 작은 양수값을 가지게 된다(만일 완전한 모형 적합이라면, 가능도함수값은 "1"이고, −2LL은 "0"이 된다). 주어진 모형에 변수들을 추가시키거나 제거했을 때 변화된 가능도함수값을 통해 모형의 적합이 어떻게 변화하는지를 알 수 있을 것이다.

[표 3-30] 반복 계산 정보

반복계산		-2 Log 우도	계수
			상수
0 단계	1	70,253	-,491
	2	70,252	-,501

a. 모형에 상수항이 있습니다.
b. 초기 -2 Log 우도: 70,252
c. 로그-우도가 ,010%보다 작게 줄었으므로 계산반복수 2에서 추정을 종료하였습니다.

[표 3-30]에서 보는 바와 같이, 절편항만 있는 로지스틱 회귀모형에서의 −2LL의 값은 "70.25"이다. 표에서 계수의 추정값이 매 반복마다 어떻게 변하는지를 볼 수 있다(이항 로지스틱 회귀절차에 의해서 계산된 −2LL값은 다항상수를 포함하지 않는다. 그들은 핵(kernel)의 값이다).

■ **모든 변수를 포함한 모형의 적합도**

[표 3-31] 모형 요약

단계	-2 Log 우도	Cox와 Snell 의 R-제곱	Nagelkerke R-제곱
1	48,126	,341	,465

[표 3-31]에서는 모든 독립변수를 포함한 모형에 관한 요약된 통계량들을 보여 준다. 현재 가정된 모형에 대한 −2LL의 값은 "48.126"이다. 이 값은 절편항만을 포함한 모형의 −2LL의 값보다 작다. 3.1절에서 설명한 두 측도인 Cox & Snell R^2과 Nagelkerke R^2은 로지스틱 회귀모형에서 설명하는 부분의 비율을 계량화하려는 통계량이다. 이 통계량들은 선형회귀모형의 R^2과 비교해 보면 로지스틱 회귀모형에서 다르게 정의되었지만 그 의미는 서로 비슷하다.

수정된 Nagelkerke R^2을 통해, 반응변수의 변동 중 47% 정도를 로지스틱 회귀모형에서 설명하고 있음을 알 수 있다.

[표 3-32] 모형 계수 전체 테스트

		카이제곱	자유도	유의확률
1 단계	단계	22.126	5	.000
	블록	22.126	5	.000
	모형	22.126	5	.000

[표 3-32]에는 모형, 블록, 단계라고 명명된 3개의 카이제곱항이 있다. "모형"에 해당하는 카이제곱은 절편항만을 포함하는 모형의 −2LL과 현재 가정한 모형의 −2LL과의 차이이다(절편항이 없는 모형이라면, 비교를 위해서 아무런 변수도 없는 가능도값이 사용된다). 따라서, "모형"에 해당하는 카이제곱은 가정한 모형의 절편항을 제외한 모든 계수들이 "0"이라는 귀무가설을 검정하게 된다. 이는 회귀분석의 F-검정에 해당된다.

이 예제에서 절편항만을 포함하는 모형의 −2LL값은 "70.252"이고([표 3-30] 참조), 반면에 완전모형에 대한 −2LL값은 "48.126"이다. "모형"에 해당하는 카이제곱(22.126)은 이 두 값의 차이를 나타낸다. 이때 자유도는 두 모형 사이의 모수 수의 차이다.

"블록"에 해당하는 카이제곱은 모형 선정에서 연속된 두 블록 사이의 −2LL의 변화이다(변수들을 블록으로 선택하는 내용에 관해서는 7장이나 SPSS 매뉴얼 참조). 이 예에서는 변수들을 한 블록으로 선택했으므로, "블록"에 해당하는 카이제곱의 값은 모형란의 값과 같다. 만일 2개 이상의 블록으로 변수들을 선택한다면, "블록"에 해당하는 카이제곱은 마지막 블록 내의 변수들의 계수가 모두 "0"이라는 가설을 검정하게 된다.

"단계"에 해당하는 카이제곱은 모형선정 시 연속적인 단계 사이의 −2LL의 변화이다. 그것은 마지막 단계에서 추가된 변수들의 계수가 모두 "0"이라는 가설을 검정한다. 이 예에서는 절편항만 있는 모형과 절편항과 다섯 개의 독립변수가 있는 모형 즉, 단지 두 모형만을 고려한다. 그러므로, 모형, 블록, 단계에 해당하는 각각의 카이제곱값이 모두 같게 된다. 만일 축차적으로 이 두 모형보다 더 많은 모형을 고려한다면 전진단계선택법이거나 후진단계제거법이건 간에, "블록"에 해당하는 카이제곱은 "단계"에 해당하는 카이제곱값과 서로 다를 것이다. "단계" 카이제곱 검정법은 단계별 회귀모형에서의 F-검정에 해당된다.

3.4.2 범주형변수

선형회귀에서와 같이 로지스틱 회귀에서도 독립변수에 대한 표기법이 중요함을 알 수 있다. 앞에서 설명하였듯이 종교를 나타내는 명목형변수에 1부터 35까지의 값을 임의로 붙여 모형 내에서 변수로 사용해서는 안 된다. 이런 상황에서는 원래의 범주에 대응하는 새로운 변수 집합을 다른 형태의 방법으로 생성함으로써 독립변수의 값들을 재기호화해야 한다.

성별과 같이 범주의 수가 2인 변수는 남성과 여성을 각각 "0" 또는 "1"로 표기할 수 있다. 이때 이러한 변수를 가변수 또는 지시변수라고 2장에서 설명한 바 있다. 변수 GRADE, STAGE, XRAY 모두 "0"과 "1"로 표기된 범주형변수들의 예이다. 일반적으로 "1"은 열성의 반응을 나타낸다. 변수 GRADE, STAGE, XRAY의 계수에 관한 해석은 간단하다. 그것은 어떤 개체가 "열성"의 범주에 있을 때와 그렇지 않을 때 로그 승산값의 차이를 말하여 준다.

3개 이상의 범주를 가진 변수일 때는 범주를 나타내는 새로운 변수를 생성해야 한다. 범주형변수를 표현하기 위해 필요한 새로운 가변수의 수는 범주의 수보다 하나 적다고 설명한 바 한다. 예를 들어, 혈청인산염의 실제 값 대신 낮음, 중간, 높음의 의미로 1, 2, 3의 값을 각각 부여한다면, 혈청인산염을 나타내기 위해 두 개의 새로운 가변수를 생성하여야 할 것이다.

■ **기준셀 코딩방법**

2장에서 언급하였지만 혈청인산염에 대한 두 개의 새로운 변수를 생성하기 위한 한 방법으로 각 범주를 표현하기 위하여 지시변수를 사용하는 것이다. 한 변수로는 그 값이 낮음일 때는 "1"로, 그렇지 않을 때는 "0"으로 표기한다. 두 번째 변수로는 그 값이 중간일 때는 "1"로, 그렇지 않을 때는 "0"으로 표기한다. 높음은 두 지시변수 모두 "0"으로 표기함으로써 표현할 수 있게 된다. 두 지시변수 모두 "0"으로 표기하는 기준 범주는 임의로 선택할 수 있다.

범주형변수에 대해 특별한 어떤 범주의 효과에 관하여 말할 수 있는 것은 어떤 다른 범주에 비교할 때이다. 예를 들어, 암의 유형을 표시하는 한 변수가 있다면, "방광암에 비하여 폐암으로 인한 생존 확률이 적다"라는 진술을 할 수 있을 뿐이다. 또는 "다른 모든 암 형태에 비교하여 폐암으로 인해 당신의 생존 가능성이 줄어든다"라고 언급할 수 있다. 폐암을 다른 형태의 암과 비교하지 않고서는 아무런 언급을 할 수 없다.

만일 표기법으로 지시변수를 사용한다면, 새로운 변수에 대한 계수들은 각 범주의 효과를 기준 범주에 비교하여 표시한다는 것이다. 기준 범주에 대한 계수는 "0"이 된다. 예를 들어 [표 3-27]을 보자. 변수 CATACID1은 낮은 수준에는 "1", 그렇지 않으면 "0"으로 표기한 낮은 혈청인산염에 대한 지시변수이다. 마찬가지로 변수 CATACID2는 중간 혈청인산염에 관한 지시변수이다. 여기에서 기준 범주는 높은 수준이 된다.

CATACID1의 계수는 "높음"에 비교하여 "낮음"일 때 로짓의 차이이다. 마찬가지로 CATACID2는 "높음"에 비교하여 "중간"일 때의 로짓의 차이이다. "높음"에 관한 계수는 바로 자기 자신이므로 필연적으로 "0"이 된다. [표 3-33]에 의하면, 두 지시변수의 계수들은 모두 음임을 알 수 있다. 이것은 혈청인산염의 "높음"에 비교하여, "낮음"과 "중간"의 수준에서 악성 림프절의 로짓이 감소함을 의미한다. 수준 "낮음"은 "중간"보다 로짓의 값을 더 감소시킨다.

[표 3-33] 방정식에 포함된 변수(지시변수)

		B	S.E.	Wald	자유도	유의확률	Exp(B)
1 단계[a]	AGE	-.052	.063	.686	1	.407	.949
	CATACID 1	-2.008	1.052	3.643	1	.056	.134
	CATACID 2	-1.092	.926	1.390	1	.238	.335
	XRAY	2.035	.837	5.903	1	.015	7.650
	GRADE	.808	.823	.962	1	.327	2.243
	STAGE	1.457	.768	3.597	1	.058	4.293
	상수	1.770	3.809	.216	1	.642	5.870

a. 변수가 1: 단계에 진입했습니다 AGE, CATACID1, CATACID2, XRAY, GRADE, STAGE.

SPSS 로지스틱 회귀절차는 범주형으로 선언된 변수에 대해 자동적으로 새로운 지시변수를 생성한다(SPSS 매뉴얼 참조). 새로운 변수에 대해 사용하고자 하는 표기법을 선택할 수 있다.

[표 3-34]에서는 범주형변수에 대한 표를 보여 준다. 표의 행은 변수의 수준을 나타낸다. 실제값은 "value(변수값)"라는 표제어 밑에 주어진다. 각 값의 개체 수는 "Freg(빈도)"항에 주어진다. 다음 열은 생성된 새로운 변수들을 보여 준다. 괄호 안의 숫자는 결과물의 변수를 식별하기 위해 사용된 수이다. 원래의 범주를 나타내려고 사용한 새로운 변수의 표기는 새로운 변수열에 실려 있다.

[표 3-34] 기준셀 코딩방법

			모수코딩	
	변수값	빈도	(1)	(2)
CATACID	1.00	15	1	0
	2.00	20	0	1
	3.00	18	0	0

[표 3-34]에서 변수 CATACID의 값이 2인 개체의 수가 20임을 보여 준다. 이 개체들에 대해 새 지시변수 CATACID(1)에는 "0"을 CATACID(2)에는 "1"의 값이 배정된다. 마찬가지로 CATACID가 3일 때 두 지시변수 CATACID(1)과 CATACID(2)에 모두 "0"을 배정한다.

■ 평균에서의 편차 코딩방법

[표 3-35] 편차 코딩방법

			모수 코딩	
변수값		도수	(1)	(2)
CATACID	1.00	15	1	0
	2.00	20	0	1
	3.00	18	−1	−1

로지스틱 회귀 계수의 의미는 범주형변수를 표현하기 위해 새로운 지시변수를 어떻게 생성했는지에 따라 달라진다. 앞 절에서 보았듯이 기준셀 코딩방법을 사용할 때, 새로운 변수의 계수들은 기준 범주에 비교한 각 범주의 효과를 나타낸다. 반면에 모든 범주의 평균 효과에 비교한 각 범주의 효과를 나타내고자 한다면, [표 3-35]에 있는 편차 코딩방법을 선택하면 한다. 이 방법은 새로운 변수의 마지막 범주를 단지 "−1"로 표기한다는 점에서 기준셀 코딩방법과 다르다.

이 표기법으로 로지스틱 회귀 계수는 [표 3-36]에 보여진 것처럼 각 범주가 모든 범주의 평균 효과에 비하여 얼마나 좋은지 또는 나쁜지를 말해 준다. 각 새로운 변수에 대한 계수들은 모든 범주의 평균 효과에서의 차이를 나타낸다. 마지막 범주에 대한 계수의 값은 나타나지 않았지만, 더 이상 "0"은 아니다. 대신 표현된 계수들의 합에 음을 곱한 수이다. [표 3-36]에서 높은 수준의 계수는 $-(-0.9745-0.0589)=1.0334$ 이다.

[표 3-35]의 편차 코딩방법은 자료들이 특별한 형태의 모수 추정값을 얻기 위해 어떻게 변환되는지를 보여 주고 있음을 유의하라. 모수를 표기한 표에서는 언급한 대비가 단지 직교인 경우, 각 모수 추정값에 대한 범주의 선형결합을 보여 준다. 편차의 대비가 직교하지 않으므로, [표 3-35]의 편차 코딩방법에서는 범주형변수의 어떤 수준을 비교하는지를 말해 주지 못한다. 범주형변수를 어떻게 변환하여야 모수 추정에 대한 편차 대비를 얻을 수 있는지를 말해 주고 있다.

[표 3-36] 방정식에 포함된 변수(편차 계수를 가진 범주형 변수)

		B	S.E.	Wald	자유도	유의확률	Exp(B)
1 단계[a]	AGE	-.052	.063	.686	1	.407	.949
	CATACID3	-.975	.641	2.312	1	.128	.377
	CATACID4	-.059	.573	.011	1	.918	.943
	XRAY	2.035	.837	5.903	1	.015	7.650
	GRADE	.808	.823	.962	1	.327	2.243
	STAGE	1.457	.768	3.597	1	.058	4.293
	상수	.736	3.735	.039	1	.844	2.088

a. 변수가 1: 단계에 진입했습니다 AGE, CATACID3, CATACID4, XRAY, GRADE, STAGE.

서로 다른 코딩방법은 다른 로지스틱 회귀 계수를 산출하지만 결론은 다르지 않다. 즉, 계수들의 추정값들이 [표 3-33]과 [표 3-36]에서 다를지라도, 같은 내용을 말해 주고 있다. [표 3-33]에서는 세 번째 범주에 대한 처음 범주의 효과를 말해주지만, [표 3-36]에서는 모든 범주의 평균 효과에 대한 처음 범주의 효과를 말해준다. 비교하고자 하는 형태에 맞는 코딩방법을 선택하면 될 것이다.

3.4.3 교호작용항

선형회귀와 마찬가지로 모형에 각 변수들을 곱한 교호작용항을 추가할 수 있다. 예를 들어, 의미가 있다면 변수 ACID와 AGE의 교호작용항을 모형에 넣을 수 있다. 범주형변수의 교호작용항을 넣을 수도 있다. 새로운 지시변수들의 곱으로 하면 될 것이다. 단계별 변수 선택 방법에서 교호작용항도 다른 변수처럼 똑같이 처리한다. 이 방법으로 주효과가 없는 교호작용항만을 포함하는 모형이 선택될 수도 있다. 그런 모형은 해석하기 어려울 것이다.

3.4.4 독립변수의 선택

다른 다변량 통계기법과 같이, 로지스틱 회귀에서도 종속변수를 잘 설명하는 독립변수들을 식별하고자 할 것이다. 회귀분석과 판별분석에서 다루는 변수 선택의 방법을 로지스틱 회귀모형에서도 적용할 수 있다. 통계적인 관점에서 최상의 모형을 산출할 수 있는 알고리즘은 없다. 어떤 변수 선택 방법을 사용하느냐에 따라 서로 다른 모형을 얻게 된다. 몇몇 가능한 모형을 검사하여 해석의 적절성, 모수의 절약성과 변수 습득의 난이도에 근거하여 그중에서 고르는 것도 좋을 것이다.

늘 그렇듯이 모형은 어떤 특정한 표본에 잘 적합하도록 선택되므로 같은 모집단에서 또 다른 표본을 고른다면 같은 모형이 적합될 것이라는 보장은 없다. 모형이란 모집단보다는 표본을 거의 항상 잘 적합시키기 때문이다.

SPSS 로지스틱 회귀절차를 통해 몇 가지 변수 선택 방법을 행할 수 있다. 2장에서 설명하였듯이 원하는 변수를 모형에 넣을 수도 있고, 모형 구축을 위해 전진단계선택법과 후진단계제거법을 사용할 수 있다. 스코어 통계량은 모형에 변수를 삽입할 때 항상 사용한다. 월드 통계량, 가능도값의 변화 또는 조건통계량들은 모형에서 변수들을 제거할 때 사용할 수 있다(Lawless & Singhal, 1978). 하나의 범주형변수를 표현하기 위해 사용된 지시변수들은 모두 한번에 모형에 포함되거나 또는 제거되어야 한다.

■ 전진단계선택법

로지스틱 회귀절차에서의 전진단계선택법은 중선형회귀와 같은 방법으로 진행된다. 모형에서 절편항을 생략하라는 옵션을 선택하지 않는 한 절편항만을 포함하는 모형에서 변수 선택을 시작한다. 각 단계마다 스코어 통계량에 대한 가장 작은 유의 수준을 가진 변수를 선택하여 기준 절단값(디폴트 .05)보다 작으면 모형에 넣는다. 앞으로의 단계 블록에서 이미 모형에 포함된 모든 변수들에 대해서도 그들이 변수 제거 기준에 충족하는지를 검사한다. 만일 변수 제거를 위해 월드 통계량을 사용한다면 모형 내의 모든 변수들의 월드 통계량을 검사하여 월드 통계량에 대한 가장 큰 유의 수준을 가진 변수를 주어진 기준 절단값(디폴트 .1)을 초과하게 되면 모형에서 제거하면 된다. 어떤 변수도 제거 기준을 만족하지 못하면 다음의 자격있는 변수가 모형에 들어가게 된다. 어떤 변수를 제거하기 위해 선택하여 그 결과된 모형이 이미 가정한 모형이라면 변수 선택은 멈춘다. 그렇지 않다면, 제거한 변수없이 모형을 추정하여 변수들을 다시 제거하기 위한 검사를 한다. 더 이상 제거할 변수가 없을 때까지 계속한다. 그후 변수들을 다시 선택하기 위한 검사를 한다. 전에 가정한 모형을 만나거나(알고리즘이 순환함을 의미함) 더 이상 선택 또는 제거 기준을 만족하는 변수가 없을 때까지, 이 절차를 계속한다.

■ 가능도비 검정

모형에서 제거할 변수를 결정하기 위한 방법 중 월드 통계량보다 더 나은 기준은 가능도비 검정법이다. 이 방법은 각 변수를 제거하였을 때, 각 변수를 차례로 제거한 모형을 추정하여 −2LL 값의 차이를 조사한다. 귀무가설이 사실이고 표본의 크기가 충분히 크다면, 그 차이는 $\chi^2(r)$을 따르게 된다. 여기에서 자유도 r은 완전모형과 축소모형과의 항의 수 차이이다.

모형에서 항을 제거하기 위해 가능도비 검정을 사용할 때 그 유의 수준을 기준 절단값과 비교한다. 알고리즘은 전에 설명한 바와 같지만, 변수 제거시 월드 통계량 대신 가능도비 통계량을 사용한다는 것이다.

변수를 제거하기 위한 검정법으로 조건통계량을 사용할 수 있다. 가능도비 검정처럼 조건통계량은 축소모형과 완전모형에 대한 가능도의 차이에 근거를 둔다. 그렇지만 조건통계량은 계산하기가 훨씬 더 수월하다. 각 변수 제거시 모형을 재추정할 필요가 없기 때문이다.

■ 전진단계선택법의 예

SPSS에서 전진단계선택법을 사용하였을 때의 결과를 [표 3-37]을 통해 살펴보자. 여기에서 절편항만이 모형에 있을 때 이 모형에 포함되지 않은 독립변수에 대한 스코어 통계량을 보여 준다.

[표 3-37] 방정식에 포함되지 않은 변수

			점수	자유도	유의확률
0 단계	변수	AGE	1,095	1	,295
		ACID	3,117	1	,077
		XRAY	11,283	1	,001
		STAGE	7,438	1	,006
		GRADE	4,074	1	,044
	전체 통계량		19,451	5	,002

표의 마지막 행에 나타난 전체 통계량(overall statistics)은 모형에 포함되지 않은 모든 변수에 대한 계수가 “0”이라는 귀무가설을 검정한다. 이 통계량은 스코어 통계량에서 계산되었기 때문에 [표 3-32]에 주어진 카이제곱값과 정확히 일치하지 않는다. 그렇지만 일반적으로 두 통계량 값은 비슷하다. 만일 통계량에 대한 유의

수준이 작다면(즉, 모든 계수들이 "0"이라는 가설을 기각할 이유가 있다면), 변수 선택법을 진행할 필요가 있다. 만일 계수들이 모두 "0"이라는 가설을 기각할 수 없다면, 변수 선택을 끝내야 한다. 모형 설정을 진행하면서 얻은 모형이 같은 모집단에서 추출한 다른 표본에 대해서는 유용하지 않을 수도 있다.

이 예에서는 모든 계수가 "0"이라는 가설이 기각되어서, 변수 선택을 계속 진행하게 된다. [표 3-37]에는 모형에 포함되지 않은 변수들을 모형에 포함시킬 때 각 변수에 대한 스코어 통계량과 그 유의 수준이 주어졌다. 스코어 통계량은 계수가 "0"이라는 가설을 검정할 때 월드 통계량의 효율적인 대안이 된다. 월드 통계량과는 달리 스코어 통계량은 모수 추정의 계산을 필요로 하지 않으므로 서로 다른 모형의 모수 추정이 힘든 상황에서는 유용하다. 귀무가설이 사실인 경우, 가능도비 검정통계량, 월드 통계량, 라오(Rao)의 효율적 스코어 통계량 모두 대표본에서는 같은 결과를 갖는다(Rao, 1973).

[표 3-38] 방정식에 포함된 변수

		B	S.E.	Wald	자유도	유의확률	Exp(B)	EXP(B)에 대한 95.0% 신뢰구간	
								하한	상한
1 단계[a]	XRAY	2.182	.697	9.783	1	.002	8.861	2.258	34.769
	상수	-1.170	.382	9.403	1	.002	.310		
2 단계[b]	XRAY	2.119	.747	8.054	1	.005	8.326	1.926	35.989
	STAGE	1.588	.700	5.148	1	.023	4.895	1.241	19.304
	상수	-2.045	.610	11.236	1	.001	.129		

a. 변수가 1: 단계에 진입했습니다 XRAY.
b. 변수가 2: 단계에 진입했습니다 STAGE.

[표 3-37]에서 변수 XRAY는 .05보다 작은 값 중에서 가장 작은 유의 수준을 가지므로, 모형에 삽입될 처음 변수가 된다. 각 단계마다 추정값들과 관련된 통계량이 [표 3-38]에 나타난다. 모형에 있지 않은 변수들의 통계량은 [표 3-39]에서 볼 수 있다.

[표 3-39] 방정식에 포함되지 않은 변수

			점수	자유도	유의확률
1 단계	변수	AGE	1,352	1	,245
		ACID	2,073	1	,150
		STAGE	5,639	1	,018
		GRADE	2,371	1	,124
	전체 통계량		10,360	4	,035
2 단계	변수	AGE	1,268	1	,260
		ACID	3,092	1	,079
		GRADE	,584	1	,445
	전체 통계량		5,422	3	,143

[표 3-39]에서는 [표 3-38]의 두 번째 단계에서 변수 STAGE를 XRAY가 있는 모형에 포함했을 때, 남아 있는 나머지 모든 변수들에 대한 유의 수준이 모두 0.05보다 모두 크기 때문에 모형에 포함시킬 수 없다. 모형 내의 어떤 변수도 유의 수준이 0.1 미만이기 때문에 제거할 필요가 없다.

[표 3-40] 모형 요약

단계	-2 Log 우도	Cox와 Snell의 R-제곱	Nagelkerke R-제곱
1	59,001	,191	,260
2	53,353	,273	,372

각 단계마다의 모형 요약통계량은 [표 3-40]에 실려 있다(절편항만을 포함하는 모형에 대한 −2LL값을 얻으려면, 반복상태 옵션을 택하여야 한다. 이 예에서는 "70.252"이다). [표 3-41]에 주어진 −2LL값의 변화를 계산하려면 [표 3-40]의 −2LL값을 이용할 수 있다. 예를 들어, 1단계에서 카이제곱값은 절편항만 있는 모형의 −2LL값(70.2520)과 절편, 변수 XRAY를 포함하는 모형의 −2LL값(59.001)과의 차이가 된다.

[표 3-41] 모형 계수 전체 테스트

		카이제곱	자유도	유의확률
1 단계	단계	11,251	1	,001
	블록	11,251	1	,001
	모형	11,251	1	,001
2 단계	단계	5,647	1	,017
	블록	16,899	2	,000
	모형	16,899	2	,000

2단계에서 "모형"에 해당하는 카이제곱은 절편항만 있는 모형의 −2LL값과 절편, 변수 XRAY, STAGE를 포함하는 모형의 −2LL값의 차이를 나타낸다(70.252−53.353 = 16.899). "단계"에 해당하는 카이제곱값은 절편항, 변수 XRAY를 포함하는 모형에 변수 STAGE를 추가하였을 때 −2LL이 변화한 값(59.001−53.353 = 5.648)을 나타낸다.

■ 가능도비 통계량에 근거한 전진단계선택법

변수를 제거하기 위해 가능도비 통계량을 선택하여 얻은 SPSS 결과는 앞에서 설명한 것과 조금 다른 형태가 된다. 임의의 단계에서 식에 포함된 변수들에 대해 [표 3-42]와 비슷한 형태의 결과뿐만 아니라 추가로 추정값들과 월드 통계량이 계산된다.

[표 3-42] 항이 제거된 경우의 모형

변수		로그-우도 모형	-2 Log 우도 변화량	자유도	변화량의 유의확률
1 단계	XRAY	-35,128	11,255	1	,001
2 단계	XRAY	-31,416	9,478	1	,002
	STAGE	-29,616	5,879	1	,015

[표 3-42]에서는 모형에서 특정 변수를 제거할 때 −2LL의 변화량과 이 변화량에 대한 p값을 보여 준다. 만일 p값이 기준 절단값보다 크면, 그 항은 모형에서 제거되고 제거할 또 다른 변수가 있는지를 조사하기 위해 모형의 통계량들을 다시

계산하게 된다.

■ **후진단계제거법**

전진단계선택법은 모형에 아무런 변수 없이 시작한다. 후진단계제거법은 모형 내에 모든 변수를 포함시킨 상태에서 시작한다. 그리고 각 단계마다 변수들을 추가 또는 제거할지 여부를 평가한다. 변수들을 모형에 추가시킬지 여부를 결정하기 위해 항상 스코어 통계량이 사용된다. 전진단계선택법과 같이, 월드 통계량, 가능도비 통계량 또는 조건통계량을 사용하여 제거할 변수를 선택할 수 있다.

3.4.5 진단 방법

통계적 모형을 설정할 때마다 산출된 모형의 적절성을 검사함은 중요한 일이다. 진단을 위해 선형회귀모형에서 구한 다양한 잔차들, 영향력의 측도들, 그리고 다(중)공선성의 정도를 나타내는 척도들을 사용한다. 이들은 모형에 잘 적합되지 않는 점(들), 계수 추정에 많은 영향력을 가진 점들 그리고 서로 밀접한 선형 관계가 있는 변수들을 식별하기 위한 값진 도구들이다.

로지스틱 회귀에서도 이런 문제점을 찾기 위해 사용하는 진단통계량들을 이미 소개한 바 있다. 그렇지만, 로지스틱 회귀의 진단평가가 선형회귀보다 좀 더 복잡하다. 진단통계량은 각각의 공변량패턴(즉, 독립변수들 값의 조합)에 근거하여 산출할 수도 있기 때문이다. 같은 공변량패턴을 가진 개체 수가 적당하지 않으면, 진단통계량은 해석하는 데 어려움이 있다(더 자세한 사항은 Hosmer & Lemeshow(2000) 참조). 추가로 몇몇 진단통계량의 해석은 추정된 확률값에 따라 달라진다.

잔차란 주어진 사건의 관찰값과 모형에 근거한 사건을 예측한 확률값의 차이라고 이미 설명하였다. 예를 들어, 악성 림프절이 있는 환자에 대해 악성 림프절을 가질 확률이 "0.8"로 예측된다면, 잔차는 $1-0.8=0.2$ 가 된다.

j 번째 개체에 대한 표준화된 잔차(또는 피어슨 잔차)는 잔차를 표준오차의 추정값으로 나누어 준 값이 된다. 즉,

$$z_j = \frac{잔차_j}{\sqrt{\hat{\pi}_j(1-\hat{\pi}_j)}}$$

$$= \frac{y_j - \hat{\pi}_j}{\sqrt{\hat{\pi}_j(1-\hat{\pi}_j)}}$$

공변량패턴에 대한 표준화된 잔차는 피어슨 카이제곱 통계량의 구성 요소가 된다. 표본의 크기가 클 때 표준화된 잔차는 근사적으로 표준정규분포에 따르게 된다.

각 개체에 대한 편차 잔차를 다음과 같이 정의한 바 있다.

$$-2\ln(\text{관측된 그룹에 대한 예측확률}).$$

편차 잔차는 위의 통계량에 근호를 씌우고 그 개체에 대한 사건이 일어나지 않는다면 음의 부호를 붙여 계산한다. 예를 들어, 악성 림프절이 없고($y=0$) 양성 림프절에 대한 예측확률이 "0.8"인 환자($\hat{\pi}_j = 1-0.8$)에 대한 편차 잔차는 다음과 같다.

$$d(y_j, \hat{\pi}_j) = -\sqrt{-2\ln(0.8)} = -0.668$$

편차 잔차가 클수록 가정된 모형이 그 개체를 잘 적합하지 못함을 의미한다. 표본의 크기가 크면 편차 잔차도 근사적으로 표준정규분포를 따른다.

로지스틱 회귀모형의 레버리지는 많은 면에서 선형회귀모형의 레버리지와 유사하다. 레버리지값은 예측값에 영향을 많이 주는 관찰값들을 식별하기 위해 종종 사용된다. 선형회귀와는 달리 로지스틱 회귀의 레버리지값은 종속변수와 계획행렬에 따라 달라진다. 레버리지값은 "0"과 "1" 사이에 있다. 그 평균값은 p/n 인데, 여기에서 p는 모형 내에서 절편을 포함한 모수의 수, n은 표본 크기를 나타낸다.

3.4.6 모형적합의 다른 측면

■ **모형판별**

3.5에서 모형 평가에 대한 두 기준인 모형판별과 모형측정을 소개하였다. 우선 모형판별을 생각해 보자. 모형판별이란 두 그룹 내의 개체들을 얼마나 잘 식별할 수 있는지를 알려주는 것이다. 완전한 모형이란 반응변수가 "0"인 개체보다 반응변수가 "1"인 개체에 항상 더 높은 확률을 배정하는 모형을 말한다. 즉, 두 그룹의 확률값들이 서로 겹치지 않는 것이다.

두 그룹의 개체들을 판별하는 모형의 능력을 재는 측도로 C 통계량을 이미 소개한 바 있다. C 통계량은 사건이 발생하지 않는 개체보다 사건이 발생한 개체에 더 높은 확률을 부과하며 서로 다른 관찰된 결과(반응)를 가진 개체들 간의 쌍의 비율로 해석할 수 있다(C통계량은 ROC 곡선 아래의 면적과 같다. 자세한 설명은 Hanley & McNeil(1982) 참조). C 통계량은 "0.5"에서 "1" 사이의 값을 가진다. 이 값이 "0.5"이면 가정한 모형이 개체를 그룹에 배정하기 위해 동전을 던지는 것보다 낫지 않다는 것이다. 값이 "1"이면 모형이 항상 사건이 발생하지 않은 개체보다 사건이 발생한 개체에 보다 높은 확률을 배정함을 의미한다.

SPSS에서 C 통계량을 구하려면 로지스틱 회귀절차에서 예측된 확률값을 새 변수로 생성하여야 한다. 그후 ROC 곡선 아래의 면적을 계산하기 위해 ROC 절차를 사용한다. [그림 3-43]은 ROC 곡선이며, [표 3-44]에 의하여 모든 독립변수를 포함한 로지스틱 회귀모형의 C 통계량은 "0.790"임을 알 수 있다. 로지스틱 회귀모형에서 한 개체는 양성의 림프절, 나머지 개체는 음성의 림프절로 이루어진 가능한 모든 쌍 중 79%가 양성의 림프절을 가진 개체에 양성의 림프절을 가질 확률을 더 많이 배정함을 의미한다.

[그림 3-43] ROC 곡선

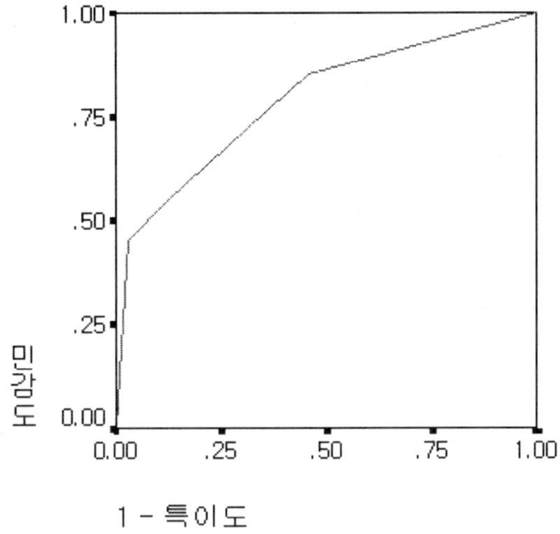

[표 3-44] 곡선 아래 영역

검정 결과 변수: Predicted probability

영역	표준 오차[a]	근사 유의확률[b]	근사 95% 신뢰구간	
			하한	상한
.790	.067	.000	.659	.922

검정 결과 변수: Predicted probability에는 양의 실제 상태 집단과 음의 실제 상태 집단 사이에 하나 이상의 동률이 있습니다. 통계량은 편향될 수 있습니다.

a. 비모수 가정 아래

b. 영가설: 실제 영역 = 0.5

■ **모형측정**

모형측정이란 관측값과 예측값이 얼마나 밀접한지를 알려주는 것이다. 관측도수와 예측도수의 적합도를 측정하기 위해 자주 사용하는 검정법으로 Hosmer-Lemeshow 검정법을 이미 소개하였다. 이 검정법은 공변량패턴 수가 많고 표준적인 적합도 카이제곱 검정을 사용할 수 없을 때에 매우 유용하다. 검정하기 위해 모든 관찰값을 사건이 발생할 확률의 추정값에 근거하여 10개의 동등한 그룹 또는 데사일로 나누어 사건과 비사건의 관측도수와 기대도수와의 차이를 구한다. 이 검정법을 적절하게 사용하려면 표본의 크기가 매우 크고 모든 그룹 내의 사건의 기대도수가 “5”를 초과하고 “1”보다 작아서는 안 된다. 전립선 데이터 세트는 크기가 너무 작아 이 검정법이 유용하지 못하므로 혈류의 치명적 감염인 패혈증으로 인해 병원에 입원한 환자 1085명의 생존 자료를 고려하기로 한다.

[표 3-45]는 패혈증으로 인한 사망을 추정한 로지스틱 회귀모형에 대한 Hosmer-Lemeshow 적합도검정에 근거한 표이다. 개체들은 추정한 확률값에 근거하여 대략적 동수인 10개의 그룹으로 나뉜다. 각 그룹의 개체 수는 "Total(전체)"항에 나타난다. 독립변수들의 조합의 값이 같은 개체들은 같은 그룹에 속하게 되므로, 그룹의 크기는 정확하게 같지는 않다. 각 그룹에 대해 사망관측도수와 사망기대도수 또한 생존관측도수와 생존기대도수가 주어진다. 예를 들어, 첫 번째 그룹의 105명 개체 중, 2명은 사망하고 103명은 생존하였다. 105명 개체에 대해 사망 예측 확률값을 더하면, 사망기대도수는 "1.53", 생존기대도수는 "103.47"이 된다.

[표 3-45] Hosmer-Lemeshow 검정에 대한 분할표

	DEAD = .00		DEAD = 1.00		Total
	Observed	Expected	Observed	Expected	
1	103	103.471	2	1.529	105
2	103	105.532	6	3.468	109
3	103	103.893	6	5.107	109
4	109	109.991	10	9.009	119
5	90	87.575	8	10.425	98
6	94	96.363	17	14.637	111
7	97	90.847	12	18.153	109
8	84	85.830	26	24.170	110
9	79	73.717	30	35.283	109
10	36	40.781	70	65.219	106

Hosmer-Lemeshow 적합도통계량을 구하려면 각 셀 내에서 개체들의 관측도수(O)와 기대도수(E) 사이의 차이를 계산하여야 한다. 그리고 표의 각 셀에 대해 $(O-E)^2/\mathrm{Var}(O)$를 계산한다. 카이제곱값은 이 통계량을 모든 셀에 대해 합하면 된다. 이 예의 카이제곱값은 [표 3-46]에서 보는 것과 같이 자유도가 8인 "8.17"이다(자유도는 그룹 수에서 2를 빼준다). 카이제곱값에 대한 p값이 "0.42"이므로 관측값

과 예측값 사이에 아무런 차이가 없다는 귀무가설을 기각하지 않는다. 모형은 데이터를 비교적 잘 적합시킨 것으로 나타난다.

[표 3-46] Hosmer-Lemeshow 검정 결과

단계	카이제곱	자유도	유의확률
1	8.171	8	0.417

Hosmer-Lemeshow 적합도통계량은 개체들이 어떻게 그룹지어 있는가에 따라 달라진다(같은 데이터 세트에 대해 서로 다른 통계 패키지가 각각 다른 값을 산출하는 이유이다). 만일 그룹의 수가 적다면 모형의 적합이 좋지 않더라도 잘 적합되는 것으로 나타날 가능성이 높다. 개체의 수가 매우 많다면 모형의 적합이 좋더라도 Hosmer-Lemeshow 통계량의 값이 커질 수 있다. 왜냐하면 카이제곱 통계량의 값이 표본의 크기에 비례하기 때문이다. 요약하면 Hosmer-Lemeshow 통계량은 모형 측정에 유용한 정보를 제공하지만 해석할 때 주의하여야 한다.

4

다항 로지스틱 회귀모형

1장에서 3장까지 종속변수가 이분형(dichotomous, binary)인 경우의 로지스틱 회귀모형에 대해 살펴보았다. 이 모형을 확장하여 결과변수의 수준(명목척도로 측정된)이 세 개 이상인 경우를 생각하여 보자.

예를 들어, 대기업에서 사원들에게 제공하는 의료 혜택이 세 종류일 때, 이중 하나를 선택하도록 하였다. 즉, 이를 각각 A, B, C 세 수준을 갖는 결과변수라 하자. 이때 이 변수에 영향을 주는 공변량이 성별(GENDER), 연령(AGE), 소득(INCOME), 가족의 수(FAMILY SIZE) 등이라고 하자. 이때 목표는 의료 선택의 승산(odds)을 공변량의 함수로 모형화하고 결과를 각각 다른 선택에 대한 승산으로 표현하는 것이다.

어느 영화사에서 영화 흥행을 위해 관객이 선호하는 영화의 종류를 예측하려 한다. 이 경우 영화사에서는 개인의 연령, 성별, 데이트 성향이 영화의 선호도에 미치는 영향을 추정하고자 할 것이다. 이 결과에 따라 영화사에서는 특정 영화에 대해 그 영화를 볼 가능성이 높다고 예상되는 관객 층에 집중적으로 광고하면 될 것이다.

생활 습관이 3대 성인병(혈압, 당뇨, 암)에 대한 위험 요인이 될까? 환자들의 흡연 상태, 식습관, 운동, 음주에 대한 상태를 측정하여 네 가지 생활 습관 변수를 공변량으로 모형을 구축하면 환자들에 대해 어떤 성인병이 발생할지 예측할 수 있을 것이다. 적합된 모형으로 각 요인에 대한 승산비의 추정값을 구할 수 있다.

생물통계학에서는 이런 형태의 모형을 다항(multinomial, polychotomous, polytomous) 로지스틱 회귀모형이라 하며 경영학 및 계량경제학에서는 이산형 선택 (discrete choice)모형이라고 부른다. 물론 다항 로지스틱 회귀모형은 이분형 로지스틱 회귀모형과 유사하지만 종속변수가 두 개의 범주로 제한되어 있지 않으므로 이분형 로지스틱 회귀모형보다 더 일반적으로 사용할 수 있다.

4.1 다항 로지스틱 회귀모형

종속변수의 Y의 수준수는 k 이고, $\boldsymbol{n_i} = (n_{i1},\cdots,n_{ik})'$ 는 i 번째 부 모집단 (subpopulation)에서 종속변수의 각 범주에 대한 도수라고 하자. 또한 다항확률변수 n_i 는 모수 $\boldsymbol{\pi_i} = (\pi_{i1},\cdots,\pi_{ik})'$ 를 가진 다항분포를 따른다고 가정하자. $(p+1)\times 1$ 벡터인 $\boldsymbol{x_i} = (1, x_{i1}, x_{i2},\cdots,x_{ip})'$는 i 번째 부 모집단의 상수항을 포함한 독립변수들이라고 하자.

일반화 로짓모형(generalized logit model)에 근거하여 i 번째 부 모집단에서 종속변수 Y가 j 번째 범주일 확률 π_{ij} 를 다음과 같이 정의한다.

$$\pi_{ij} = \begin{cases} \dfrac{\exp(\boldsymbol{x_i}'\beta_j)}{1+\sum_{l=1}^{k-1}\exp(\boldsymbol{x_i}'\beta_l)}, & j=1,\cdots,k-1 \\[2ex] \dfrac{1}{1+\sum_{l=1}^{k-1}\exp(\boldsymbol{x_i}'\beta_l)}, & j=k. \end{cases} \tag{4.1}$$

SPSS의 다항 로지스틱 절차는 종속변수 Y의 마지막 범주(문자형인 경우 알파벳 순서) k를 기준 범주(reference group, baseline group)로 한다.

식 (4.1)을 로짓의 형태로 표현하면 다음과 같다.

$$\ln\left(\frac{\pi_{ij}}{\pi_{ik}}\right) = \boldsymbol{x_i}'\beta_j, \quad j=1,\cdots,k-1$$

이때 $(k-1)(p+1)\times 1$ 벡터 $\boldsymbol{\beta}=(\boldsymbol{\beta}_1{}',\boldsymbol{\beta}_2{}',\cdots,\boldsymbol{\beta}_{k-1}{}')'$ 는 추정할 미지의 모수들이다.

식 (4.1)의 간단한 예로 종속변수(Y)의 범주가 0, 1, 2 형태의 명목척도로 측정되었다고 하자. 이분형 로지스틱 회귀모형에서는 $y=1$ 대 $y=0$ 의 로짓함수의 형태로 모형화하였지만 종속변수의 범주가 세 개인 로지스틱 모형에서는 두 개의 로짓함수를 필요로 한다. 우선 종속변수의 어떤 범주들을 서로 비교하여야 할지를 결정해야 한다. 편의상 $y=0$ 을 기준 범주로 하여 $y=1$ 과 $y=2$ 인 범주를 각각 $y=0$ 인 범주와 비교하기 위한 로짓함수를 구하여 보자.

상수항을 포함한 공변량을 벡터 $\boldsymbol{x}_{(p+1)\times 1}$ 이라 할 때, 다음과 같이 두 개의 로짓함수로 나타낼 수 있다.

$$\begin{aligned} g_1(\boldsymbol{x}) &= \ln\left[\frac{P(Y=1 \mid \boldsymbol{x})}{P(Y=0 \mid \boldsymbol{x})}\right] \\ &= \beta_{10}+\beta_{11}x_1+\beta_{12}x_2+\cdots+\beta_{1p}x_p \\ &= \boldsymbol{x}'\boldsymbol{\beta}_1 \end{aligned}$$

$$\begin{aligned} g_2(\boldsymbol{x}) &= \ln\left[\frac{P(Y=2 \mid \boldsymbol{x})}{P(Y=0 \mid \boldsymbol{x})}\right] \\ &= \beta_{20}+\beta_{21}x_1+\beta_{22}x_2+\cdots+\beta_{2p}x_p \\ &= \boldsymbol{x}'\boldsymbol{\beta}_2 . \end{aligned}$$

여기에서 $\boldsymbol{\beta}_1=(\beta_{10},\beta_{11},\cdots,\beta_{1p})'$ 이고, $\boldsymbol{\beta}_2=(\beta_{20},\beta_{21},\cdots,\beta_{2p})'$ 이다.

공변량 벡터($\boldsymbol{x}$)가 주어진 상황에서 각 결과범주의 조건적 확률은 다음과 같다.

$$P(Y=0 \mid \boldsymbol{x})=\frac{1}{1+e^{g_1(\boldsymbol{x})}+e^{g_2(\boldsymbol{x})}} \tag{4.2}$$

$$P(Y=1 \mid \boldsymbol{x})=\frac{e^{g_1(\boldsymbol{x})}}{1+e^{g_1(\boldsymbol{x})}+e^{g_2(\boldsymbol{x})}} \tag{4.3}$$

$$P(Y=2 \mid \boldsymbol{x})=\frac{e^{g_2(\boldsymbol{x})}}{1+e^{g_1(\boldsymbol{x})}+e^{g_2(\boldsymbol{x})}} . \tag{4.4}$$

즉, $\pi_j(\boldsymbol{x}) = P(Y=j \mid \boldsymbol{x})$, $j=0,1,2$ 라고 표현하면, 각 확률은 $2(p+1)$ 개의 모수벡터 $\beta = (\beta_1{}', \beta_2{}')'$ 의 함수가 된다.

종속변수가 세 개의 범주인 로지스틱 모형에서 조건적 확률의 식 (4.2)–(4.4)를 다음과 같이 간편하게 표현할 수 있다.

$$P(Y=j \mid \boldsymbol{x}) = \frac{e^{g_j(\boldsymbol{x})}}{\sum_{k=0}^{2} e^{g_k(\boldsymbol{x})}}, \quad j=0,1,2.$$

이때 $g_0(\boldsymbol{x}) = 0$ 이다.

4.2 로지스틱 회귀모형의 적합

이해를 돕기 위해 종속변수의 범주가 세 개일 때 모수를 추정하기로 하자. 가능도함수를 유도하기 위해 관측값의 그룹을 나타낼 세 개의 이분형변수(0, 1로 표기됨)를 만든다. 이 변수들은 실제로 다항 로지스틱 회귀분석에 사용하지 않고 다만 가능도함수를 계산하기 위해서 사용한다. 즉,

$$y=0 \text{ 이면 } y_0=1,\ y_1=0,\ y_2=0$$

$$y=1 \text{ 이면 } y_0=0,\ y_1=1,\ y_2=0$$

$$y=2 \text{ 이면 } y_0=0,\ y_1=0,\ y_2=1$$

이다. y가 어떤 값이든 간에 $\sum_{j=0}^{2} y_j = 1$이다. 이 표기법을 이용하여 독립인 n 개의 관측값에 대한 조건적 가능도함수는 다음과 같이 표현할 수 있다.

$$l(\beta) = \prod_{i=1}^{n} \left[\pi_0(x_i)^{y_{0i}}\, \pi_1(x_i)^{y_{1i}}\, \pi_2(x_i)^{y_{2i}} \right].$$

위의 식에 로그를 취하면 로그 가능도함수는 다음과 같이 유도된다.

$$L(\beta) = \sum_{i=1}^{n} \left\{ y_{1i}\, g_1(x_i) + y_{2i}\, g_2(x_i) - \ln\left(1 + e^{g_1(x_i)} + e^{g_2(x_i)}\right) \right\}.$$

여기에서 모든 i 에 대해 $\sum_{j=0}^{2} y_{ji} = 1$ 이다.

$2(p+1)$ 개의 모수에 대해 $L(\beta)$의 미분을 구하면 다음과 같은 정규방정식을 얻게 된다.

$$\begin{aligned} &\sum_{i=1}^{n} x_{ki}\,(y_{1i} - \pi_{1i}) = 0 \\ &\sum_{i=1}^{n} x_{ki}\,(y_{2i} - \pi_{2i}) = 0,\ k = 0, 1, \cdots, p,\ \ x_{0i} = 1. \end{aligned} \tag{4.5}$$

여기에서 표기법을 단순화하기 위해 $\pi_{ji} = \pi_j(x_i)$ 라고 표기하였다.

최대가능도 추정량$(\hat{\beta})$은 식 (4.5)를 β에 대해 연립하여 풀면 얻게 된다. 이때 최대가능도 추정값들을 얻기 위해 앞에서 언급한 Newton-Raphson 유형의 알고리즘을 사용하면 될 것이다.

4.3 추정된 계수의 유의성 검정 및 해석

유방 뢴트겐선 조영 검사(mammography)에 대한 여성들의 지식, 태도, 습성 등에 관련된 요인들을 평가하고자 한다. 여기서 다루는 자료는 매사추세츠 대학의 Zapka, Stoddard, Maul, & Costanza(1991)이 조사한 것을 토대로 일부 수정한 것이다. [표 4-1]에 나타난 자료는 1장에서 언급한 웹사이트(www-unix.oit.umass.edu/~statdata)에서 얻을 수 있다.

[표 4-1] ME(Mammography Experience) 연구에서 사용하는 변수들의 입력 코드

변수명	변수 설명	변수값 설명/코드
ID	ID 코드	1-412
ME	유방 뢴트겐선 조영 검사 경험 여부	0=전혀 없음 1=일 년 이내 경험 2=경험 후 일 년 이상 경과
SYMPT	증상이 없으면 유방 조영 검사가 필요 없다.	1=강한 찬성 2=찬성 3=반대 4=강한 반대
PB	유방 조영 검사를 하여서 파악된 이득	5-20
HIST	모친이나 자매가 유방암이 있었나?	0=아니오 1=예
BSE	누군가 당신에게 자가 진단법을 알려 주었는가?	0=아니오 1=예
DETC	유방 조영 검사가 유방암에 걸린 환자를 식별할 수 있을까?	1=그렇지 않다 2=그렇다 3=매우 그렇다

* 변수 PB는 5개 범주형변수들의 합이며 각 변수는 4점 척도로 이루어졌다.
단, 작은 값은 유방 조영 검사로 인해 많은 이득이 있음을 의미한다.

[그림 4-2]는 ME 자료를 SPSS 데이터 편집기에 옮겨 놓은 것이다.

[그림 4-2] MEEXP 자료

	id	me	sympt	pb	hist	bse	detc
1	1	0	3	7	0	1	2
2	2	0	2	11	0	1	3
3	3	0	3	8	1	1	3
4	4	1	3	11	0	1	3
5	5	2	4	7	0	1	3
6	6	0	3	7	0	1	3
7	7	2	4	6	0	1	2
8	8	0	4	6	0	1	3
9	9	0	2	6	0	1	3
10	10	1	4	6	0	1	3
11	11	0	4	8	0	1	2
12	12	0	3	6	1	0	3
13	13	0	4	6	0	1	3
14	14	0	1	5	1	1	3

다항 로지스틱 모형에서 승산비에 대한 추정 및 해석을 단순화하기 위해 이분법 로지스틱 모형에서 사용한 표기법을 일반화하여 공변량값들과 반응변수를 포함하는 모형을 고려하기로 한다. $y=0$ 인 그룹을 기준 범주라 하자. 공변량 $x=a$ 대 $x=b$ 에 대한 $y=j$ 대 $y=0$ 의 승산비는 다음과 같다.

$$OR_j(a,b) = \frac{P(Y=j|x=a)/P(Y=0|x=a)}{P(Y=j|x=b)/P(Y=0|x=b)}$$

공변량이 이분형인 경우(즉, 입력 코드가 0 또는 1) 표기법을 더 단순화할 수 있으며 $OR_j = OR_j(1,0)$ 이 된다.

우선 공변량이 하나이며 0, 1로 표시된 이분형 로지스틱 모형을 고려해 보자. 종속변수가 이분형인 모형에서 추정된 기울기는 종속변수와 공변량을 2×2로 교차 분류한 로그 승산비의 값과 같게 된다. 4.1에서 설명한 것처럼 종속변수가 세 개의 수준이면 두 개의 로짓함수가 존재한다. 두 개의 로짓함수에서 각각 추정된 계수는 결과범주 $y=j$, $j=1,2$ 와 $y=0$ 을 공변량과 2×2로 교차 분류하여 각각 구한 로그 승산비의 값과 같게 된다. 한 예로 [표 4-3]에 나타난 변수 HIST와 변수 ME 간의 교차 분류를 고려하자. ME=0을 기준 범주로 하면 [표 4-3]에서 계산한 두 개의 승산비는 다음과 같다.

$$\widehat{OR}_1 = \frac{19\times 220}{85\times 14} = 3.51$$

$$\widehat{OR}_2 = \frac{11\times 220}{63\times 14} = 2.74$$

[표 4-3] Me * Hist 교차표

		HIST		전체
		No(0)	Yes(1)	
ME	Within 1 Year(1)	85	19	104
	Over 1 Year(2)	63	11	74
	Never(0)	220	14	234
전체		368	44	412

[그림 4-4] 다항 로지스틱 선택

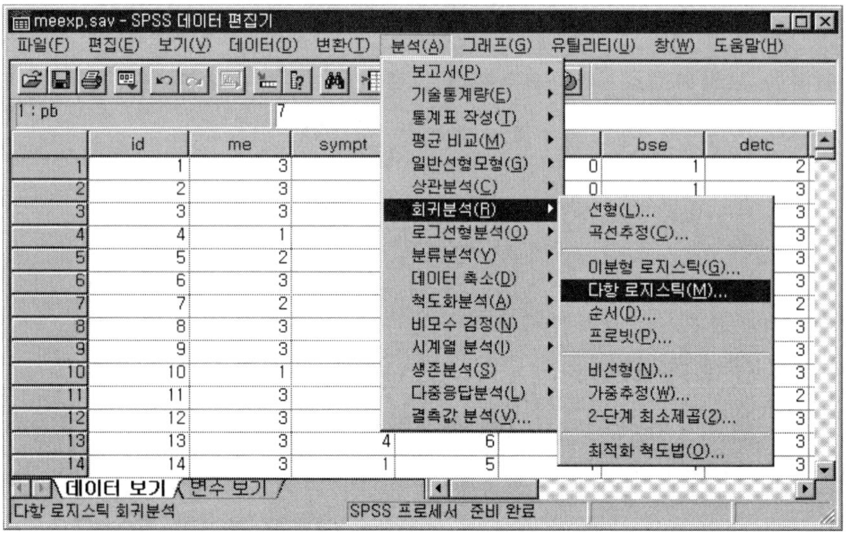

[그림 4-4]의 SPSS 데이터 편집기 메뉴에서

분석(A) > 회귀분석(R) > 다항 로지스틱(M)...

을 선택하면 [그림 4-5]의 다항 로지스틱 대화 상자가 열린다. [그림 4-5] 대화 상자에서 "종속변수(D):"에 ME, "공변량(C):"에 HIST를 각각 지정하여 실행하면, [표 4-6]과 같이 다항 로지스틱 회귀모형이 적합된 결과가 나타난다. $\widehat{OR}$ 값은 [표 4-6]에 나타난 기울기의 추정값에 지수함수를 취해 얻을 수 있다(역변환).

[그림 4-5] 다항 로지스틱 회귀분석

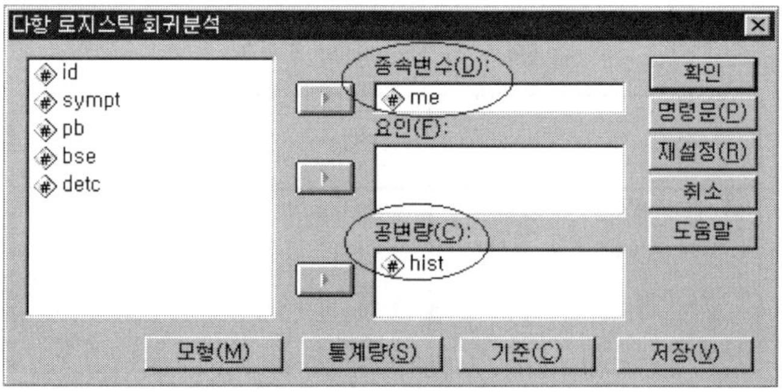

SPSS에서 다항 로지스틱 회귀모형을 사용할 때 중요한 것은 종속변수값 중에서 가장 큰 값이 디폴트로 기준 범주가 된다는 것이다. 종속변수의 다른 값을 기준 범주로 하려면 현재 이를 제어하는 옵션이 없으므로 원자료를 변수 변환하여 사용하여야 한다. 예를 들면, 종속변수 ME의 0(전혀 없음)을 기준 범주로 만들기 위해서는 "0"을 "3"으로 변수 변환하여 가장 큰 값으로 만들어 주어야 한다(RECODE me (0=3)(else=copy)).

[표 4-6]의 Exp(B)의 결과는 [표 4-3] 교차표에서 계산하여 얻어진 것과 동일하다. 종속변수와 공변량의 범주가 각각 2개인 상황에서 추정된 계수의 표준오차는 각 셀의 빈도수의 역을 모두 더해 근호를 취해 얻을 수 있다. 예를 들면, 로짓함수에서 변수 HIST에 대한 추정된 계수의 표준오차는 다음과 같다.

$$\widehat{\mathrm{SE}}(\widehat{\beta_{11}}) = \left(\frac{1}{19} + \frac{1}{220} + \frac{1}{85} + \frac{1}{14}\right)^{0.5} = 0.3747$$

$$\widehat{\mathrm{SE}}(\widehat{\beta_{21}}) = \left(\frac{1}{11} + \frac{1}{220} + \frac{1}{63} + \frac{1}{14}\right)^{0.5} = 0.4274$$

이 수치는 [표 4-6]의 값과 일치함을 알 수 있다.

[표 4-6] 모수 추정값

ME		B 추정값	표준오차	Wald	자유도	유의확률	Exp(B)	Exp(B)의 95% 신뢰구간	
								하한	상한
Within 1 Year(1)	절편	-.951	.128	55.447	1	.000			
	HIST	1.256	.375	11.245	1	.001	3.513	1.685	7.320
Over 1 Year(2)	절편	-1.250	.143	76.584	1	.000			
	HIST	1.009	.427	5.574	1	.018	2.744	1.187	6.342

신뢰구간의 두 끝점은 종속변수가 이분형인 경우와 같은 방법으로 구할 수 있다. 먼저 회귀 계수에 대한 신뢰구간을 구한 뒤, 승산비에 대한 신뢰구간을 구하기 위해서는 이 값에 지수함수를 취한다. 예를 들어, [표 4-6]에 주어진 ME=1과 ME=0간의 승산비에 대한 95% 신뢰구간은 다음과 같다.

$$\exp(1.256 \pm 1.96 \times 0.3747) = (1.685,\ 7.321).$$

ME=2와 ME=0 간의 승산비에 대한 신뢰구간도 같은 방법으로 구할 수 있다.

추정된 승산비와 이에 대응하는 신뢰구간 역시 이분형 로지스틱 회귀모형에서의 해석과 동일하다. 어떤 경우에서는 추정된 두 승산비의 크기를 비교해 볼 필요도 있을 것이다. [표 4-6]의 결과에 근거하여 변수 HIST에 관한 효과를 다음과 같이 해석할 수 있다.

① 변수 HIST의 값이 "1"인 여성들이 지난 일 년 내에 유방 뢴트겐 조영 검사를 경험한 승산이 변수 HIST의 값이 "0"인 여성들의 승산에 비해 3.5배나 컸다. 즉, 가계에 유방암이 있는 여성들이 유방암이 없는 여성들에 비해 지난 일 년 내에 유방 조영 검사를 받은 가능성이 3.5배나 높다. 이에 해당하는 95% 신뢰구간을 통해 승산비가 약 1.7배에서 7.3배가 됨을 알 수 있다.

② 변수 HIST의 값이 "1"인 여성들이 일 년 전 또는 더 오래전에 유방 뢴트겐 조영 검사를 경험한 승산이 변수 HIST의 값이 "0"인 여성들의 승산에 비해 2.7배나 컸다. 다시 말하면, 가계에 유방암이 있는 여성들은 가계에 없는 여성들에 비해 유방 조영 검사를 받은 지 1년 이상 될 가능성이 2.7배나 많았다. 승산비에 관한 95% 신뢰구간은 약 1.2배에서 6.3배에 이른다. 따라서 유방 조영 검사를 경험하는 데 유방암에 관한 가계가 중요한 요인임을 알 수 있다.

두 승산의 동일성($OR_1 = OR_2$)을 검정하는 것은 ME = 2 대 ME = 1의 로그 승산비의 값이 "0"인지 여부를 검정하는 것과 같다. 점 추정값과 구간 추정값을 얻는 가장 단순한 방법은 로지스틱 회귀모형에서 추정된 두 기울기 계수들의 차이를 구하는 것이다. 예를 들면, [표 4-3]에 나타난 빈도수와 [표 4-6]의 추정된 계수들을 이용하여 다음과 같이 계산할 수 있다.

$$\begin{aligned}\widehat{\beta_{21}} - \widehat{\beta_{11}} &= 1.009 - 1.256 \\ &= -0.247 \\ &= \ln\left(\frac{11 \times 85}{19 \times 63}\right).\end{aligned}$$

두 계수들의 차이$(\widehat{\beta_{21}} - \widehat{\beta_{11}})$에 대한 분산의 추정량은 다음과 같다.

$$\widehat{Var}(\widehat{\beta_{21}} - \widehat{\beta_{11}}) = \widehat{Var}(\widehat{\beta_{21}}) + \widehat{Var}(\widehat{\beta_{11}}) - 2\widehat{Cov}(\widehat{\beta_{21}}, \widehat{\beta_{11}})$$

두 분산들과 공분산에 대한 추정값들은 SPSS의 출력 결과에 나타난 추정된 분산−공분산 행렬에서 구할 수 있다. 이 행렬의 형태는 이분형 로지스틱 회귀모형과는 조금 다르게 표현된다. 각 로짓에 대해 추정된 계수의 추정된 분산과 공분산이 있는 두 개의 행렬이 있고 세 번째로는 다른 로짓에서 얻은 추정계수들의 추정된 분산−공분산 행렬이 있다.

[그림 4-7] 다항 로지스틱 회귀분석

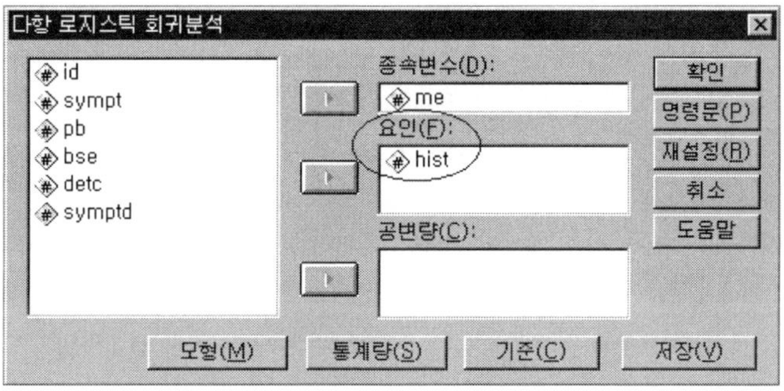

[표 4-8] 결과

ME		B 추정값	표준오차	Wald	자유도	유의확률	Exp(B)	Exp(B)의 95% 신뢰구간	
								하한	상한
Within 1 Year(1)	절편	-.951	.128	55.447	1	.000			
	[HIST=1]	1.256	.375	11.245	1	.001	3.513	1.685	7.320
	[HIST=2]	0[a]	.	.	0	.	.	.	.
Over 1 Year(2)	절편	-1.250	.143	76.584	1	.000			
	[HIST=1]	1.009	.427	5.574	1	.018	2.744	1.187	6.342
	[HIST=2]	0[a]	.	.	0	.	.	.	.

위의 [그림 4-7]에서 변수 HIST를 "요인(F):"에 지정하여 얻은 결과가 [표 4-8]이다. 변수 HIST는 범주형으로 "요인(F)"에 지정하는 것이 마땅하나 앞에서 "공변량(C):"에 지정하여 사용하였다. 이유는 출력 결과를 참조 바란다.

[표 4-9] [표 4-8]에 근거한 모형의 분산-공분산 행렬

		Logit 1		Logit 2	
		HIST	절편	HIST	절편
Logit 1	HIST	0.1404			
	절편	−0.0163	0.0163		
Logit 2	HIST	0.0760		0.1828	
	절편	−0.0045	0.0045	−0.0204	0.0204

[표 4-9]는 [그림 4-7]에서 고려한 모형에 근거하여 계산한 행렬이다. 즉, Logit 1은 ME=1 대 ME=0에 대한 로짓함수이며, Logit 2는 ME=2 대 ME=0에 대한 것이다.

[표 4-9]의 결과를 이용하여 추정된 두 계수의 차이에 대한 분산의 추정값을

$$\widehat{Var}(\widehat{\beta_{21}}-\widehat{\beta_{11}}) = 0.1404+0.1828-2(0.0760) = 0.1712$$

와 같이 얻는다. 두 개의 추정된 계수의 차에 대한 95% 신뢰구간은 다음과 같다.

$$-0.247 \pm 1.96 \times \sqrt{0.1712} = (-1.058,\ 0.564)$$

신뢰구간이 "0"을 포함하기 때문에 ME=1에 대한 로그 승산이 ME=2에 대한 로그 승산과 다르다고 결론지을 수 없다. 또한 점 추정값 및 구간 추정값에 지수함수를 취해 승산비 형태로 표현할 수 있다. 즉, ME=2 대 ME=1의 승산비는 $\widehat{OR} = 0.781$이고, 이 승산비에 대한 신뢰구간은 (0.347, 1.758)이다. 가계에 유방암이 있는 여성들이 유방암이 없는 여성들에 비해 일 년 전 또는 더 오래전에 유방조영 검사를 받은 가능성이 일 년 이내에 받은 가능성에 비해 22%나 떨어진다. 즉, $\widehat{OR}_2 \approx 0.78 \times \widehat{OR}_1$이다.

실제로 모든 공변량에 대해 두 승산의 차이가 없으면 종속변수의 범주 ME=1 대 ME=2를 합해 이분형 반응변수("경험 있음" 대 "경험 없음")로 만들 수 있다. 이는 다음 절에서 소개하기로 한다. 많은 공변량을 포함한 모형에서 부수적으로 범주를 합하는 문제는 많은 계산이 필요하다.

두 개의 월드 통계량을 계산하여 어떤 독립변수가 갖는 중요성을 검정할 수도

있을 것이다. 그러나 여러 변수들의 유의성을 검정하기 위해서는 가능도비 검정을 사용해야 한다. 예를 들어, 변수 HIST에 대한 계수의 유의성을 검정하기 위해서는 각각의 로짓함수에 대해 변수 HIST를 포함한 모형의 로그 가능도와 상수항만을 포함한 모형의 로그 가능도를 비교한다. 계수들이 "0"이라는 귀무가설 하에서 로그 가능도의 변화량에 −2를 곱한 것은 자유도가 "2"인 카이제곱 분포를 따른다. 예를 들면, 상수항만을 포함한 모형에 대한 로그 가능도는 $L_0 = -402.5990$ 이고 변수 HIST와 상수항을 포함한 모형에 대한 로그 가능도의 값은 $L_1 = -396.17$ 이다. 따라서 통계량 G의 값은

$$G = -2[-402.5990 - (-396.1700)] = 12.86$$

이며, 이에 해당하는 p 값은 "0.002"이다. 통계적인 관점으로 보면 변수 HIST는 여성들이 유방 조영 검사를 받으려는 결정에 유의한 공변량임을 알 수 있다.

일반적으로 변수에 대한 계수들의 유의성을 검정하는 가능도비 검정에 대한 자유도는 다음과 같다.

$$(\text{종속변수의 범주의 수} - 1) \times (\text{각 로짓에서 변수에 대한 자유도})$$

예를 들어, 종속변수가 4개의 범주로 이루어져 있고 하나의 공변량이 연속형이면 자유도는 $(4-1)\times 1 = 3$ 이다. 만일 공변량이 5개 수준으로 코드화되면 공변량은 각 로짓 내에 네 개의 가변수들로 이루어졌기 때문에 검정에 대한 자유도는 $(4-1)\times(5-1) = 12$ 이다. 종속변수의 기준 범주와 나머지 범주를 각각 비교하기 위해 하나의 로짓을 모형화한다는 것을 고려하면 쉽게 계산할 수 있다.

[표 4-10] Me * DETC 교차표

		DETC			전체
		Not likely(1)	Somewhat likely(2)	Very likely(3)	
ME	Within 1 Year(1)	1	12	91	104
	Over 1 Year(2)	4	16	54	74
	Never(0)	13	77	144	234
전체		18	105	289	412

다분형 공변량에 대해서 승산비의 개수를 늘려 가능한 모든 로짓함수에 대해 공변량의 각 수준과 기준수준(reference level)을 비교할 수 있다. 이에 대한 예로 "1"을 공변량의 기준수준으로 사용한 변수 DETC를 고려해 보자. [표 4-10]은 ME와 DETC를 교차 분류한 것이다. ME=0의 값을 종속변수의 기준 범주로 DETC=1을 공변량의 기준수준으로 사용하면 다음과 같이 네 개의 승산비를 얻을 수 있다.

$$\widehat{OR}_1(2,1) = \frac{12 \times 13}{77 \times 1} = 2.03$$

$$\widehat{OR}_1(3,1) = \frac{91 \times 13}{144 \times 1} = 8.22$$

$$\widehat{OR}_2(2,1) = \frac{16 \times 13}{77 \times 4} = 0.68$$

$$\widehat{OR}_2(3,1) = \frac{54 \times 13}{144 \times 4} = 1.22.$$

[그림 4-11] 다항 로지스틱 회귀분석

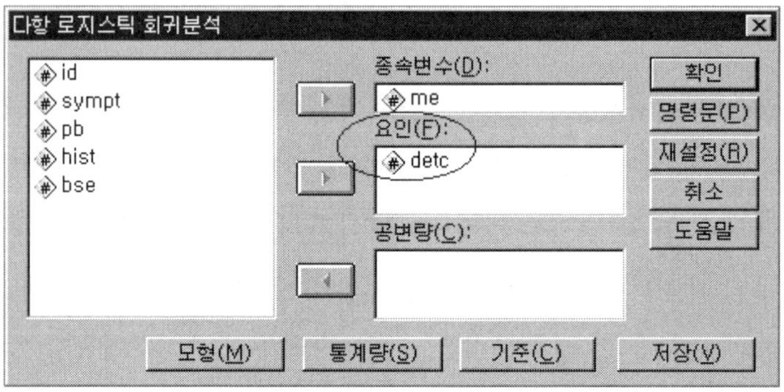

[표 4-12] 모수 추정값

ME		B 추정값	표준오차	Wald	자유도	유의확률	Exp(B)	Exp(B)의 95% 신뢰구간	
								하한	상한
Within 1 Year(1)	절편	-2.565	1.038	6.109	1	.013			
	[DETC=2]	.706	1.083	.425	1	.515	2.026	.242	16.929
	[DETC=3]	2.106	1.046	4.051	1	.044	8.215	1.057	63.868
	[DETC=4]	0[a]	.	.	0	.	.	.	.
Over 1 Year(2)	절편	-1.179	.572	4.249	1	.039			
	[DETC=2]	-.393	.634	.383	1	.536	.675	.195	2.341
	[DETC=3]	.198	.594	.111	1	.739	1.219	.381	3.901
	[DETC=4]	0[a]	.	.	0	.	.	.	.

로짓 1에 대한 승산비는 ME=0과 ME=1에 해당하는 두 행과 세 개의 열을 묶은 2×3 표를 사용하여 구하고, 로짓 2에 대한 승산비는 ME=0과 ME=2에 해당하는 두 행과 세 개의 열을 묶은 2×3 표를 사용하여 구할 수 있다. 이 자료를 로지스틱 회귀모형에 적합한 결과는 [표 4-12]에 나타나 있다. 추정된 계수에 지수함수를 취하면 2×2 표의 형태인 승산비를 구할 수 있다.

변수 DETC의 유의성을 평가하기 위해 −2×(상수항만을 포함한 모형에 관한 로그 가능도와 변수 DETC를 모형에 포함하여 얻은 로그 가능도의 차이)를 계산한다. 이때 검정통계량 값은

$$G = -2\times[-402.5990-(-389.2005)] = 26.80$$

이며, 자유도가 "4"이므로 p 값은 "0.001"보다 작게 된다.

따라서 유방암을 식별하기 위한 유방 조영 검사의 능력에 대한 여성들의 판단이 유방 조영 검사를 받을 결정에 통계적으로 유의하게 관련되어 있다고 결론 내릴 수 있다. 추정된 승산비들과 이에 대응하는 신뢰구간을 조사해 보면 최근 일 년 이내에 유방 조영 검사를 받은 여성들과 전혀 받지 않은 여성들에 대해 유방 조영 검사를 하면 새로운 유방암 환자를 발견하지 "못할 것 같음" 과 "매우 잘 찾을 것 같음"을 비교할 경우에 변수 DETC의 관련성이 가장 크다는 것을 알 수 있다. 이는 조영 검사가 유방암을 매우 잘 탐지하리라고 믿는 여성들 중 최근 일 년 내에 이 검사를 받은 승산이 이 조영 검사가 유방암 환자를 탐지하지 못할 것 같다고 느끼는 여성들 중 최근 일 년 내에 이 검사를 받은 승산보다 8.22배나 크다고 해석할

수 있다. 다른 추정된 승산비에 대한 신뢰구간들은 "1.0"을 포함한다. ME=1 대 ME=0의 로짓에 대한 신뢰구간의 폭이 상당히 넓은 이유는 [표 4-10]의 셀에 "1"이 있기 때문이다. 추정된 표준오차들이 셀 빈도수들의 역을 취한 값을 합쳐 근호를 취한 것과 같다는 사실은 이미 언급한 바 있다. 예를 들어, 로짓 1에서 DETC=3 대 DETC=1의 로그 승산에 대한 계수의 추정된 표준오차는 다음과 같다.

$$\widehat{\mathrm{SE}}\,(\widehat{\beta_{12}}) = \sqrt{\frac{1}{91}+\frac{1}{13}+\frac{1}{144}+\frac{1}{1}} = 1.0463$$

두 로짓함수가 다른지의 여부를 결정하기 위해 변수 HIST를 예를 든 것과 같은 방법으로 변수 DETC의 반응에 대한 두 개의 승산을 비교할 수 있다. 결과가 여기에 주어지지 않지만 자유도가 2인 카이제곱 검정을 통해 p값이 "0.045"가 되었다. 따라서 변수 DETC에 관해서는 범주 ME=1과 ME=2를 합해서 하나의 범주로 할 수 없다고 결론지을 수 있다. DETC에 대한 결과가 HIST의 것과 다르다는 사실을 감안하면 종속변수를 간단하게 만들기 위해 범주의 수를 줄이는 결정은 자료에 대한 철저한 모형화가 이루어지기 전까지는 유보하여야 할 것이다.

연속형인 공변량이 로짓에서 선형으로 모형화되면 각 로짓함수에서 단일 추정된 값을 갖는다. 지수함수를 취하면 이 값은 공변량의 한 단위 변화에 대한 추정된 승산비가 된다. 따라서 2장에서 언급한 단일 단위가 무엇이며 임상적으로 의미 있는 공변량의 변화에 대한 승산비의 추정을 다항 로지스틱 회귀모형의 로짓함수에 바로 적용할 수 있다.

4.4 다항 로지스틱 회귀에 대한 모형 설정 전략

원칙적으로 종속변수가 다분형일 때 모형 설정 전략 및 방법은 3장에서 다룬 종속변수가 이분형인 경우와 동일하게 사용할 수 있다. 따라서 ME 자료를 통해 어떻게 모형화하고 해석할지를 알아보도록 하자.

ME 연구에서 모형 설정을 단지 5개의 공변량과 412명의 환자로 단순화시켰다. 변수들을 모형에 어떻게 포함시켜야 할지 알아보도록 하자. 특히 변수 SYMPT는 순서형으로 4개 수준으로 코드화되었다. 통상적으로 이런 형태의 변수는 연속형 또는 범주형으로 분석되었다. 변수 SYMPT를 세 개의 계획변수(또는 가변수)로 입력하고, "강한 찬성"을 기준수준으로 선택해 보자. 이를 하기 위해서 "강한 찬성"의 변수값을 "1"에서 "5"로 변경한다. SPSS 다항 로지스틱 절차에서는 자동적으로 마지막 변수값을 기준수준으로 택하기 때문이다. 변수 DETC는 순서형으로 3개의 수준이 있다. 변수 DETC의 범주 중 "그렇지 않다"를 기준수준으로 사용하고 두 개의 계획변수를 갖는 다분형변수로 취급한다. 이런 순서형변수를 연속형으로 다루기보다는 오히려 계획변수로 하는 근거는 계획변수들의 계수들을 그려 봄으로써 각 범주들에 대한 로짓의 함수적인 형태를 평가할 수 있기 때문이다. 변수 DETC의 "그렇지 않다"의 변수값 역시 "1"을 "4"로 변경하여야 한다. 변수 PB는 연속형이며 선형으로 다루었다.

[그림 4-13]의 대화 상자에서 요인과 공변량을 지정하고 "확인"을 눌러 실행하면, [표 4-14]의 모든 변수를 포함한 모형을 적합시킨 결과가 출력된다.

[그림 4-13] 다항 로지스틱 회귀분석

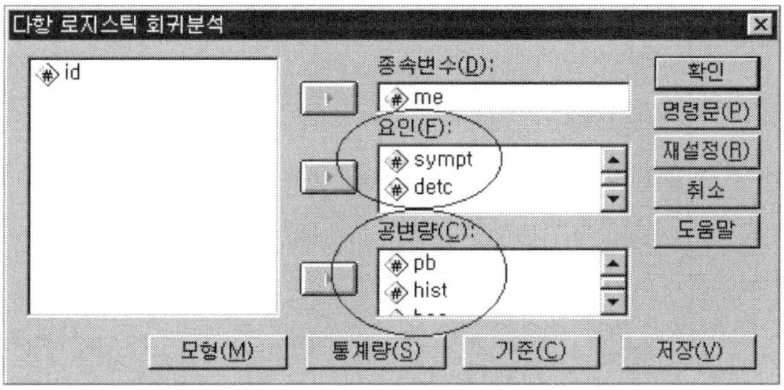

[표 4-14]의 월드 통계량을 조사한 결과 변수 DETC을 제외한 나머지 모든 변수들은 모형에 기여하고 있음을 알 수 있다. 당분간 모형 안에 모든 변수를 그대로 남겨 두고 변수 SYMPT의 표기에 대해 알아보자.

변수 SYMPT의 한 수준인 "찬성" 대 기준수준인 "강한 찬성"에 대한 로그 승산비를 추정한 값인 가변수 [SYMPT=2]의 추정계수가 유의하지 않으므로 (각각

p값이 0.905, 0.652) 두 범주는 동일하다고 판단하게 된다. 계획변수 [SYMPT=3]과 [SYMPT=4]에 대한 추정된 계수의 크기를 보면, "반대" 대 "강한 찬성"에 대해서 뿐만 아니라 "강한 반대" 대 "강한 찬성"에 대한 로그 승산비도 유의함을 알 수 있다. 두 로짓 함수에서 추정된 두 로그 승산비의 값이 비슷한 크기임을 알 수 있다. 더 나아가 월드 통계량을 사용하여 각 로짓 내에 있는 [SYMPT=3]과 [SYMPT=4]에 대한 계수들이 동일한지를 검정하였다. 두 검정 결과 첫째 로짓에 대해 p값은 "0.070", 두 번째 로짓에 대한 p값은 "0.335"이었다.

이 결과에 의해 변수 SYMPT에서 "강한 찬성"과 "찬성"은 "1", "반대"와 "강한 반대"는 "0"으로 재기호화(RECODE sympt(2,5=1)(3,4=0) into symptd)하여 SYMPTD라는 이분형변수를 생성하여([그림 4-15] 참조) 더 단순한 모형을 적합시킨 결과가 [표 4-16]에 있다.

[표 4-14] 모수 추정값과 월드 통계량의 p값

ME		B 추정값	표준오차	Wald	자유도	유의확률	Exp(B)	Exp(B)의 95% 신뢰구간	
								하한	상한
Within 1 Year(1)	절편	-2.999	1.539	3.796	1	.051			
	PB	-.219	.076	8.444	1	.004	.803	.693	.931
	HIST	1.366	.438	9.751	1	.002	3.921	1.663	9.242
	BSE	1.292	.530	5.942	1	.015	3.639	1.288	10.280
	[SYMPT=2]	.110	.923	.014	1	.905	1.116	.183	6.812
	[SYMPT=3]	1.925	.778	6.127	1	.013	6.853	1.493	31.462
	[SYMPT=4]	2.457	.775	10.042	1	.002	11.670	2.553	53.336
	[SYMPT=5]	0[a]	.	.	0	.	.	.	.
	[DETC=2]	1.70E-02	1.162	.000	1	.988	1.017	.104	9.917
	[DETC=3]	.904	1.127	.644	1	.422	2.470	.271	22.481
	[DETC=4]	0[a]	.	.	0	.	.	.	.
Over 1 Year(2)	절편	-.986	1.112	.787	1	.375			
	PB	-.148	.076	3.766	1	.052	.862	.742	1.001
	HIST	1.065	.459	5.379	1	.020	2.902	1.179	7.141
	BSE	1.052	.515	4.174	1	.041	2.864	1.044	7.858
	[SYMPT=2]	-.290	.644	.203	1	.652	.748	.212	2.644
	[SYMPT=3]	.817	.540	2.293	1	.130	2.264	.786	6.523
	[SYMPT=4]	1.132	.548	4.274	1	.039	3.103	1.061	9.076
	[SYMPT=5]	0[a]	.	.	0	.	.	.	.
	[DETC=2]	-.924	.714	1.677	1	.195	.397	9.80E-02	1.607
	[DETC=3]	-.691	.687	1.010	1	.315	.501	.130	1.927
	[DETC=4]	0[a]	.	.	0	.	.	.	.

Log-likelihood = -346.9510

[그림 4-15] 변수 변환한 자료 결과

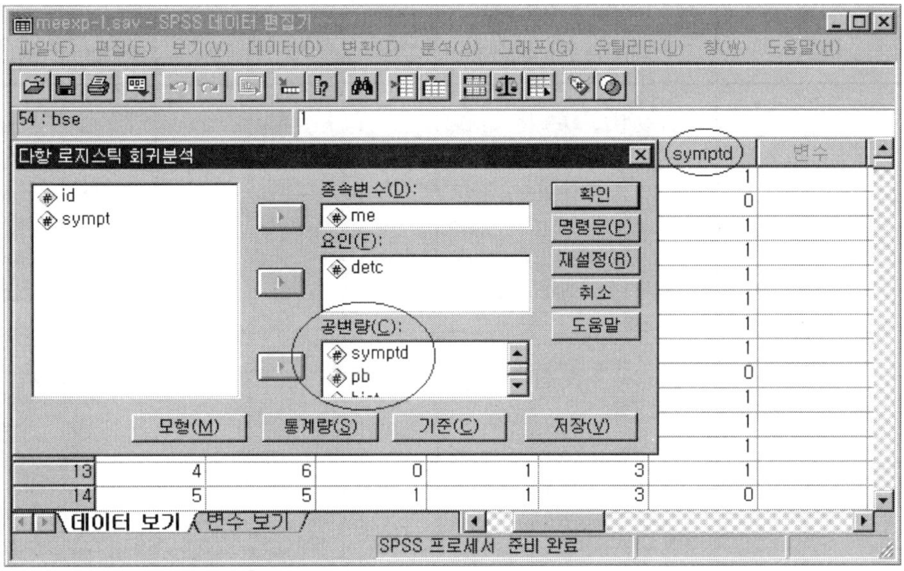

변수 SYMPTD를 사용하기로 결정한 이유는 네 번의 월드 검정을 각각 해본 결과이다. 이중에서 두 검정은 변수 [SYMPT=2]의 계수가 "0"인지를 검정한 것이고, 다른 두 검정은 변수 [SYMPT=3]과 [SYMPT=4]의 계수가 동일한지를 검정한 것이다. 전체 자유도가 4인 월드 통계량의 값은 "3.58"이 되며, 이에 해당하는 p값은 "0.466"이다. 이 월드 검정법은 [표 4-16]에 제시된 모형과 [표 4-14]의 모형을 비교하는 가능도비 검정법과 동일하다. 이 검정통계량의 값은

$$
\begin{aligned}
G &= -2[-348.7480-(-346.9510)] \\
&= 3.5940
\end{aligned}
$$

이며, 자유도가 4인 카이제곱 분포에 근거한 p값은 "0.464"이다. 그러므로 다소 복잡한 모형이 이를 단순화한(즉, 변수 SYMPTD를 사용한) 모형보다 더 좋다고 말할 수 없다.

[표 4-16] 변수 Symptd를 사용한 모형의 적합

ME		B 추정값	표준오차	Wald	자유도	유의확률	Exp(B)	Exp(B)의 95% 신뢰구간	
								하한	상한
Within 1 Year(1)	절편	-2.704	1.434	3.553	1	.059			
	SYMPTD	2.095	.457	20.986	1	.000	8.128	3.316	19.922
	PB	-.251	.073	11.845	1	.001	.778	.674	.898
	HIST	1.293	.434	8.899	1	.003	3.645	1.558	8.525
	BSE	1.244	.526	5.587	1	.018	3.469	1.237	9.733
	[DETC=2]	9.03E-02	1.161	.006	1	.938	1.094	.112	10.653
	[DETC=3]	.973	1.126	.746	1	.388	2.645	.291	24.053
	[DETC=4]	0[a]	.	.	0	.	.	.	.
Over 1 Year(2)	절편	-.999	1.072	.868	1	.351			
	SYMPTD	1.121	.357	9.855	1	.002	3.069	1.524	6.181
	PB	-.168	.074	5.137	1	.023	.845	.731	.978
	HIST	1.014	.454	4.993	1	.025	2.757	1.133	6.709
	BSE	1.029	.514	4.005	1	.045	2.797	1.021	7.660
	[DETC=2]	-.902	.715	1.594	1	.207	.406	1.00E-01	1.646
	[DETC=3]	-.670	.688	.949	1	.330	.512	.133	1.970
	[DETC=4]	0[a]	.	.	0	.	.	.	.

Log-likelihood = -348.7480

다음은 모형에서 변수 DETC의 역할을 평가하는 것이다. [표 4-16]의 결과를 보면 4개의 월드 통계량 모두 유의하지 않음을 알 수 있다. 그래서 DETC를 모형에서 제거한 뒤 재적합시켜 [표 4-18]과 같은 결과를 얻었다.

[그림 4-17] 변수 DETC를 제거한 다항 로지스틱 회귀분석

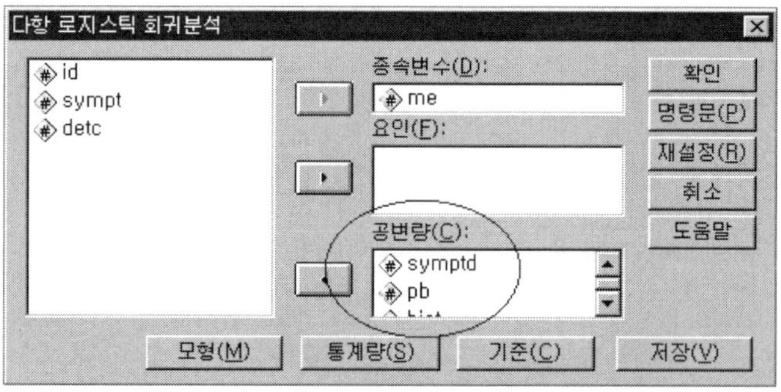

[표 4-18] 변수 DETC를 제거한 모형의 결과

ME		B 추정값	표준오차	Wald	자유도	유의확률	Exp(B)	Exp(B)의 95% 신뢰구간	
								하한	상한
Within 1 Year(1)	절편	-1.789	.847	4.459	1	.035			
	SYMPTD	2.230	.452	24.355	1	.000	9.304	3.837	22.562
	PB	-.283	.071	15.682	1	.000	.754	.655	.867
	HIST	1.297	.429	9.122	1	.003	3.657	1.577	8.483
	BSE	1.221	.521	5.491	1	.019	3.390	1.221	9.414
Over 1 Year(2)	절편	-1.742	.809	4.641	1	.031			
	SYMPTD	1.153	.351	10.770	1	.001	3.168	1.591	6.308
	PB	-.158	.071	4.914	1	.027	.854	.743	.982
	HIST	1.061	.453	5.497	1	.019	2.890	1.190	7.019
	BSE	.960	.507	3.585	1	.058	2.613	.967	7.060

Log-likelihood = -353.0190

[그림 4-19] 변수 변환한 자료 결과(symptd)

	me	sympt	pb	hist	bse	detc	symptd
1	3	3	7	2	1	2	1
2	3	2	11	2	1	3	2
3	3	3	8	1	1	3	1
4	1	3	11	2	1	3	1
5	2	4	7	2	1	3	1
6	3	3	7	2	1	3	1
7	2	4	6	2	1	2	1
8	3	4	6	2	1	3	1
9	3	2	6	2	1	3	2
10	1	4	6	2	1	3	1
11	3	4	8	2	1	2	1
12	3	3	6	1	2	3	1
13	3	4	6	2	1	3	1
14	3	5	5	1	1	3	2

계수에서 가장 큰 변화가 일어난 것은 로짓 1에서 변수 PB의 추정값이 12.7% 감소한 것이다(-0.251에서 -0.283으로). 그 다음 가장 큰 변화는 로짓 2에서 변수 PB의 추정값이 6% 증가한 것이다. [표 4-18]의 모형 대 [표 4-16]의 모형의 가능도비 검정값은 $G = 8.5420$ 이며, 이에 해당하는 p 값은 "0.074"이다. 5% 유의 수준으로 가능도비 검정은 유의하지 않으므로 변수 DETC를 모형에서 제거해야 한다.

그러나 변수 DETC를 두 개의 범주로 나누어 다시 고려할 필요도 있다. 즉, 기준수준인 [DETC=1]의 빈도수는 단지 "18"이므로, 변수 DETC의 세 범주 중 "그렇지 않다"와 "그렇다"를 합쳐 "0"으로, "매우 그렇다"를 "1"로 하는 이분형변수 DETCD를 만들 수 있다([그림 4-20]).

[그림 4-20] RECODE detc(2,4=0)(3=1) into detcd

[그림 4-21] 다항 로지스틱 회귀분석

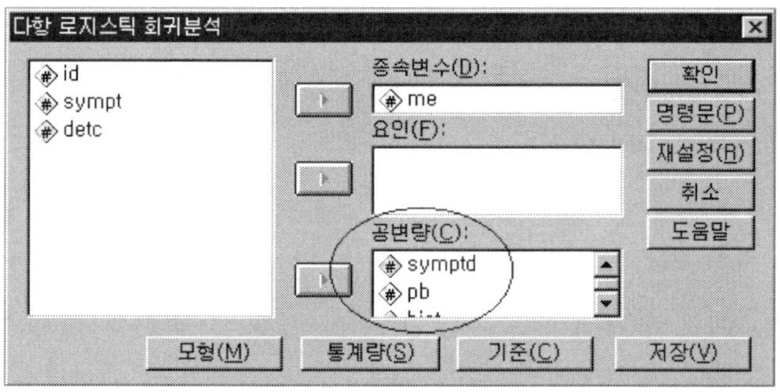

[표 4-22]는 이분형변수 DETCD를 포함하여 적합한 결과이다. 변수 DETCD의 계수에 대한 p값은 로짓 1에서는 "0.013", 로짓 2에서는 "0.720"이다. [표 4-22]에 나타난 모형 대 [표 4-18]의 모형에 대한 가능도비 검정값은 $G=6.9054$ 이며, p값은 "0.032"(자유도 2인 카이제곱 분포에 근거)가 된다. 그래서 DETCD는 모형에 유의하게 기여한다. 또한 [표 4-22]의 모형 대 [표 4-16]의 모형에 대한 가능도비 검정값은 $G=1.6467$ 이며, p값은 "0.441"(자유도 2)이다. 이를 통하여 변수 DETC의 세 범주를 모두 사용한 모형이 이분형인 공변량 DETCD를 사용한 모형보다 낫지 않다는 것을 알 수 있다.

[표 4-22] 변수 DETCD를 이분형변수로 변수 변환 후의 결과

ME		B 추정값	표준오차	Wald	자유도	유의확률	Exp(B)	Exp(B)의 95% 신뢰구간	
								하한	상한
Within 1 Year(1)	절편	-2.624	.926	8.021	1	.005			
	SYMPTD	2.095	.457	20.971	1	.000	8.123	3.314	19.911
	PB	-.249	.073	11.815	1	.001	.779	.676	.898
	HIST	1.310	.434	9.126	1	.003	3.706	1.584	8.669
	BSE	1.237	.525	5.543	1	.019	3.445	1.230	9.649
	DETCD	.885	.356	6.174	1	.013	2.423	1.206	4.871
Over 1 Year(2)	절편	-1.824	.855	4.550	1	.033			
	SYMPTD	1.127	.356	10.009	1	.002	3.088	1.536	6.208
	PB	-.154	.073	4.516	1	.034	.857	.743	.988
	HIST	1.063	.453	5.512	1	.019	2.896	1.192	7.034
	BSE	.956	.507	3.551	1	.060	2.601	.962	7.031
	DETCD	.114	.318	.129	1	.720	1.121	.601	2.091

Log-likelihood = -349.5663

이 두 모형을 비교할 때 계수에서 가장 큰 변화가 있어난 변수는 로짓 2에 있는 변수 PB이다(약 8% 증가, −0.168에서 −0.154로). 이는 이분형 공변량(DETCD)을 사용하는 것이 원래의 세 범주를 갖는 공변량보다 다른 공변량의 효과를 더 잘 조절하였음을 시사한다. 이 결과와 검정을 근거로 하여 이분형변수 DETCD를 사용하기로 결정한다.

다음 단계는 변수 PB의 척도를 평가하는 것이다. 이론상 다항 로지스틱 모형에서도 이분형 로지스틱 모형과 같은 방법으로 연속형 공변량의 척도를 점검할 수 있다. 모든 방법이 패키지화되어 있지는 않지만, 특히 최근 다항 로지스틱 회귀분석용 패키지를 사용할 수 있는 유일한 방법은 계획변수 접근 방법이다. 또 다른 방법으로는 각각 이분형 로지스틱 모형을 적합시켜 다항 로지스틱 회귀모형의 적합을 근사시키는 것이다. 예를 들어, 3개의 수준이 있는 경우 종속변수가 이분형일 때의 로지스틱 회귀분석용 패키지를 사용하여 $y=2$ 인 개체를 무시한 채 $y=1$ 대 $y=0$ 에 대한 모형을 적합시킨다. 그다음에 $y=1$ 인 개체를 무시한 채로 $y=2$ 대 $y=0$ 인 모형을 적합시킨다. Begg & Gray(1984)는 이런 방법으로 얻은 로지스틱 회귀 계수들의 추정값들이 일치성(consistent)을 만족하고 많은 경우에서 효율의 손실이 그리 크지는 않다고 주장하였다.

이분형 로지스틱 모형을 각각 적합하여 얻어진 계수들은 다항 로지스틱 모형에 적합한 계수들과 비슷한 값을 갖는다. 이는 개별적으로 적합시키는 접근 방법이 연속형 공변량에 대한 척도를 선택하는 데 유용하다는 것을 의미한다. 특히, 변수변환을 하기 위해 패키지를 사용하면 될 것이다.

다항 로지스틱 모형을 개별적인 이분형 로지스틱 모형을 사용하여 근사시킬 수 있으므로 2장에서 다룬 변수선택법을 사용하여 공변량을 선택할 수 있게 된다. 최종적인 추론은 가능하면 다항 로지스틱 회귀모형을 적합하여 얻은 추정계수와 추정된 표준오차에 근거하여 행하여야 할 것이다.

[그림 4-23] 추정된 로지스틱 회귀 계수의 그래프(Logit 1(○), Logit 2(△))

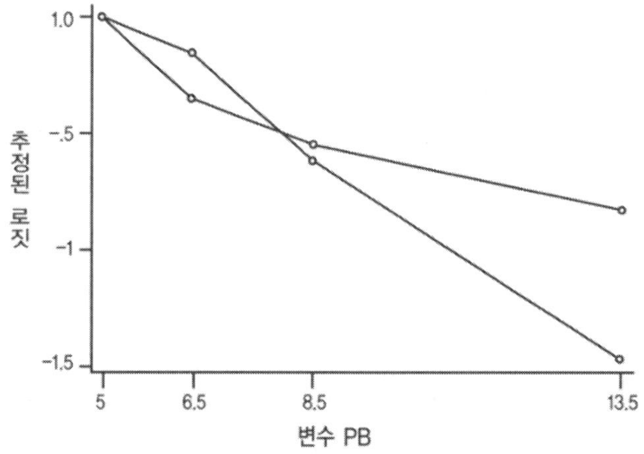

변수 PB의 척도를 평가하기 위해 우선 계획변수를 만드는 방법에서 시작해 보자. 변수 PB의 값은 "5"에서 "17"에 걸친 자연수이며 "10"을 초과하는 개체수는 상대적으로 적다. 변수 PB를 대략 5, 6–7, 8–9, 10 이상인 사분위수(quartiles)로 나눈다. PB=5를 기준수준으로 선택하면 3개의 계획변수가 만들어진다. [그림 4–23]은 두 개의 로짓함수에 대한 세 계획변수의 추정된 로지스틱 회귀 계수들이다. 추정된 모형은 물론 다른 모든 공변량을 포함하고 있다.

[그림 4–23]에 나타난 두 로짓함수에 대한 다각선(polygon)을 통해 로짓들이 PB에 대해 선형임을 분명히 알 수 있다. 추가로 변수 변환을 하여 개별적으로 이항 로지스틱 회귀모형을 적합하여 변수 PB의 척도를 점검했다.

반응변수가 이분형인 경우와 마찬가지로, 모형 설정의 다음 단계는 모형 내에 교호작용항을 포함시킬 필요가 있는지를 평가하는 것이다. ME 자료에서 변수들의 각 조합으로 임상적으로 의미 있는 교호작용항을 만들 수 있다. 10개의 교호작용 중 모형에 유의하게 기여하는 것은 하나도 없다. 그러므로 [표 4–22]에 제시한 것을 최종모형으로 채택한다.

[표 4–24] MLE와 ILR의 비교

		계수		표준오차	
Logit	변수	MLE	ILR	MLE	ILR
1	SYMPTD	2.095	2.091	0.4574	0.4651
	PB	−0.249	−0.243	0.0725	0.0738
	HIST	1.310	1.385	0.4336	0.4683
	BSE	1.237	1.363	0.5254	0.5339
	DETCD	0.885	0.853	0.3562	0.3655
	Constant	−2.624	−2.765	0.9264	0.9422
2	SYMPTD	1.127	1.153	0.3564	0.3566
	PB	−0.154	−0.154	0.0726	0.0726
	HIST	1.063	1.098	0.4528	0.4593
	BSE	0.956	0.953	0.5073	0.5097
	DETCD	0.114	0.099	0.3182	0.3191
	Constant	−1.824	−1.838	0.8551	0.8600

개별적인 이항 로지스틱 회귀모형을 적합한 Begg과 Gray(1984) 방법을 예로 들어 설명하기 위해 [표 4-22]에 나타난 모형을 재적합시킨다. [표 4-24]은 최대가능도 방법에 의해 구한 결과이다. [표 4-24]의 ILR열에는 개별적인 이분형 로지스틱 회귀방법에 의해 구해진 추정계수들과 추정된 표준오차들이며, MLE열은 다항 로지스틱 회귀모형의 최대가능도 추정량과 그 표준오차들이다.

[표 4-24]의 ILR열과 MLE열에 나타난 값들을 비교해 보면 Begg과 Gray가 제안한 개별적 방법으로 구한 값들이 MLE에 근거하여 얻어진 값들의 좋은 근사값이 됨을 알 수 있다. 그러므로 다항 로지스틱 회귀모형을 적합시키는 기능이 없는 패키지인 경우 개별적인 이분형 로지스틱 회귀 접근 방법을 대안으로 사용할 수 있을 것이다.

이분형이 아닌 다항 로지스틱 회귀모형에서 일어날 수 있는 문제는 한 공변량이 어떤 로짓함수에서는 유의하지만 다른 로짓함수에서는 그렇지 않을 때 발생한다. 모수의 수를 최소화한다는 원칙에서 모형을 설정한다면 특정 로짓함수에서는 계수를 "0"으로 놓고 다른 로짓함수에 대해서는 계수를 추정해야만 한다. 다항 로지스틱 회귀분석용 패키지를 현재 사용하여 이런 전략을 적용할 수 있을지 모르겠지만, 개별적 로지스틱 회귀 접근 방법을 이용하면 가능하다. 모든 모형 설정에서와 마찬가지로 변수를 선택하는 데 임상적인 고려는 중요한 요인이 될 것이다.

마지막으로, 분석을 위해 개별적인 이분형 로지스틱 회귀 접근 방법을 사용하면 3장에서 언급한 변수선택법을 패키지를 사용하여 각각의 로짓함수에 적용할 수 있다.

4.5 로지스틱 회귀모형의 적합도검정 및 진단

적합된 모형을 사용하여 추론하기 전에 전반적인 적합을 평가하고 각 개체가 적합에 어느 정도 기여하는지를 평가하여야 한다. 다항 로지스틱 회귀에서 종속변수가 다분형일 때 이분형인 경우보다 더 많은 어려움들이 발생한다. 이분형 로지스틱

회귀모형의 경우 단지 하나의 적합된 값 즉, $\mathrm{P}(y=1|\boldsymbol{x})$ 만 있다. 종속변수의 범주의 수가 "3"인 경우 2개의 추정된 로지스틱 확률 즉, 범주 "1"과 범주 "2"에 속할 확률 $\mathrm{P}(y=1|\boldsymbol{x})$, $\mathrm{P}(y=2|\boldsymbol{x})$ 가 존재한다. Lesaffre(1986)와 Lesaffre & Albert (1989)는 로지스틱 회귀모형의 적합도검정과 진단을 다항 로지스틱 회귀모형으로 확장시켰다. 그러나 현재의 통계 패키지를 사용하여 이 방법들을 적용하는 것이 그리 쉽지는 않다. 따라서 기존의 패키지에 이 방법들의 기능이 추가될 때까지는 Begg & Gray(1984)가 제시한 개별적 로지스틱 회귀 접근 방법을 사용하여 적합도를 평가하고 진단통계량을 산출하였으면 한다.

종속변수 범주의 수가 "3"인 경우 2개의 로지스틱 모형의 적합을 평가한 뒤 그 결과를 종합하여 다항 로지스틱 모형의 적합에 대한 결론을 내린다. 각 개별적 로지스틱 모형에 대한 적합도를 평가하는 절차는 3장에서 소개하였다. 이 결과를 종합하는 과정에서 각 로짓함수에 대한 공변량패턴들의 영향력이 큰지 또는 작은지를 신중히 고려해야 한다. 특히 오직 한 로짓함수에만 영향력이 있는 공변량패턴을 분석에서 제거하기 전에 임상적인 면을 충분히 고려하여야만 할 것이다. 이분형 로지스틱 모형과 비교하여 이 절차는 단지 계산을 더할 뿐이지 개념적으로 새로운 것은 없다.

[표 4-22]에 주어진 ME 연구의 다항 로지스틱 회귀모형의 적합을 평가함으로써 이 방법을 설명하여 보자. [표 4-25]는 개별적 이분형 로지스틱 회귀 접근 방법을 사용하여 각각의 로짓함수에 대해 적합도통계량을 요약한 것이다. 로짓모형 1은 유방 조영 검사를 받은 경험이 없는 여성들(ME=0)과 이 검사를 받은 지 일 년 이내의 여성들(ME=1)을 비교한 로지스틱 회귀이며, 로짓모형 2는 유방 조영 검사를 받은 경험이 없는 여성들(ME=0)과 이 검사를 받은 지 일 년 이상 경과된 여성들(ME=2)을 비교한 것이다. 이 통계량들은 모형 내에 포함한 변수들로 구성된 관측된 공변량패턴을 사용하여 계산되었다. 로짓모형 1에 대해서 $J=74$ 개의 공변량패턴이, 로짓모형 2에 대해 $J=75$ 개의 공변량패턴이 존재한다.

[표 4-25] 적합도 통계량

Logit	HL($\hat{C}$)	Pearson(χ^2)	Stukel(S)
1	12.20(0.142)	67.84(0.996)	1.02(0.601)
2	9.62(0.293)	68.83(0.733)	1.86(0.393)

[표 4-25]의 처음 열에 나타난 Hosmer-Lemeshow 통계량값은 각각 12.20(자유도 = 8, p 값 = 0.142), 9.62(자유도 = 8, p 값 = 0.293)이다. 둘째 열에는 공변량패턴을 근거로 계산한 피어슨 카이제곱 통계량값이 주어져 있다. p값들은 3장에서 다룬 정규근사를 사용하여 계산되었다. 두 로짓모형에 주어진 검정통계량에 대응하는 p 값을 모두 살펴보면 통계적으로 유의하지 않기 때문에 모형이 전반적으로 잘 적합한다는 것을 알 수 있다.

[표 4-26] 개별적 로지스틱 회귀모형에 근거한 통계량

	Logit 1		Logit 2		
Data / P#	4	63	62	63	66
SYMPTD	0	1	1	1	1
PB	6	9	9	10	10
HIST	0	0	1	0	0
BSE	0	1	1	0	1
DETCD	0	1	0	0	1
Yj	1	11	3	1	2
m_j	2	18	3	1	19
$\hat{\pi}_j$	0.015	0.345	0.496	0.098	0.237
C_j	0.543	1.733	0.956	0.264	0.999
$\Delta\chi_j^2$	33.585	7.037	3.818	9.490	2.534
ΔD_j	5.820	6.586	5.268	4.781	3.014
h_j	0.016	0.198	0.200	0.027	0.282

식 (3.12), (3.16), (3.17)에서 정의한 레버리지(h_j)와 진단통계량(C_j, $\Delta\chi_j^2$, ΔD_j)을 2개의 로지스틱 회귀모형에 개별적으로 대응하는 공변량패턴에 근거하여 계산하였다. 3장에서 설명한 것과 비슷한 그래프를 사용하여 하나 이상의 통계량에 대해 큰 값을 갖는 몇 개의 패턴을 식별하였다. 이 패턴에 대한 정보는 [표 4-26]에 요약되어 있다. "P#"는 개별적으로 적합된 모형 내의 공변량패턴을 임의로 지정한 값이다. 이 값은 공변량패턴이 만들어진 순서에 따라 달라진다. 패턴 번호는 진단통계량값들을 손쉽게 평가하는 데 필요하다.

로짓모형 1에 대한 진단통계량들을 조사하면 $\Delta\chi_j^2$이 공변량패턴 4에 대해 큰 값을 갖는 이유를 알 수 있다. 관측 확률 (y_j/m_j)이 "0.5"이지만 추정된 로지스틱 확률은 작다. 이 차이 때문에 피어슨 잔차가 매우 커진다. 편차 잔차는 매우 크지는 않지만 역시 유의하다고 생각할 수 있다. 레버리지가 작은 주된 이유는 C_j의 값이 그다지 크지 않기 때문이다. 관측된 공변량의 임상적인 해석에 근거하면 공변량패턴 4에 속하는 두 개체를 제거할 이유는 없다.

로짓모형 1에 대한 공변량패턴 63을 보면 모형의 적합성을 평가하는 데 새로운 점을 발견할 수 있다. 이 패턴에서 변수 SYMPTD, HIST, BSE, DETCD에 대한 반응을 이른바 최빈반응(modal response)이라 한다. 이 변수들의 관측 형태는 각각의 변수에 대해 SYMPTD = 1, HIST = 0, BSE = 1, DETCD = 1을 나타낸다. 실제로 로짓모형 1을 적합하는 데 사용한 338명의 개체 중 149명이 이 변수들에 대해 특별한 반응값을 가진다. 이 개체들 중 반응을 다르게 하는 유일한 변수는 척도화한 변수 PB이며, 공변량패턴 63은 PB = 9이다. 이 공변량패턴에 대한 $C_j = 1.733$이며 이는 매우 크다. 이는 상당한 크기의 레버리지 값과 피어슨 카이제곱의 크기로 인해 식 (3.16)의 표현과 일치한다. 모형을 더 개선하려는 노력도 없이 평범한 반응 형태를 나타내는 18명의 개체에 대한 자료를 버리고 싶지는 않을 것이다. 반면에 공변량들에 대한 다른 추가적인 정보는 없다. 변수 PB와 다른 주효과에 대한 모든 교호작용을 추가시켜도 로짓모형 1에 대해 모형을 유의하게 개선하지는 못한다. 패턴 63과 비슷한 최빈 반응을 가진 7개의 공변량패턴이 더 있다. 이러한 패턴에 대하여 PB의 값은 5-12에 걸쳐 있어서 패턴 63에 대한 PB = 9는 극단적인 반응값은 아니다.

로짓모형 2에 대한 진단통계량들을 논하기 전에 로짓모형 1의 공변량패턴 63을 통해 진단통계량이 왜 개별적인 개체가 아니라 오히려 모형 내 주효과들에 의해 형성된 공변량패턴에 의해 계산되어야 하는 이유를 잘 알 수 있다. 만일 공변량패턴 63에 해당하는 18명의 개체를 개별적으로 고려한다면 전혀 다른 상황이 펼쳐진다. 첫째 각 18명의 개체에 대한 레버리지는 0.198/18 = 0.011이 된다. 반응이 있는 11명의 개체에 대해 각각의 진단통계량은 $\triangle\chi^2 = 1.92, C = 0.021$ 이며, 이는 어느 정도의 적합 결여를 보여 주지만 추정된 계수들에 대해 영향이 없음을 나타낸다. 반응이 없는 7명의 개체에 대해 $\triangle\chi^2 = 0.533, C = 0.006$ 이며, 이는 적절한 모형임을 의미한다. 따라서 개별적인 개체에 대해 자료를 평가하면 적합 결여와 추정계수에 대한 영향력의 평가를 왜곡할 수도 있다.

[표 4-26]의 로짓모형 2에 대한 진단통계량들을 조사하면 패턴 63은 잘 적합되지 않는다. 두 개별적인 로지스틱 회귀계산은 분리된 데이터 세트를 이용함으로 두 모형에 대한 패턴 수는 똑같은 공변량패턴을 의미하지 않는다. 패턴 63의 경우 관측된 확률은 “1.0”이지만 추정된 로지스틱 확률의 값은 매우 작다. 이 때문에 잔차가 크다. 레버리지의 값이 작게 되면 $\triangle\chi^2$ 이 크더라도 영향력의 효과를 완화시킨다. 로짓모형 1에 대한 패턴 4의 경우와 같이 관측 결과가 모형과 상반되는 것이 문제점으로 제시된다.

공변량패턴 66에서 C의 값이 가장 크다. 이 패턴은 로짓모형 1의 적합에서 다룬 최빈반응을 나타낸다. 로짓모형 2의 경우 분석에 사용된 총 308명의 개체 중 115명이 최빈반응의 형태를 갖는다. 패턴 66에 대해 PB = 10임을 유의하라. 공변량패턴 62에서 C의 값이 두 번째로 크다. 이 경우 4개의 이분형 공변량에서 이와같은 값을 갖는 것은 단지 3명의 개체이며, 이 세 명 모두 PB = 9이다. 두 공변량패턴에서 $\triangle\chi^2$과 레버리지의 값이 적당히 크므로 영향력이 있다.

[표 4-26]에서 C의 값이 가장 큰 패턴의 PB의 값은 “9” 또는 “10”이다. 이 범위의 PB값을 가진 개체들의 반응은 로지스틱 모형이 수용하기가 쉽지 않다. 로짓모형 1 또는 로짓모형 2에 PB와 관련된 교호작용항들을 추가하여도 더 이상 모형은 좋아지지 않는다.

이 시점에서 더 이상 자료를 분석할 필요는 없다. [표 4-22]에 제시한 모형을 더 개선할 수 있는 대안은 없다. 세 개의 영향력 있는 공변량패턴이 모형에 주는 영향을 탐지하기 위해 로짓모형 1의 공변량패턴 63과 로짓모형 2의 공변량패턴 62와 66에 대응하는 40개의 개체를 제거한다.

[표 4-22]와 [표 4-27]의 추정계수들을 비교해 보면 로짓모형 1에 나타난 계수의 크기는 크게 변하지 않는다. 가장 큰 변화로 PB의 값이 13% 증가한 것이다. 그러나 로짓모형 2에서 5개의 계수들 중 3개가 눈에 띌 만큼 변했다. PB의 계수는 "−0.154"에서 "−0.080"으로 즉, 48% 증가하였다. HIST의 계수는 "1.063"에서 "0.606"으로(43%감소), DETCD는 "0.114"에서 "0.477"으로 318%나 증가하였다. 이를 통해 40명의 개체를 제거함으로써 ME = 2 대 ME = 0의 추정된 승산에 대해 현저한 효과가 있음을 알 수 있다.

[표 4-27] 추정된 계수와 월드 통계량

Logit	변수	계수	표준오차	z	$P>\|z\|$
1	SYMPTD	2.125	0.4633	4.59	0.001
	PB	−0.216	0.0854	−2.53	0.011
	HIST	1.243	0.4418	2.82	0.005
	BSE	1.271	0.5310	2.39	0.017
	DETCD	0.883	0.3691	2.39	0.017
	Constant	−2.892	1.0416	−2.78	0.005
2	SYMPTD	1.191	0.3610	3.30	0.001
	PB	−0.080	0.0786	−1.02	0.307
	HIST	0.606	0.4952	1.22	0.221
	BSE	1.081	0.5123	2.11	0.035
	DETCD	0.477	0.3404	1.40	0.161
	Constant	−2.664	0.9556	−2.79	0.005

Log-likelihood = −313.7473

변수 PB의 범위에서 중간 부분의 값을 가진 개체들만을 모형에 적합할 때 발생하는 문제는 요약통계량을 사용할 때 신중해야 한다는 것이다. 변수 PB는 5개의 다른 변수들로 만들어졌다. 각 개체의 반응에 대한 변동과 정보를 상당 부분 잃을지도 모른다. 변수 PB의 값이 9 또는 10인 경우를 5개 구성 변수들의 가능한 조합으로부터 많이 얻었어야 했다. 원자료가 가능한 상황이라면 5개의 구성 변수를 합한 변수 PB보다는 각 구성 변수들을 공변량으로 사용하는 전략을 신중히 선택할 수도 있다.

제거된 40명 자료는 정상적이므로, 그들을 분석에서 제거할 임상적인 근거는 없다. 따라서 모형 적합과 진단통계량들에 근거한 최종모형은 [표 4-22]에 주어진다. 이 모형에 근거한 승산비와 95% 신뢰구간은 [표 4-28]에 있다.

[표 4-28] 승산비와 95% 신뢰구간

	Mammogram Within One Year versus Never			Mammogram Over One Year Ago versus Never		
변수	승산비	95% 신뢰구간		승산비	95% 신뢰구간	
SYMPTD	8.12	3.314,	19.911	3.09	1.536,	6.208
PB	1.65	1.239,	2.189	1.36	1.024,	1.810
HIST	3.71	1.584,	8.669	2.90	1.191,	7.033
BSE	3.44	1.230,	9.649	2.60	0.962,	7.031
DETCD	2.42	1.206,	4.871	1.12	0.601,	2.091

[표 4-28]의 추정된 승산비를 통해 유방 조영 검사를 받지 않은 범주에 대해 받은 범주의 승산이 증가함을 알 수 있다. 두 그룹의 승산비들을 비교하면 유방 조영 검사를 최근 일 년 이내에 받은 적이 있는 범주가 더 큰 값을 갖는다(즉, 왼쪽의 승산비가 오른쪽 승산비들보다 크다). 일반적으로 5개의 공변량들의 값이 커지면 모두 이 검사를 받을 가능성이 증가함을 보여 준다.

"유방암의 증상 없이는 유방 조영 검사를 받을 필요가 없다"라는 질문에 동의하지 않는 여성들에 비해 동의하는 여성들이 최근 일 년 이내에 이 검사를 받은 비율이

8.1배가량, 일 년이 지나 받은 비율이 3.1배 정도 된다. 공변량 SYMPTD에 대한 두 개의 신뢰구간 모두 "1.0"을 포함하지 않으므로 두 승산비는 모두 유의하다.

유방암에 대한 가족력(家族歷)이 있는 여성들은 가족력이 없는 여성들에 비해 이 검사를 최근 일 년 내에 3.7배, 일 년이 지나 받은 비율이 2.9배 정도 된다. 역시 두 신뢰구간 모두 "1.0"을 포함하지 않으므로 유의함을 알 수 있다.

유방암 자가 검사를 배운 적이 있는 여성들은(BSE) 그렇지 않은 여성들에 비해 이 검사를 최근 일 년 내에 3.4배, 일 년이 지나 받은 비율이 2.6배 정도 된다. 후자의 경우 승산비의 값이 "0.96"과 "7" 사이에 있으므로 승산비는 관측 자료와 일치함을 알 수 있다. 즉, 유방 조영 검사가 새로운 유방암 환자를 발견할 수 있다는 믿음은 변함없지만 그 크기는 조금 작아졌다.

[표 4-22]의 공변량 PB는 부호가 음이므로, 이는 PB의 값이 크면 클수록(이득이 적어질수록) 유방 조영 검사에 대한 이득의 신념이 적어진다는 것을 의미한다. 이와 같은 경우 점수가 2점 증가함에 따른 승산비를 추정할 수 있다. 이 승산비는 "1"보다 작으며 "적은 신념"이 "유방 조영 검사를 덜 사용"하는 것과 유의하게 연관되어 있다. 모형 내의 다른 공변량 모두에 대해 추정된 승산비는 "1.0"보다 크다. PB에 대한 승산비를 같은 방향으로 하기 위해서는 효과를 2점 감소(−2.0의 변화)로 추정하면 된다. 따라서 일 년 이내 유방 조영 검사를 받은 추정된 승산비가 "1.65"라는 의미는 PB의 2점 감소에 대해 유방 조영 검사를 일 년 이내 받은 승산이 1.65배 증가하는 것으로 추정된다. 마찬가지로 유방 조영 검사를 받은 지 일 년 이상 경과된 것에 대한 추정된 승산비가 "1.36"이라는 의미는 PB가 2점 감소할 때 승산비가 1.36배 증가하는 것으로 추정된다.

결과에서 지적하였듯이 다항 로지스틱 회귀모형을 적합할 때 실제로 겪는 어려움은 각 공변량에 대한 다중(multiple) 승산비가 존재하는 것이다. 이 때문에 복잡해진다. 반면에 종속변수를 다분형으로 가정하면 연구하려는 과정을 더 완벽히 설명할 수 있다. 예를 들어, 종속변수의 세 범주를 두 범주로 통합한다면("경험 있음" 대 "경험 없음") [표 4-28]에 나타난 승산비들의 단계적 변화를 표현할 수 없다. 통계적 관점에서 로짓들의 추정계수들이 통계적으로 서로 동일하지 않는 한 절대로 종속변수의 범주들을 합해서는 안 된다. [표 4-22] 모형의 경우 두 로짓의 동일성을 검정하는 다변량 월드 통계량(W)은 "10.87"이며, 이에 해당하는 p 값은 "0.054" 이다. 따라서 종속변수의 범주를 합하는 결정을 해서는 안 된다.

결론적으로 다항 로지스틱 회귀모형을 적합하고 결과를 해석하는 것은 이분형 로지스틱 회귀모형과 똑같은 형태를 가진다. 차이점은 각 공변량에 대한 다중 승산비를 통해 각 로짓들을 비교할 수 있어야 한다는 것이다.

4.6 다항 로지스틱 회귀모형의 SPSS 사용 예

종속변수가 셋 이상의 범주를 가질 때 이분형 회귀모형을 확장시킨 이른바 다항(multinomial, polytomous) 로지스틱 회귀모형을 고려할 수 있는데, 이 모형은 반응변수와 몇 개의 예측(predictor)변수들 사이의 관계를 조사한다고 이미 설명한 바 있다. 독립변수들의 공변량패턴에 대해 반응변수의 도수(count)들이 다항분포를 따른다고 가정했기 때문에 다항을 붙인다. 결혼 상태, 사회경제적 측정, 심리학적 측정 간의 관계를 알아보기 위해 다항 로지스틱 회귀모형을 사용할 수 있다. 만일 종속변수가 순서척도로 측정되면(예: 정도 심함, 보통, 최소), 특별한 형태의 순서형 로지스틱 회귀모형을 사용하여야 할 것이다(Agresti, 1990).

SPSS에서는 두 개의 절차(이분형 로지스틱 회귀, 다항 로지스틱 회귀)를 사용하여 로지스틱 회귀모형을 설정할 수 있다. 두 절차 역시 이분형 회귀모형을 설정하는 데 사용할 수 있다. 두 절차의 특징은 다음과 같다. 이분형 로지스틱 회귀절차의 경우 어떤 자료가 입력되거나 공변량패턴의 수가 전체 개체 수보다 작든 간에 이 두 가지 사실을 무시하고 각 개체에 대하여 예측값, 잔차, 영향력 통계량, Hosmer-Lemeshow 통계량을 계산한다. 반면에 다항 로지스틱 회귀절차에서는 동일한 공변량패턴을 갖는 부 모집단(subpopulation)을 만들어 이 공변량패턴에 대하여 예측빈도, 피어슨 잔차, 적합도통계량을 계산한다. 독립변수가 범주형이거나 몇 개의 값만을 가진다면 각 공변량패턴에 여러 개체들이 존재하게 된다. 부 모집단 접근 방법은 적합도통계량 및 피어슨 잔차를 얻게 해준다. 또한 다항 로지스틱 회귀절차를 통해 일대일 대응인 사례-대조 연구에서 생성한 자료를 분석할 수 있다. 사례-대조 연구는 의학에서 사건의 독립변수들을 식별하기 위해 자주 사용된다.

4.6.1 로짓모형

종속변수가 두 범주만을 갖게 되면 단지 하나의 로짓이 존재한다. 왜냐하면 로짓 $\ln\left(\frac{1-\mathrm{P}(\text{사건발생})}{\mathrm{P}(\text{사건발생})}\right)$ 은 독립변수들에 대해 똑같은 회귀 계수들을 얻게 되지만 부호는 바뀌게 된다.

만일 종속변수가 J개의 범주를 갖게 되면 중복되지 않은 로짓수는 $J-1$개가 된다. 이 상황에서 가장 단순한 로짓형태를 기준 범주 로짓이라 부른다. 이 로짓은 각 범주와 기준 범주를 비교한다. 만일 i번째 범주에 대해 기준 범주가 J이면, 모형은 다음과 같다.

$$\ln\left(\frac{\mathrm{P}(\text{범주}i)}{\mathrm{P}(\text{범주}J)}\right)=\beta_{i0}+\beta_{i1}x_1+\beta_{i2}x_2+\cdots+\beta_{ip}x_p$$

각 로짓에 대해 여러 그룹의 계수를 얻을 것이다. 여기에서 첫 아래 첨자는 로짓, 두 번째 아래 첨자는 변수를 의미한다. 기준 범주에 대해서는 계수들 모두가 "0"이 된다. 예를 들어 종속변수의 범주의 수가 "3"인 경우 두 그룹의 "0"이 아닌 계수들을 산출할 것인데, 각 그룹의 계수들은 처음 두 그룹과 마지막 그룹을 비교하는 값이 될 것이다.

4.6.2 기준 범주 로짓의 예

다항 로지스틱 회귀모형의 한 예로 1992년 대통령 선거를 고려해 보자. 총 사회조사(General Social Survey)에서는 1992년도에 투표한 사람들을 조사하였다. 자료는 VOTER.sav이다(부록 참조). [그림 4-29] 데이터 편집기에서 자료를 입력한 후

메뉴의

분석(A) > 기술통계량(E) > 교차 분석(C)...

을 선택하면 [그림 4-30]의 교차 분석 대화 상자가 열린다.

[그림 4-30] 대화 상자에서 "행(O):"에 성별, "열(C):"에 1992년 대선 후보를 각각 선택하고, 셀(E)... 에서 퍼센트 란에 행을 선택하면 [표 4-32]의 결과를 얻게 된다.

[그림 4-29] Voter 자료

[그림 4-30] 교차 분석

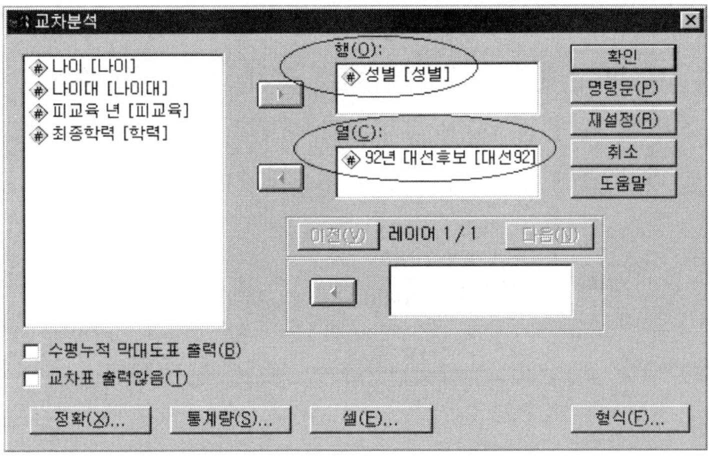

[그림 4-31] 셀 선택

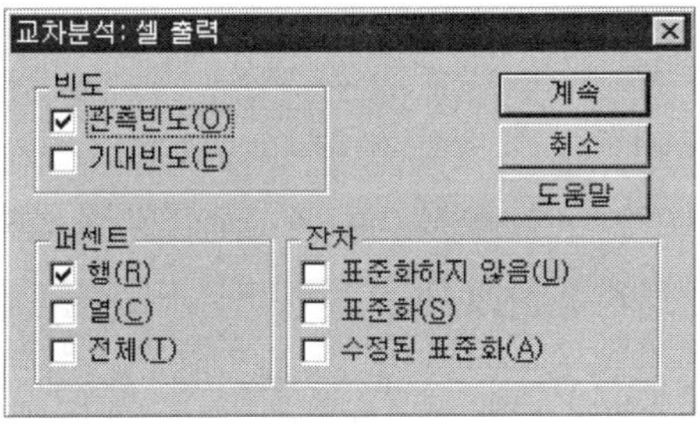

[표 4-32] 성별 응답자의 교차 분석 결과

			92년 대선후보			전체
			부시	페롯	클링턴	
성별	남자	빈도	315	152	337	804
		성별의 %	39.2%	18.9%	41.9%	100.0%
	여자	빈도	346	126	571	1043
		성별의 %	33.2%	12.1%	54.7%	100.0%
전체		빈도	661	278	908	1847
		성별의 %	35.8%	15.1%	49.2%	100.0%

[표 4-32]는 성별과 대선 후보 선택에 따른 유권자들의 교차표이다. 행에 나타난 백분율에 따르면 남성의 42%, 여성의 55%가 클린턴을 선택하였다. 대선 후보 선택과 성별 사이의 관계를 알기 위해 다항 로지스틱 회귀모형을 고려해 보자.

종속범주가 세 개의 범주로 이루어졌기 때문에 클린턴을 기준 범주로 성별을 하나의 독립변수로 삼아 두 개의 로짓을 만들 수 있다. 즉,

$$g_1 = \ln\left(\frac{\mathrm{P(Bush)}}{\mathrm{P(Clinton)}}\right) = \beta_{10} + \beta_{11}(\text{남성})$$

$$g_2 = \ln\left(\frac{\mathrm{P(Perot)}}{\mathrm{P(Clinton)}}\right) = \beta_{20} + \beta_{21}(\text{남성}).$$

SPSS에서는 요인(factor)의 마지막 수준을 기준 범주로 한다는 사실은 이미 정의한 바 있다. 총 사회 조사에서는 남성을 "1", 여성을 "2"로 입력하였기 때문에 여성이 기준 범주가 된다.

(1) 모수 추정값

[그림 4-33] 데이터 편집기와 다항 로지스틱 선택

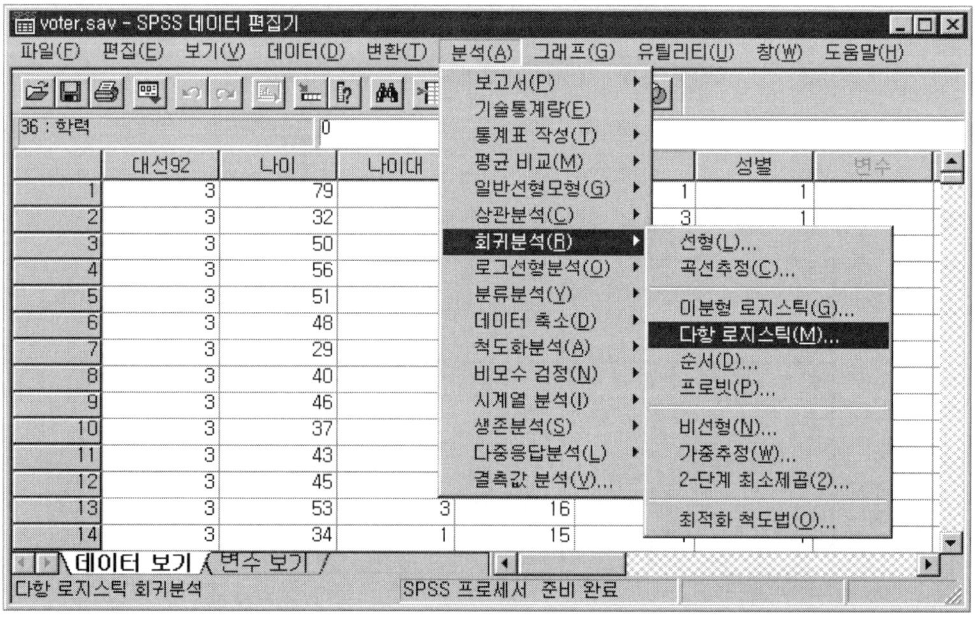

[그림 4-33]의 데이터 편집기에서 먼저 자료를 열고, 메뉴에서

분석(A) > 회귀분석(R) > 다항 로지스틱(M)...

을 선택하면 [그림 4-34]의 다항 로지스틱 회귀분석 대화 상자가 열린다.

[그림 4-34] 다항 로지스틱 회귀분석

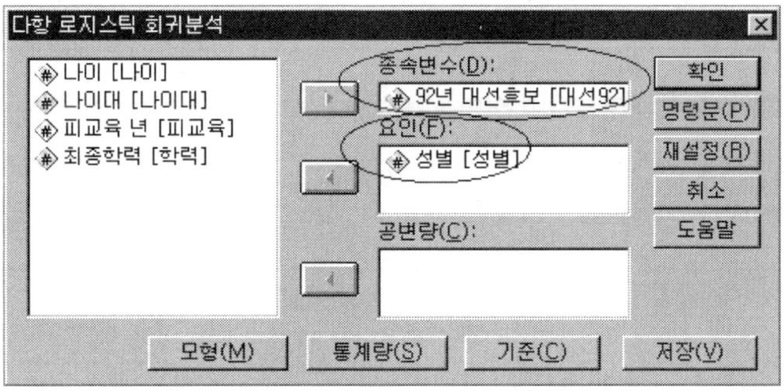

[그림 4-35] 통계량

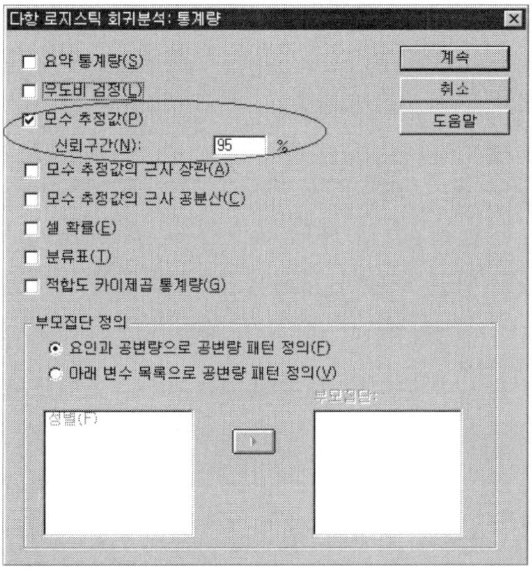

[그림 4-34] 대화 상자에서 "종속변수(D):"에 92년 대선 후보, "요인(F):"에 성별을 각각 지정한다. 그리고 하단에 있는 "통계량"을 선택하여 [그림 4-35] 대화 상자가 열리면 "모수 추정값"을 선택한다.

[표 4-36] 절편과 성별을 포함하는 모형의 모수 추정값

92년 대선후보		B 추정값	표준오차	Wald	자유도	유의확률	Exp(B)	Exp(B)의 95% 신뢰구간	
								하한	상한
부시	절편	-.501	.068	54.067	1	.000			
	[성별=1]	.433	.104	17.422	1	.000	1.543	1.258	1.891
	[성별=2]	0[a]	.	.	0	.	.	.	.
페롯	절편	-1.511	.098	235.703	1	.000			
	[성별=1]	.715	.139	26.572	1	.000	2.044	1.558	2.682
	[성별=2]	0[a]	.	.	0	.	.	.	.

[표 4-36]에 두 그룹의 로지스틱 회귀 계수가 나타나 있다. 이 계수들을 이용하여 로짓의 식으로 표현하면 다음과 같다.

$$g_1 = \ln\left(\frac{\mathrm{P}(\mathrm{Bush})}{\mathrm{P}(\mathrm{Clinton})}\right) = -0.50 + 0.433(\text{남성})$$

$$g_2 = \ln\left(\frac{\mathrm{P}(\mathrm{Perot})}{\mathrm{P}(\mathrm{Clinton})}\right) = -1.51 + 0.715(\text{남성}).$$

여기에서 성별=1은 남성, 성별=2는 여성을 나타낸다.

절편항들은 단순히 여성들에 대한 로짓이다. 예를 들어, 처음 절편항은 여성들이 클린턴을 선출할 확률에 대한 부시를 선택할 확률의 비율에 로그를 취해 얻어진 것이다. 즉, $\ln(346/571)$이다. 남성에 관한 계수는 로짓과 성별 사이의 관계를 나타낸다. 기울기들이 양수이며 통계적으로 "0"이 아니므로, 남성이 여성에 비해 클린턴보다 부시 또는 패롯을 더 선호하는 것을 알 수 있다. 실제로 Exp(B)라고 표기된 열을 보면 남성이 여성에 비해 클린턴보다 부시를 지지할 정도가 $\exp(0.433) = 1.543$, 패롯을 지지할 정도가 $\exp(0.715) = 2.044$ 배가 됨을 알 수 있다.

(2) 임의의 두 범주의 비교

[그림 4-36]에 나타난 계수들은 클린턴을 기준 범주로 하여 독립변수 성별과 로짓 사이의 관계를 나타낸 것이다. 추가로 부시 대 패롯에 대한 비교를 하려면 이미 추정된 두 개의 계수들의 차이를 이용하여 얻을 수 있다.

$$\ln\left(\frac{P(\text{Bush})}{P(\text{Perot})}\right) = \ln\left(\frac{P(\text{Bush})}{P(\text{Clinton})}\right) - \ln\left(\frac{P(\text{Perot})}{P(\text{Clinton})}\right).$$

이 로짓을 좀 더 간단히 구하고 싶으면 패롯을 기준 범주로 하도록 자료를 수정하여 로짓에 대한 계수와 표준오차를 구하면 된다.

(3) 공변량 교육 연수의 추가

[그림 4-37] 다항 로지스틱 회귀분석

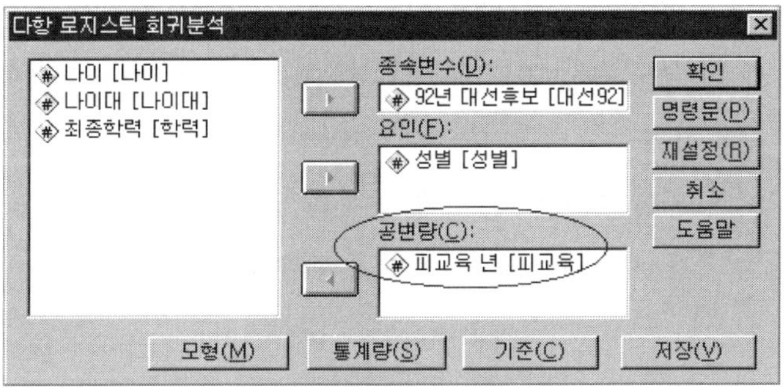

[표 4-38] 성별과 교육 연수에 대한 모수 추정

92년 대선후보		B 추정값	표준오차	Wald	자유도	유의확률	Exp(B)	Exp(B)의 95% 신뢰구간	
								하한	상한
부시	절편	-.702	.259	7.318	1	.007			
	피교육	1.47E-02	.018	.656	1	.418	1.015	.979	1.051
	[성별=1]	.428	.104	16.970	1	.000	1.535	1.252	1.881
	[성별=2]	0[a]	.	.	0	.	.	.	.
페롯	절편	-1.894	.353	28.859	1	.000			
	피교육	2.72E-02	.024	1.248	1	.264	1.028	.980	1.078
	[성별=1]	.715	.139	26.396	1	.000	2.043	1.556	2.684
	[성별=2]	0[a]	.	.	0	.	.	.	.

투표자의 성별에 따라 선출된 후보와 관련이 있는지 알아보기 위해 이미 독립변수 성별이 포함된 모형에 공변량 교육 연수를 추가시켜 추가된 변수가 유의한지를 살펴보자. 다항 로지스틱 대화 상자 [그림 4-37]을 연 후 다음을 선택한다. "종속변수(D):"에 1992년 대선 후보, "요인(F):"에 성별, "공변량(C):"에 피교육 연수를 각각 지정하고 실행하면 [표 4-38]의 성별과 교육 연수에 대한 모수 추정의 결과가 출력된다.

[표 4-38]은 공변량 성별과 교육 연수에 대한 모수 추정값들을 나타낸 것이다. 이를 통하여 교육 연수를 모형에 추가하여도 성별에 대한 추정값들은 크게 변하지 않았고, 두 개의 로짓에서 공변량 교육 연수에 대한 계수가 통계적으로 유의하지 않음을 알 수 있다(p 값이 각각 0.418, 0.264).

그렇다면 변수인 교육 연수가 대통령 후보를 선택하는 데 중요한 독립변수가 아니라는 의미인가? 반드시 그렇지는 않다. 교육 연수가 후보자를 선택하는 데 선형이 아닌 형태로 관련될 가능성이 있다는 것이다. 이를 검정하기 위해 실제 교육 연수 대신 5가지 범주의 최종 학력(0=중졸 이하, 1=고졸, 2=전문대졸, 3=대졸, 4=대학원졸)으로 구분하여 보자.

[그림 4-39]의 다항 로지스틱 대화 상자를 연 뒤, "요인(F):"에 변수 '성별'과 '최종 학력(학력)'을 선택하고 실행하면 [표 4-40]의 결과를 얻는다.

[그림 4-39] 다항 로지스틱 회귀분석

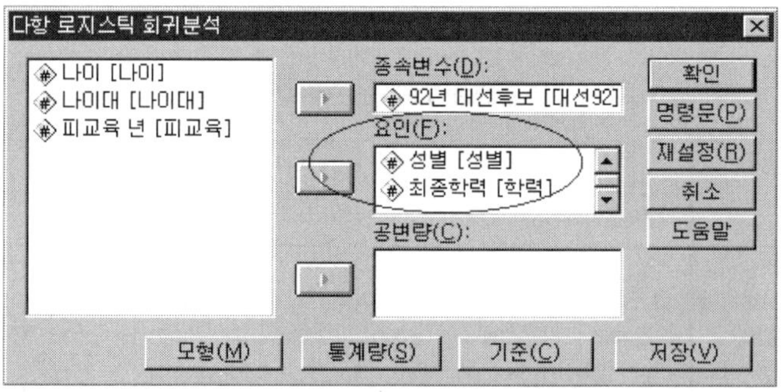

[표 4-40] 절편, 성별, 최종 학력을 포함한 모형의 모수 추정

92년 대선후보		B 추정값	표준오차	Wald	자유도	유의확률	Exp(B)	Exp(B)의 95% 신뢰구간	
								하한	상한
부시	절편	-.805	.168	22.879	1	.000			
	[성별=1]	.458	.105	19.148	1	.000	1.581	1.288	1.941
	[성별=2]	0[a]	.	.	0	.	.	.	.
	[학력=0]	-.198	.228	.760	1	.383	.820	.525	1.281
	[학력=1]	.387	.175	4.913	1	.027	1.473	1.046	2.074
	[학력=2]	.431	.253	2.914	1	.088	1.539	.938	2.525
	[학력=3]	.424	.195	4.745	1	.029	1.529	1.043	2.239
	[학력=4]	0[a]	.	.	0	.	.	.	.
페롯	절편	-2.188	.264	68.527	1	.000			
	[성별=1]	.760	.140	29.319	1	.000	2.139	1.624	2.816
	[성별=2]	0[a]	.	.	0	.	.	.	.
	[학력=0]	-.502	.393	1.627	1	.202	.605	.280	1.309
	[학력=1]	.833	.267	9.709	1	.002	2.299	1.362	3.882
	[학력=2]	1.052	.346	9.263	1	.002	2.864	1.454	5.640
	[학력=3]	.804	.291	7.608	1	.006	2.233	1.262	3.953
	[학력=4]	0[a]	.	.	0	.	.	.	.

[표 4-40]을 통해 변수 최종 학력에 관한 모수 추정값들에 관해 흥미로운 패턴을 발견할 수 있다. 처음 모수 추정값은 대학원을 졸업한 사람들과 중졸 이하의 사람들을 비교하는 것을 의미한다. 두 로짓에 대한 계수가 "0"이라는 귀무가설을 기각할 수 없다(p 값이 각각 0.383, 0.202). 즉, 중졸 이하의 사람들과 대학원을 졸업한 사람들이 서로 다른 후보를 선택할 것이라고 말할 수 없다는 것이다. 다음 나머지 세 개의 추정값들은 최종 학력이 고졸, 전문대졸, 대졸인 사람들에 관한 것이다. 각 로짓 내의 세 개의 모수 추정값들의 경향이 비슷하며, 로짓 1의 [학력=2]에 관한 계수를 제외하고 나머지 계수 모두가 통계적으로 유의함을 알 수 있다. 투표 성향에 대해 이 세 개의 그룹들은 서로 비슷하지만 대학원을 졸업한 사람들과는 다르다. 학력과 투표 성향 사이의 관계가 선형이 아니라는 사실은 놀랄 일은 아니다. 이미 미국에서 저학력 수준의 사람과 고학력 수준의 사람들이 민주당을 선호한다는 것은 널리 알려진 사실이다. 따라서 현재의 변수 최종 학력 대신 중졸 이하 및 대학원 졸업자를 "1", 나머지 수준을 "0"으로 입력하여 새로운 변수를 만드는 것도 시도할 만하다.

(4) 가능도비 검정

[그림 4-41] 통계량(가능도비 검정)

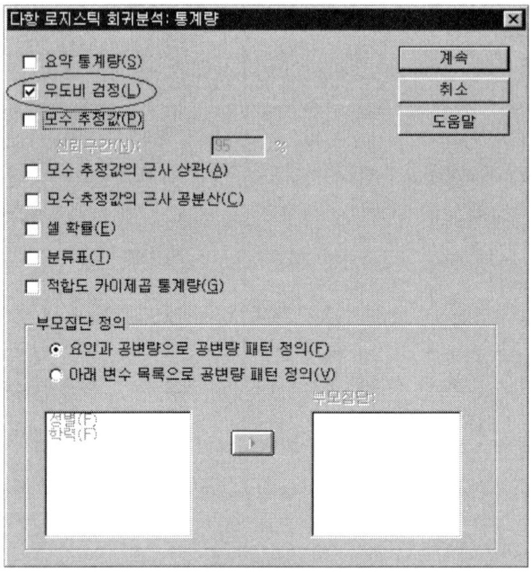

다항 로지스틱 대화 상자의 하단에 있는 "통계량"을 선택한 후, '우도비 검정'을 선택하여 [그림 4-41]을 실행하면 [표 4-42]의 결과가 출력된다.

[표 4-42] 절편, 성별, 학력을 포함한 모형의 가능도비 검정

효과	축소모형의 -2 Log 우도	카이제곱	자유도	유의확률
절편	103.601	.000	0	.
성별	140.753	37.153	2	.000
학력	144.590	40.990	8	.000

[표 4-42]는 공변량 성별과 학력을 포함한 최종모형에서 개별적 효과를 나타내는 가능도비 검정이다. 개별적 효과에 대한 검정은 특정한 변수에 대한 효과가 최종모형으로부터 제거되었을 때 -2(로그 가능도)의 변화된 값에 근거한다. 만일 특

정적 효과에 대한 모든 계수들이 "0"이면, 이 변화량은 제거된 효과의 자유도와 동일한 자유도를 갖는 카이제곱 분포를 따른다.

[표 4-42]로부터 두 변수 성별과 학력 모두가 투표자의 선택에 통계적으로 관련이 있음을 알 수 있다. 만일 절편, 성별, 학력으로부터 학력이 제거되었다 하더라도 역시 유의한 변화가 있다. [표 4-42]에 나타난 가능도비 검정은 앞에 제시된 표들에 보여진 월드 통계량에 근거한 검정보다 더 효율적이다. 왜냐하면 계수값이 클 경우 월드 통계량은 때때로 귀무가설을 기각하지 못하기 때문이다(Hauck & Donner, 1977 참조). [표 4-40]에 나타난 월드 검정법은 로짓 내 각 범주에 대해 검정하는 반면에 가능도비 검정은 변수 효과에 대한 전반적인 검정을 하는 것이다. 명령문 편집기에서 TEST 부명령어를 사용하여 모수의 선형결합에 대해 검정할 수 있다.

다항 로지스틱 회귀분석 대화 상자를 연 뒤 선택된 가능도비 검정을 원위치로 하고 실행한 결과가 [표 4-43]에 출력된다.

[표 4-43] 모형적합 정보

모형	-2 Log 우도	카이제곱	자유도	유의확률
절편 만	178.457			
최종모형	103.601	74.856	10	.000

[표 4-43]으로부터 절편항만을 갖는 모형과 최종모형에 대한 각각의 −2(로그 가능도)의 값들을 볼 수 있다. 두 값 사이의 차이는 "카이제곱"이라고 명명된 열에서 찾을 수 있다. 만일 관측된 p값이 작으면 공변량 성별과 학력에 대한 모든 계수들이 "0"이라는 귀무가설을 기각한다는 것이다. 즉, 최종모형이 절편항만을 포함한 모형보다 낫다고 결론지을 수 있다. 로그 가능도함수는 모수들에 영향받지 않는 상수부분과 모수에 영향받는 핵(kernel) 부분의 합으로 표현될 수 있다. [표 4-43]의 −2(로그 가능도)값은 상수와 핵 모두를 포함한 것이다. 대부분의 검정은 로그 가능도값의 차이에 근거하기 때문에 로그 가능도함수의 상수부분은 중요시하지 않는다. 개체의 수가 공변량패턴의 수와 같으면 상수는 "0"이다.

지금까지 투표 성향에 대해 공변량인 성별 및 학력의 효과를 고려하였다. 이 두 변수는 후보자 선호에 유의하게 관련되어 있음을 알 수 있다. 변수들의 효과를 개별적으로 보았지만 성별과 학력 사이의 교호작용을 고려하지 않았다. 만일 학력의 효과가 성별에 따라 다르다면 성별과 학력 사이에 교호작용 효과가 있다고 말한다. 예를 들어, 성별과 학력의 교호작용이 존재한다면, [표 4-40]에 나타난 결과보다 고학력의 여성들이 클린턴을 훨씬 더 선호할 가능성도 있다는 것이다.

다항 로지스틱 회귀분석 대화 상자를 연 뒤 좌측하단 "모형"을 선택하면 [그림 4-44] 대화 상자가 열린다. [그림 4-44]에서는 "완전요인모형(A)"을 선택하고, [그림 4-45] 통계량에서는 "가능도비 검정"을 선택한 후 실행을 하면 [표 4-46]의 결과가 출력된다.

[그림 4-44] 다항 로지스틱 회귀분석 (모형)

[그림 4-45] 통계량

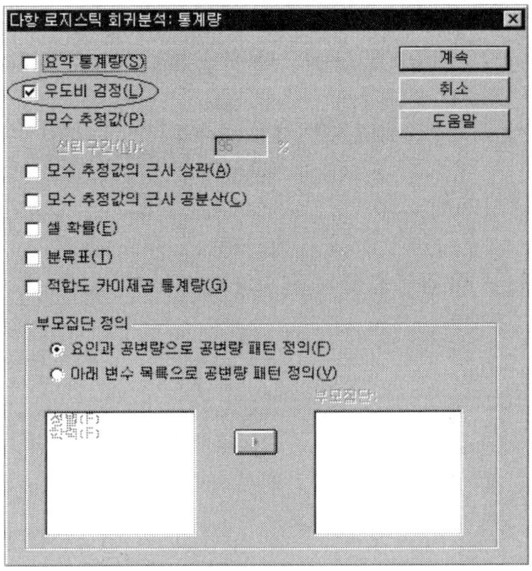

[표 4-46] 완전요인모형 효과에 대한 가능도비 검정

효과	축소모형의 -2 Log 우도	카이제곱	자유도	유의확률
절편	97.227	.000	0	.
성별	97.227	.000	0	.
학력	97.227	.000	0	.
성별 * 학력	103.601	6.374	8	.605

[표 4-46]을 통해 교호 작용 '성별*학력'을 모형에서 제거하였을 때, −2(로그 가능도)의 변화량이 교호작용의 효과에 관련된 계수들이 "0"이라는 귀무가설을 기각할 만큼 충분히 크지 않다. 절편항과 변수 성별, 학력의 주효과를 모형에 포함시키고 성별과 학력의 교호작용을 제거하더라도 모형의 적합을 변화시키지 않는다.

(5) 예측확률과 기대도수의 계산

로지스틱 회귀모형의 계수를 이용하여 유권자 한 명이 세 명의 후보 각각에게 투표할 확률을 예측할 수 있다. 한 예로 학사 학위를 소지한 남성이 각 후보에게 투표할 확률을 계산해 보자. 성별이 1이고 학력이 3에 대한 추정값과 절편항에 대한 값들을 이용하여 세 개의 로짓을 각각 추정하여 보자.

$$g_1 = -0.805 + 0.458 + 0.424 = 0.077$$

$$g_2 = -2.188 + 0.760 + 0.804 = -0.624$$

$$g_3 = 0.$$

기준 그룹에 대한 모든 계수들은 "0"임에 유의하라. 그리고, 각 그룹에 대해

$$\mathrm{P}(\text{그룹}_i) = \frac{\exp(g_i)}{\sum_{k=1}^{3}\exp(g_k)}$$

를 계산한다. 따라서 학사 학위를 소지한 남성이 각 후보에게 투표할 확률의 추정값은 다음과 같다.

$$\mathrm{P}(\mathrm{Bush}) = \frac{1.081}{1 + 1.081 + 0.535} = 0.413$$

$$\mathrm{P}(\mathrm{Perot}) = \frac{0.535}{1 + 1.081 + 0.535} = 0.205$$

$$\mathrm{P}(\mathrm{Clinton}) = \frac{1}{1 + 1.081 + 0.535} = 0.382.$$

추정된 확률에 근거하여 학사 학위 소지자인 남성 160명 중 부시에 66.1명, 패롯에 32.8명, 클린턴에 61.1명이 투표한다고 예측할 수 있다.

[그림 4-47] 다항 로지스틱 회귀분석(모형 설정)

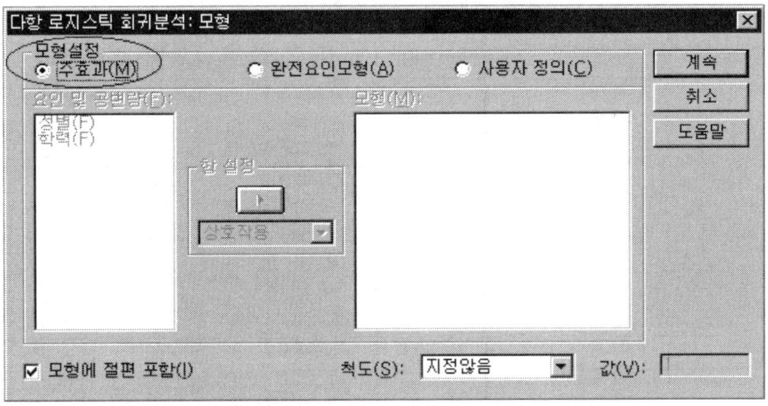

[그림 4-48] 통계량

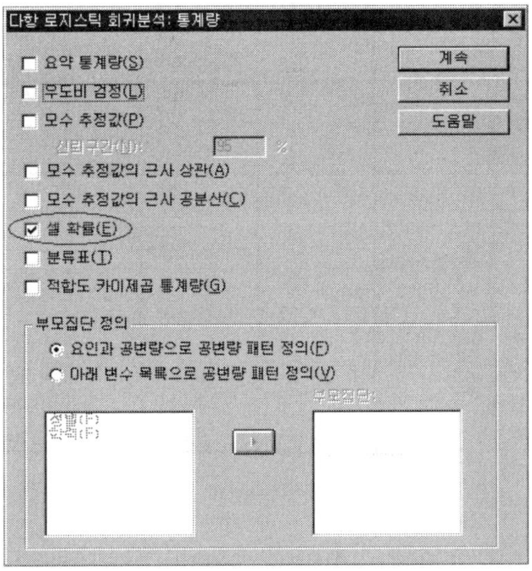

다항 로지스틱 회귀분석 대화 상자를 연 뒤 "모형"을 선택하면 다시 [그림 4-47] 대화 상자가 열린다. [그림 4-47]에서 "주효과(M)"를 선택하고, [그림 4-48] 통계량에서는 "셀 확률"을 선택한 후 실행을 하면 [표 4-49]의 결과가 출력된다.

[표 4-49] 성별과 학위를 포함한 모형의 관측과 예측빈도와 잔차

최종학력	성별	92년 대선후보	빈도			%	
			관측빈도	예측빈도	Pearson 잔차	관측빈도	예측빈도
고등학교 미만	남자	부시	27	27,902	-,210	32,5%	33,6%
		페롯	6	6,985	-,389	7,2%	8,4%
		클링턴	50	48,114	,419	60,2%	58,0%
	여자	부시	28	27,098	,201	26,4%	25,6%
		페롯	6	5,015	,450	5,7%	4,7%
		클링턴	72	73,886	-,399	67,9%	69,7%
고등학교	남자	부시	158	162,701	-,476	39,0%	40,2%
		페롯	89	86,103	,352	22,0%	21,3%
		클링턴	158	156,197	,184	39,0%	38,6%
	여자	부시	191	186,299	,425	35,2%	34,4%
		페롯	70	72,897	-,365	12,9%	13,4%
		클링턴	281	282,803	-,155	51,8%	52,2%
초대학교	남자	부시	22	21,965	,010	39,3%	39,2%
		페롯	17	13,856	,974	30,4%	24,7%
		클링턴	17	20,179	-,885	30,4%	36,0%
	여자	부시	26	26,035	-,009	34,2%	34,3%
		페롯	9	12,144	-,984	11,8%	16,0%
		클링턴	41	37,821	,729	53,9%	49,8%
대학교	남자	부시	71	66,108	,785	44,4%	41,3%
		페롯	27	32,743	-1,125	16,9%	20,5%
		클링턴	62	61,149	,138	38,8%	38,2%
	여자	부시	75	79,892	-,681	33,2%	35,4%
		페롯	35	29,257	1,138	15,5%	12,9%
		클링턴	116	116,851	-,113	51,3%	51,7%
대학원	남자	부시	37	36,325	,140	37,0%	36,3%
		페롯	13	12,314	,209	13,0%	12,3%
		클링턴	50	51,361	-,272	50,0%	51,4%
	여자	부시	26	26,675	-,155	28,0%	28,7%
		페롯	6	6,686	-,275	6,5%	7,2%
		클링턴	61	59,639	,294	65,6%	64,1%

[표 4-49]에서 학사 학위를 소지한 남성들의 공변량패턴을 보면, 이들 중 71명이 부시, 27명이 패롯, 62명이 클린턴에게 실제로 투표하였음을 알 수 있다. 각 셀에 대해 피어슨 잔차가 계산되었다. 피어슨 잔차는 관측빈도와 예측빈도 차이를 표준편차로 나눈 값이다. 이 잔차는 모형이 얼마나 관측 자료를 잘 설명하는지를 평가할 때 사용된다. 만일 특정한 셀에 대한 피어슨 잔차의 절대값이 "2"보다 크게 되면, 모형이 잘 적합되지 않은 식별 가능한 이유가 있는지를 조사해야 할 것이다. [표 4-49]에 나타난 잔차들 중 특별히 큰 것은 없다.

(6) 분류표

각 개체를 얼마나 잘 분류하였는지를 보기 위해 관측그룹과 예측그룹을 비교할 수 있다. 다항 로지스틱 회귀분석 대화 상자를 연 뒤, [그림 4-50] 통계량 대화 상자에서 "분류표"를 선택한다.

[그림 4-50] 통계량

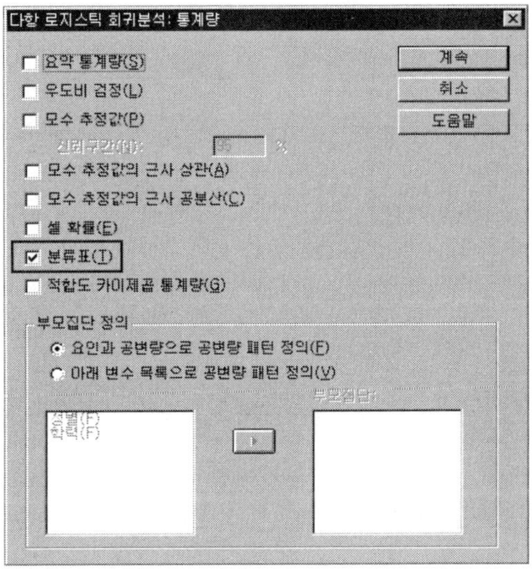

[표 4-51] 분류표

관측수준	예측수준			
	부시	페롯	클린턴	분류정확 %
부시	251	0	410	38.0%
페롯	133	0	145	.0%
클린턴	237	0	671	73.9%
전체 %	33.6%	.0%	66.4%	49.9%

[표 4-51]을 통해 실제로 부시를 선택한 661명 중 251명이 주어진 모형에 의해 정확하게 분류되었다. 즉, 부시의 지지자 중 38%만이 정확히 분류되었다. 패롯 투표자의 경우 정확히 분류된 사람은 한 명도 없다. 클린턴의 지지자 중 대략 3/4이 정확하게 식별되었다. 전반적으로 투표자의 약 절반이 정확하게 분류되었다. 그렇

다면 이것은 모형이 잘 적합되지 않았다는 것을 의미하는가? 반드시 그렇지만은 않다. 모형은 올바르지만 분류가 형편없을 수 있기 때문이다. 이 예와 같이 모형이 얼마나 잘 적합하는지에 관계없이 크기가 서로 다른 그룹들이 있을 때 개체들은 크기가 더 큰 그룹으로 분류될 수 있다. 분류표를 통해 흥미로운 정보를 얻을 수 있지만, 이 자체로 모형이 얼마나 자료를 잘 적합하는지에 관하여는 아무런 정보를 주지 못한다.

(7) 적합도검정

모형을 설정할 때마다 모형이 관측된 자료를 얼마나 잘 적합시키는지 알고 싶다고 하자. 앞에서 설명했지만, 피어슨 카이제곱 통계량은 다차원 분류에서 관측도수와 기대도수(예측빈도) 사이의 차이(discrepancy)를 평가하는 데 사용된다. 통상 다음 식으로 표현된다.

$$\chi^2_{\text{Pearson}} = \sum_{\text{모든 셀}} \frac{(\text{관측도수} - \text{기대도수})^2}{\text{기대도수}}.$$

피어슨 카이제곱값이 크면 모형이 잘 적합하지 못한다는 것을 의미한다. 만일 관측된 유의 수준(p 값)이 작으면 모형이 관측값을 잘 적합시킨다는 귀무가설을 기각할 수 있다. 적합도를 측정하는 또 다른 방법은 편차 카이제곱 통계량이다. 현재 가정한 모형을 포화모형(즉, 모든 주효과와 교호작용을 포함한 모형)과 비교하여 −2(로그 가능도)의 변화를 보는 것이다. 만일 모형이 잘 적합되면 로그 가능도 값의 차이는 작아야 하며 관측된 유의 수준값은 커야 할 것이다. 표본의 크기가 클 경우 두 적합도통계량의 크기는 서로 비슷함을 알 수 있다.

두 통계량에 대한 자유도는 특정한 독립변수들의 관측 조합수(또는 공변량패턴의 수), 독립 로짓의 수, 추정할 모수의 수에 따라 달라진다. 예를 들어, 두 독립변수는 10개의 셀을 형성하며 이 셀 모두에서 관측빈도가 "0"보다 크다고 하자. 그리고 독립된 로짓의 수가 "2"이며, 추정할 모수의 수는 "12"라고 할 때 자유도는(만일 각 로짓 내의 공변량패턴의 수가 동일한 경우) (관측된 공변량패턴의 수)×(독립 로짓의 수)−(추정할 모수의 수)는 (10×2)−12=8이 된다.

[그림 4-52] 통계량

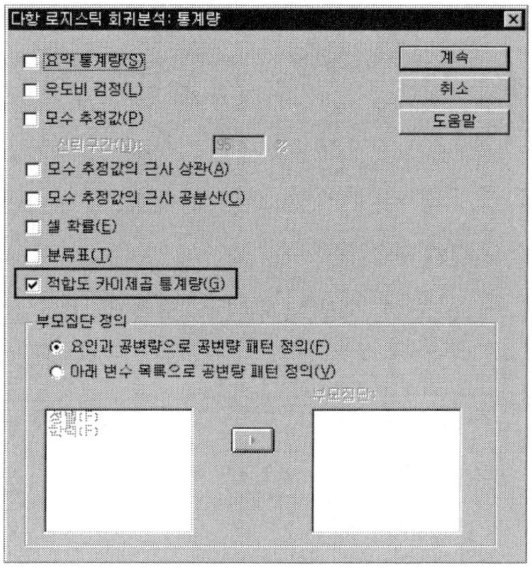

다항 로지스틱 회귀 대화 상자를 연 뒤 [그림 4-52] 통계량 대화 상자에서 "적합도 카이제곱 통계량"을 선택하고, 실행하면 [표 4-53]의 결과가 출력된다. [표 4-53]을 통해 모형이 잘 적합된다는 귀무가설을 기각할 수 없다. [표 4-46]에 나타난 교호작용(성별*학력)의 카이제곱 통계량값은 [표 4-53]에 나타난 편차 카이제곱 통계량값과 동일하다. 이는 우연이 아니다(편차 카이제곱 통계량은 포화모형과 두 변수만 있는 모형 간의 로그 가능도값의 변화에 −2배 해준 값이기 때문이다). [표 4-46]에 대한 포화모형은 성별, 학력, 성별*학력을 포함한 것이다. [표 4-53]과 [표 4-46] 모두 교호작용이 포화모형에서 제거되었을 때 −2(로그 가능도)의 변화에 유의하라.

[표 4-53] 성별, 학력을 포함한 모형의 적합도

	카이제곱	자유도	유의확률
피어슨	6.327	8	.611
편차	6.374	8	.605

적합도통계량은 각 공변량패턴에 대해 관측된 다중 케이스가 존재할 때만 사용해야 한다. 공변량이 범주형이 아닌 상황에서처럼 대부분의 개체가 유일한 공변량패턴을 가지면 적합도검정은 카이제곱 분포를 따르지 않는다. 셀들에 대한 기대값들이 작기 때문이다(Hosmer & Lemeshow, 2000).

모형의 적합도를 평가할 때 추가로 고려해야 할 점은 적합도검정을 모형 내의 변수들에 정의된 공변량패턴에만 근거할 것인지 또는 [그림 4-52]의 부 모집단 정의에서 선택한 변수들에 근거한 공변량패턴을 사용할지를 결정하는 것이다. 예를 들어, 투표자들을 성별, 연령 그룹, 학력을 근거로 교차 분류하지만 최종모형에 단지 성별과 학력만이 포함된다면, 공변량패턴이 단지 학력과 성별의 조합이든지 또는 학력, 성별, 연령 그룹의 조합인지 여부에 따라 적합도검정값들이 달라진다. 이는 포화모형이 두 가지 상황에서 다르기 때문이다. SPSS 다항 로지스틱 회귀분석 절차에서 변수들을 부 모집단에 지정함으로써 포화모형에 사용할 변수를 지정할 수 있다. 몇 개의 변수들이 모형에서 제거되었을 때 이를 이용하여 −2(로그 가능도)의 변화(량)을 계산할 수 있다(자세한 사항은 Simonoff, 1998 참조).

(8) 잔차의 검토

다른 통계 절차와 마찬가지로 잔차와 다른 진단통계량의 검토는 모형을 평가하는데 중요한 역할을 한다. 어떤 모형에 대해 이런 진단통계량을 계산하거나 검사하려면 로짓절차나 이항 로지스틱 회귀절차를 이용하면 된다.

(9) 유사 R^2 통계량

선형회귀모형에서 통계량 R^2은 독립변수들에 의해 설명되는 종속변수의 변동 비율을 의미한다. 로지스틱 회귀모형에서도 다양한 측정 방법들이 제시되었지만 독립변수와 종속변수들 사이의 관계를 측정할 수 있는 통계량을 쉽게 구할 수는 없다.

다항 로지스틱 회귀 대화 상자를 연 뒤 통계량 대화 상자에서 "요약통계량"을 선택하고, 실행하면 [표 4-54]의 결과가 출력된다.

[표 4-54] 유사 R^2 통계량

Cox와 Snell	.040
Nagelkerke	.046
McFadden	.020

[표 4-54]에서 보는 바와 같이 세 개의 유사 R^2 통계량을 계산한다. 처음 두 개는 3장에서 다루었고, McFadden의 R^2 을 다음과 같이 정의한다.

$$R^2 = \frac{l(0) - l(\beta)}{l(0)}.$$

여기에서, $l(\beta)$ 는 현재 가정한 모형의 로그 가능도함수값이며, $l(0)$ 는 절편 만 있는 모형의 로그 가능도함수의 값이다. McFadden의 R^2 은 로지스틱 회귀모형에 의해 설명되는 로그 가능도함수값 중 핵이 차지하는 비율이다.

(10) 과산포에 대한 수정

범주형자료에 대한 대부분의 통계 절차는 이른바 다항 샘플링을 가정한다. 그러나, 대부분의 절차에서 구한 모수 추정값들은 다른 분포(예: 포아송)에서 샘플링한 것과 동일하게 구해진다. 때때로 샘플링 계획에 근거하여 얻은 자료에 기대 이상으로 더 많은 변동이 나타난다. 이를 과산포(overdispersion)라 한다. 관측값이 서로 연관되었거나 다른 여러 분포들이 혼합된 분포에서 온 경우 이런 상황이 일어날 수 있다. 모수 추정값에 대한 분산-공분산 행렬을 수정하기 위해 자료에서 상수항을 추정해 낼 수 있다(McCullah & Nelder, 1989). 다항 로지스틱 회귀절차에서 과산포에 대한 수정요인(correction factor)을 추정할 수 있다. 따라서 월드 검정법은 수정된 값에 근거한다.

5 순서 로지스틱 회귀모형

5.1 순서 로지스틱 회귀모형

이 장에서는 종속(target)변수가 순서형인 경우 순서 로지스틱 회귀모형(ordinal logistic regression model)을 설정하여 적합시켜 모형의 유의성을 검정하고 다양한 예측변수들의 중요성을 평가한다.

5.1.1 순서형변수

자료 분석 시 자료로부터 충분한 정보를 얻고, 결론을 확실히 하기 위해 분석하려는 변수(들)를 식별할 필요가 있다. 변수의 중요한 특징으로 측정 수준(measurement level)이 있다. 많은 변수들은 은행 잔고 또는 연령과 같이 숫자로 표시된다. 이러한 변수들은 한 개체가 어떤 구간 내의 임의의 값을 가진다고 할 수 있다. 더 나아가 그 차이들이 측정 범위 내에서 서로 동일하다고 가정하여 보자. 예를 들면, 은행 잔고의 경우 $2,000와 $3,000의 차액은 $14,000와 $15,000의 차액과 동일하다. 이런 변수들을 척도변수(scale variable)라고도 한다. 통상적인 선형회귀방법은 이런 형태의 변수를 모형화하기 위한 통계적 기법이다.

그러나 이런 형태와는 다른 변수들이 있다. 5개의 수준이 있는 신용 계좌 상태

(credit account status)에 관한 변수를 고려하여 보자. 즉, 해당 날짜에 갚음, 만기일 30일 이내 상환, 만기일 60일 이내 상환, 만기일 90일 이내 상환, 상환 불능이다. 이 경우 각 범주에 순서가 있다. 즉, 해당 날짜에 갚는 것은 만기일 30일 이내보다 신용 상태가 좋고, 마찬가지로 만기일 60일 이내보다는 만기일 30일 이내가 좋다. 그러나 그 차이가 항상 동일하다고 할 수 없을 것이다. 예를 들면, 만기일 90일 이내 상환과 상환 불능의 차이와 만기일 30일 이내 상환과 60일 이내 상환 사이의 차이는 비록 각각 근접하는 범주라 하더라도 서로 다를 것이다. 이러한 변수를 순서형변수(ordinal variables)라 한다.

다른 예로 병세의 정도(없음, 다소 있음, 심각함), 일 성취도(부적절, 만족함, 우수함), 정치 후보자에 대한 의견(강력 반대, 반대, 찬성, 강력 찬성)을 들 수 있다. 또 다른 예로 심리학적 측정과 순위 점수(rank score)를 들 수 있다. 어떤 경우에서는 경계 효과(threshold effects)로 인해 연속형변수를 순서형변수로 매우 잘 나타낼 수 있다. 이런 형태의 예로 "교육 연수"를 측정한 변수가 있다. 시간은 분명히 연속이지만 교육적인 중대 시점이 있다는 점을 착안하면 시간과 교육의 성취도 개념과의 관계는 달라진다. 중등 교육을 마치고 즉, 학교 교육 12년 후 졸업장을 취득하기 때문에 교육 연수 12년과 11년 사이의 차이는 10년과 11년 사이의 차이보다 크다고 볼 수 있다.

종속변수가 순서형일 때 일반적인 선형회귀모형은 잘 맞지 않는다. 이 모형은 결과(종속)변수가 구간형인 경우에 적당한 모형이기 때문이다. 따라서 종속변수가 순서형인 경우 회귀모형은 자료 내의 관계들을 정확히 찾아내지 못할지도 모른다. 특히 선형회귀모형은 종속변수의 범주에 민감하다. 순서형변수에서 중요한 점은 각 범주들 간에 순서가 있다는 것이다. 만일 이웃하는 범주들을 하나의 큰 범주로 합하더라도 모형의 변화가 적어야 하며, 합하기 전의 범주를 사용한 모형과 합해진 범주를 사용한 모형이 서로 비슷해야 할 것이다. 그러나 선형회귀모형은 범주화에 민감하기 때문에 범주들을 병합하기 전 모형은 병합 후 모형과 판이하게 달라질 수 있게 된다.

5.1.2 순서형 종속변수의 회귀모형

이런 제한 때문에 순서형 종속변수를 다룰 때 몇 가지 필요한 방법들이 있다. 순서형변수를 모형화하는 한 방법은 범주들 사이의 균등하지 않는 거리(차이)를 설명하기 위해 연속형인 점수(score)를 부여하는 것이다. 예를 들면, 신용 계좌 상태의 범주들을 연속형인 위험 척도(risk scale)로 대응시켜 보자. 이 위험 척도를 사용하여 다음과 같이 각 범주들의 값이 주어졌다.

범주	범주에 속할 확률	점수
해당 날짜	0.80	0
30일 이내	0.07	1
60일 이내	0.07	3
90일 이내	0.05	7
상환 불능	0.01	20

[그림 5-1] 범주를 연속 점수로 대응(a)

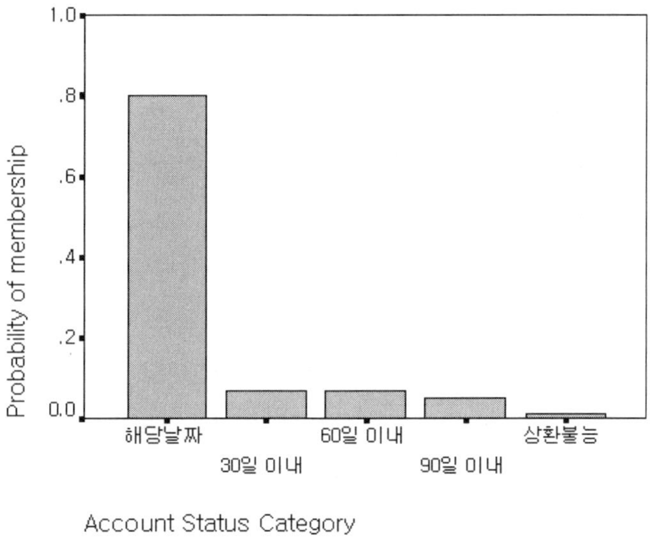

[그림 5-1] 범주를 연속 점수로 대응(b)

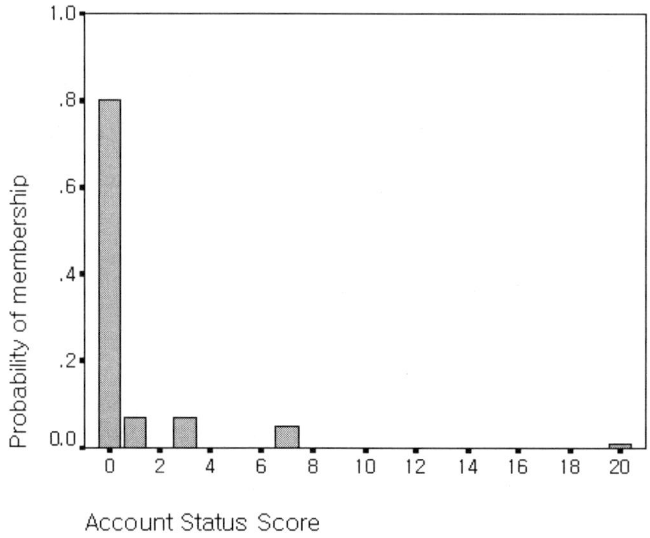

[그림 5-1]은 이런 대응 관계를 그래프로 나타낸 것이다. 일단 점수를 각 범주에 부여하면 기존의 선형회귀모형을 사용할 수 있다. 이 방법의 문제점은 임의의 범주에 어떤 값을 부여할지를 모른다는 점이다. 만일 잘못된 값을 부여한다면 설정된 모형은 옳지 않고 예측값들은 정확하지 않을 것이다. 불행한 점은 많은 경우 사전에 적당한 값을 알 수 없다는 것이다.

선형회귀모형을 일반화한 다른 모형은 이른바 일반화 선형모형(generalized linear model)으로 이 모형은 범주들에 대한 누적확률을 예측한다. 이 모형을 이용하여 대응하는 범주 또는 그것보다 낮은 범주에 속할 예측확률을 추정할 수 있다. 따라서 순서형 종속변수의 각 범주에 대해 개별적으로 예측식을 구할 수 있다. 예를 들면, [그림 5-2]에 나타낸 분포를 보자. 모형에 독립변수가 없을 때 예측값은 각 범주에 속하는 전체 확률에만 근거한다.

이 경우 처음 범주에 대한 예측누적확률은 0.80이고, 두 번째 범주에 대한 예측누적확률은 0.80+0.07=0.87이다. 세 번째 예측누적확률은 0.80+0.07+0.07=0.94이며, 나머지 예측값도 마찬가지로 계산할 수 있다. 마지막 범주에 대한 예측누적확률은 항상 "1.0"이다. 모든 개체는 마지막 범주 또는 그보다 낮은 범주에 속하기 때문이다. 따라서 마지막 범주에 대한 예측식은 불필요하다.

[그림 5-2] 순서 범주에 대한 누적확률

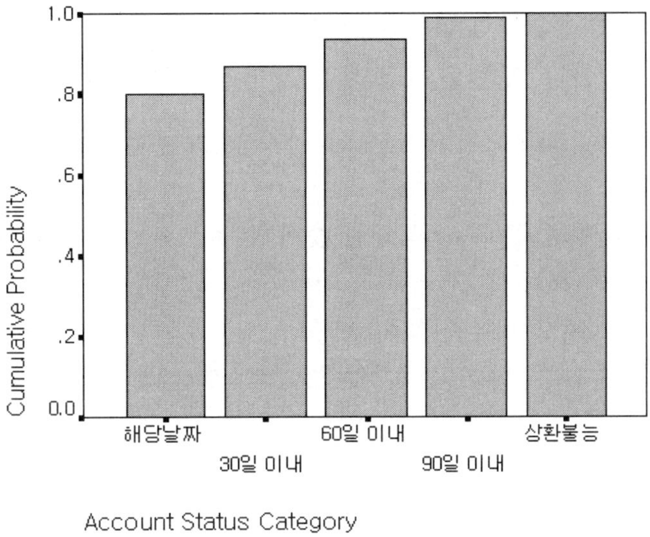

5.2 모형의 형태

순서형 종속변수를 다룰 로지스틱 회귀모형으로 비례승산모형(proportional odds model)을 알아보기로 한다. 이 모형은 $y \leq k$과 $y > k$의 확률을 비교하며, 다음과 같이 표현된다.

$$
\begin{aligned}
c_k(\boldsymbol{x}) &= \ln\left[\frac{\mathrm{P}(y \leq k|\boldsymbol{x})}{\mathrm{P}(y > k|\boldsymbol{x})}\right] \\
&= \ln\left[\frac{\pi_0(\boldsymbol{x}) + \pi_1(\boldsymbol{x}) + \cdots + \pi_k(\boldsymbol{x})}{\pi_{k+1}(\boldsymbol{x}) + \pi_{k+2}(\boldsymbol{x}) + \cdots + \pi_K(\boldsymbol{x})}\right] \\
&= \alpha_k + \boldsymbol{x}'\beta, \quad k = 0, 1, \cdots, K-1.
\end{aligned} \tag{5.1}
$$

여기에서, $(p+1) \times 1$의 공변량 벡터 $\boldsymbol{x}$가 주어졌을 때 결과변수가 k일 확률을 $\mathrm{P}(\mathrm{y} = \mathrm{k}|\mathbf{x}) = \pi_{\mathrm{k}}(\mathbf{x})$, α_k는 k번째 로짓에 대한 절편항, β는 독립변수 $\boldsymbol{x}$의 회귀 계수를, $(K+1)$은 종속변수 수준의 수를 각각 나타낸다. $K=1$인 경우 식

(5.1)에 주어진 모형은 $y=0$ 대 $y=1$의 확률의 비율을 계산할 수 있다는 점에서 통상적인 로지스틱 회귀모형으로 단순화할 수 있음을 알 수 있다.

모형을 적합시키는 방법을 다음의 두 단계를 통하여 살펴보기로 하자.

1단계

식 (5.1)을 이용하여 종속변수가 특정한 순서 범주에 속할 확률을 아래와 같이 구할 수 있다.

$$\pi_0(\boldsymbol{x}) = \mathrm{P}(y=0|\boldsymbol{x}) = \frac{\exp(\alpha_0+\beta'\boldsymbol{x})}{1+\exp(\alpha_0+\beta'\boldsymbol{x})} \tag{5.2}$$

$$\pi_1(\boldsymbol{x}) = \mathrm{P}(y \leq 1|\boldsymbol{x}) - \pi_0(\boldsymbol{x})$$

$$= \frac{\exp(\alpha_1+\beta'\boldsymbol{x})}{1+\exp(\alpha_1+\beta'\boldsymbol{x})} - \frac{\exp(\alpha_0+\beta'\boldsymbol{x})}{1+\exp(\alpha_0+\beta'\boldsymbol{x})}$$

$$\cdots$$

$$\pi_{K-1}(\boldsymbol{x}) = \frac{\exp(\alpha_{K-1}+\beta'\boldsymbol{x})}{1+\exp(\alpha_{K-1}+\beta'\boldsymbol{x})} - \frac{\exp(\alpha_{K-2}+\beta'\boldsymbol{x})}{1+\exp(\alpha_{K-2}+\beta'\boldsymbol{x})}$$

$$\pi_K(\boldsymbol{x}) = 1-\pi_0(\boldsymbol{x}) - \cdots - \pi_{K-1}(\boldsymbol{x}).$$

2단계

$(K+1)\times 1$ 벡터 $\boldsymbol{z}=(z_0,\cdots,z_K)'$는 $y=k$일 때 $z_k=1$, $j\neq k$에 대해 $z_j=0$으로 놓는다. 따라서 변수 $\boldsymbol{z}$에서 단지 한 성분의 값이 "1"이 된다. 이때 n개의 독립된 관측값 $(y_i,\boldsymbol{x}_i)$, $i=1,\cdots,n$에 대한 가능도함수는

$$l(\boldsymbol{\beta},\boldsymbol{\alpha}) = \prod_{i=1}^{n}\left[\pi_0(\boldsymbol{x}_i)^{z_{0i}}\pi_1(\boldsymbol{x}_i)^{z_{1i}}\times\cdots\times\pi_K(\boldsymbol{x}_i)^{z_{Ki}}\right]$$

이다. 여기에서, $\boldsymbol{\beta}$는 p개의 독립변수의 기울기, $\boldsymbol{\alpha}$는 K개의 절편항들이다. 로그 가능도함수는

$$L(\boldsymbol{\beta},\boldsymbol{\alpha}) = \sum_{i=1}^{n} \{z_{0i} \ln[\pi_0(\boldsymbol{x_i})] + z_{1i} \ln[\pi_1(\boldsymbol{x_i})] + \cdots + z_{Ki} \ln[\pi_K(\boldsymbol{x_i})]\} \tag{5.3}$$

이다. 모수에 대한 최대가능도 추정량은 식 (5.3)을 미지의 모수들에 대해 편미분한 $(K+p)$개의 방정식을 "0"으로 놓고 $(\hat{\beta},\hat{\alpha})$를 풀면 된다. $(\hat{\beta},\hat{\alpha})$에 대해 이차 편미분을 하여 얻은 행렬에 음수를 곱하여 정보 행렬을 얻고, 그 역행렬을 구하여 추정된 계수의 공분산 행렬을 추정할 수 있다.

모형의 사용과 승산비를 설명하기 위하여 간단한 예를 들어 보자. 순서형 종속변수는 여러 가지 방법으로 만들 수 있다. 예를 들어, 연속형변수를 몇 개의 범주로 나누어 순서형 종속변수로 변환할 수 있다. 이에 관한 예로 강력 반대에서 강력 찬성에 이르는 범주를 생각하면 된다. 다른 방법으로는 몇 개의 점수화된 변수들을 합하는 것이다. 자주 사용하는 예로, 건강 상태 또는 질병의 정도가 있다. 이들은 신생아의 Apgar 점수를 사용하여 각 개체의 임상적 지표(indicator)로 표현할 수 있다. Apgar 점수는 0과 10 사이의 값을 가지며 이 값은 각각 0, 1, 2 값을 취하는 다섯 개의 변수들의 합으로 구성된다.

여기에서 다룰 예는 저체중아 자료이며, 출생 체중(BWT)을 세 절단점(2500g, 3000g, 3500g)으로 구분하여 네 개의 범주를 만들었다. 이 예는 순서형변수의 범주를 "낮음" "중간" "높음"으로 정의하는 일반적인 순서형변수와는 다르다. 여기에서 다루는 종속변수의 범주는 연속형변수에서 생성하였다. 연속형변수를 범주화시켜 어떻게 비례승산모형을 유도할지를 알아보자. 우선 결과변수에 그 값을 다음과 같이 부여한다.

$\text{BWT} \leq 2500$ 이면 0
$2500 < \text{BWT} \leq 3000$ 이면 1
$3000 < \text{BWT} \leq 3500$ 이면 2
$\text{BWT} > 3500$ 이면 3.

기준 범주를 저체중으로 한다면 이 입력 방법이 적절하다. 그러나 만일 가장 무거운 신생아를 기준 범주로 선택하면 다음과 같이 입력 방법을 감소하는 순서로 만든다.

$BWT \le 2500$ 이면 3

$2500 < BWT \le 3000$ 이면 2

$3000 < BWT \le 3500$ 이면 1

$BWT > 3500$ 이면 0.

이렇게 코딩된 변수를 BWT4라고 하자. [표 5-3]은 변수 BWT4와 임신 기간 동안 산모의 흡연 상태를 교차 분석한 것이다.

[표 5-3] 변수 BWT4와 산모의 흡연 상태의 교차 분석표

출생 체중 범주	흡연 상태		계
	아니오(0)	예(1)	
0: BWT > 3500	35	11	46
1: 3000 < BWT ≤ 3500	29	17	46
2: 2500 < BWT ≤ 3000	22	16	38
3: BWT ≤ 2500	29	30	59
계	115	74	189

다항 로지스틱 모형에 대한 승산비는 다음과 같다.

$$\widehat{OR}(1,0) = \frac{17 \times 35}{29 \times 11} = 1.87$$

$$\widehat{OR}(2,0) = \frac{16 \times 35}{22 \times 11} = 2.31$$

$$\widehat{OR}(3,0) = \frac{30 \times 35}{29 \times 11} = 3.29.$$

이때 $\widehat{OR}(k,0)$은 $BWT4 = k$ 대 $BWT4 = 0$에 대한 산모 흡연의 승산비이다. 승산비가 "1.87"에서 "3.29"로 증가한다는 것은 임신 중 흡연을 한 산모들이 점점 더 저체중 신생아를 출산할 승산이 증가함을 의미한다.

SPSS에서는 비례승산모형뿐만 아니라 이 모형을 포함하는 일반화 선형모형을 사용한다. 일반화 선형모형은 폭넓은 범위의 통계적 모형에 사용할 수 있는 매우 강력한 모형이다. 그 일반적인 형태는 다음과 같다.

$$\mathrm{link}(\gamma_j) = \theta_j - [\beta_1 x_1 + \beta_2 x_2 + \cdots + \beta_k x_k] \tag{5.4}$$

여기에서, link는 연결 함수(link function)

γ_j 는 j 번째 범주에 대한 누적확률

θ_j 는 처음 j 번째 범주에 대한 절편항

$\beta_1, \cdots, \beta_k$ 는 회귀 계수

$x_1, \cdots, x_k$ 는 독립변수

k 는 독립변수의 수이다.

여기에서 유의할 몇 가지 사항들이 있다.

■ 일반화 선형모형에서는 약간 잠재된(latent) 연속형 종속변수(전에 설명한 위험 척도를 사용한 예)를 j 개의 순서화된 범주를 갖는 명백한 순서형 종속변수로 변환한다. 각 범주들을 구분하는 연속형 분포의 절단값들은 절편항 θ_j 에 의해 추정된다. 어떤 경우에는 이러한 분포를 구분하는 이론적 근거가 있다. 그러나 심지어 잠재된 변수에 관한 이론적 개념이 없는 경우에도, 이 모형은 여전히 잘 맞으며 유효한 결과를 주는 경우가 있다. 또한 순서 회귀모형에서 경계점(절단값)은 모형의 한 부분으로 추정되며, 사전에 미리 명시할 필요가 없음에 유의하라.

■ 모형 내의 절편항 θ_j (경계점 또는 상수)는 오직 어떤 한 범주에 속할 확률을 예측하는 데 사용된다. 독립변수들의 값은 모형의 이 부분에 아무런 영향을 주지 않는다.

■ 모형의 예측에 해당하는 부분인 $(\beta_1 x_1 + \cdots + \beta_k x_k)$ 는 독립변수에만 의존하며 종속변수의 범주와는 무관하다. 위에서 언급한 두 성질을 통하여 생성된 모형은 서로 평행인 선 또는 평행인 평면이 될 것이다(종속변수의 한 범주당 하나의 선 또는 면을 가진다).

■ 모형은 누적확률값이 아니라 이 값들의 함수값을 예측한다. 이런 함수를 연결

함수라 하며, 모형을 설정할 때 결과를 최적화하기 위한 연결 함수의 형태를 선택한다. SPSS의 순서 회귀절차에서 몇 가지 연결 함수를 사용할 수 있다.

일반화 선형모형은 매우 강력하고 일반적인 모형이다. 순서 회귀모형은 다음과 같이 세 개의 주요한 요소로 구성되어 있다.

■ **위치 요소**(location component)

식 (5.4)에서 회귀 계수들과 독립변수들을 포함한 부분 $(\beta_1 x_1 + \beta_2 x_2 + \cdots + \beta_k x_k)$을 모형의 위치 요소라 한다. 이 요소에서는 한 개체가 어느 한 범주에 속할 확률을 예측하기 위한 독립변수를 사용한다.

■ **척도 요소**(scale component)

척도 요소는 독립변수들의 변동이 서로 다른 경우에 선택할 수 있는 옵션이다. 예를 들어, 남성이 여성보다 은행 계좌 상태의 변동이 크다면 척도 요소를 선택하여 모형을 개선할 수 있다. 척도 요소가 있는 모형의 형태는

$$\text{link}(\gamma_j) = \frac{\theta_j - [\beta_1 x_1 + \beta_2 x_2 + \cdots + \beta_k x_k]}{\exp(\tau_1 z_1 + \tau_2 z_2 + \cdots + \tau_m z_m)}$$

이다. 여기에서, $\tau_1, \cdots, \tau_m$ 은 척도 요소에 해당하는 계수들이며, $z_1, \cdots, z_m$ 은 척도 요소에 대한 m 개의 독립변수들이다. 이때 $z_1, \cdots, z_m$ 은 동일한 독립변수들의 집합에서 선택한다. 변동의 차이를 조정하기 위해 척도 요소로 변수 성별뿐만 아니라 또 다른 독립변수들을 포함할 수 있다.

■ **연결 함수**

연결 함수는 모형을 적절히 추정하기 위하여 누적확률을 변환시키는 것이다. SPSS의 순서 회귀절차에서는 다음에 주어진 5개의 연결 함수를 사용할 수 있다.

[표 5-4] 연결 함수의 유형

함수	형태	응용
로짓	$\log\left(\frac{\gamma}{1-\gamma}\right)$	골고루 분포된 범주
보완 log-log	$\log(-\log(1-\gamma))$	높은 범주의 개체수가 더 많을 것 같은 경우
음의 log-log	$-\log(-\log(\gamma))$	낮은 범주의 개체수가 더 많을 것 같은 경우
프로빗	$\Phi^{-1}(\gamma)$	명백히 정규분포를 하는 잠재변수 분석시
cauchit (역 코시)	$\tan(\pi(\gamma-0.5))$	극단값이 많은 종속변수

5.3 예를 통한 분석 — 신용 거래 점수모형(credit scoring model)

여기에서는 순서 회귀모형을 설정하고 평가하기 위해 소비자 신용 자료를 사용하려고 한다. 종속변수는 순서형인 다섯 수준(과거 부채 없음, 현재 부채 없음, 현재 부채 상환, 부채 상환 만기 경과, 위험 계좌)으로 된 은행 신용 상태(account status)이다. 잠재적인 독립변수로 연령, 신용 대출 횟수, 주택 유형, 은행 계좌 상태 등을 포함한 지원자의 다양한 재정적, 개인적인 특성으로 구성된다. 자료는 캘리포니아 대학 *Irvin Repository of Machine Learning Databases*(Blake 외 2인, 1998)에 있는 "German credit" 데이터 세트에서 발췌하였다(부록 참조).

(1) 모형 설정

처음 순서 회귀모형을 설정하기 위해 다음 사항들을 결정해야 한다. 물론 처음에 순서형 결과변수를 식별한다. 그리고 잠재적인 독립변수 중 어떤 독립변수를 모형의 위치 요소에 사용해야 할지를 정한다. 다음은 척도 요소를 사용할지의 여부를 정하고 만일 사용한다면 어떤 독립변수에 사용할지 결정한다. 마지막으로 연구의 초점과 자료의 구조상 어떤 연결 함수를 사용하여야 하는지를 선택한다.

(2) 종속변수 식별

대부분 순서 회귀모형을 설정할 때에는 이미 어떤 종속변수를 모형에 포함할지를 염두에 두었을 것이다. 결국 순서 회귀모형을 사용하는 이유는 순서형 종속변수를 예측하고 싶었기 때문이다. 이 예에서는 다섯 개의 범주(과거 부채 없음, 현재 부채 없음, 현재 부채 상환, 부채 상환 만기 경과, 위험 계좌)를 갖는 은행 신용 상태가 순서형 종속변수가 된다.

(3) 위치모형에 대한 독립변수 선택

가정한 모형의 위치 요소에 대한 독립변수를 선택하는 과정은 선형회귀모형에서 독립변수를 선택하는 과정과 흡사하다. 독립변수를 선택하려면 이론적인 면과 실제적인 면을 동시에 고려해야 한다. 이상적으로는 모든 중요한 독립변수만을 모형에 포함하여야 하지만, 실제로 모형을 설정할 때까지 어떤 독립변수가 중요한지 정확히 알 수가 없다. 만일 어떤 독립변수가 모형에 필요 없다고 판단되면 이들을 제거하고 모형을 다시 추정한다.

이 예에서는 지난 경험과 탐색적 자료 분석에 의해 5개의 독립변수(연령, 대출 기간, 신용 대출 횟수, 다른 월부금, 주택 유형)를 선택하였다. 처음에는 5개의 독립변수를 모두 포함하여 각 변수들의 중요성을 평가한다. 신용 대출 횟수, 다른 월부금, 주택 유형은 범주형 독립변수로 모형에 요인으로 입력한다. 연령과 대출 기간은 연속형 독립변수로 모형에 공변량으로 입력한다.

(4) 척도 요소

척도 요소에는 두 단계 결정 사항이 있다. 첫째는 모형에 척도 요소를 포함할지 여부를 결정하는 것이다. 대부분의 경우 척도 요소는 필요하지 않고 위치 요소만 포함한 모형이 자료를 잘 요약해 준다. 분석을 단순화하기 위해서는 위치 요소만 포함한 모형부터 시작하는 것이 가장 좋다. 위치 요소만을 포함한 모형이 주어진 자료에 대해 부적절한 경우 척도 요소를 모형에 추가시킨다. 이러한 사실에 착안하여 위치 요소만을 포함한 모형으로 시작하고 모형을 추정한 뒤 척도 요소가 필요한지의 여부를 점검한다.

(5) 연결 함수 선택

연결 함수를 선택하기 위해서는 종속변수의 분포를 조사하는 것이 도움이 된다. [그림 5-5]는 신용 상태의 범주에 대한 분포를 나타낸 것이다.

[그림 5-5] 신용 상태 범주에 대한 분포

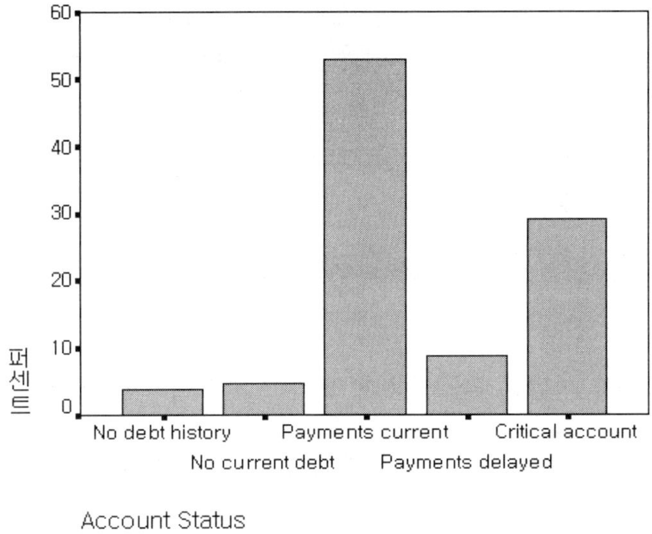

위 그림에서 개체의 대부분이 범주 3(현재 부채 상환)과 범주 5(위험 계좌)와 같이 높은 범주에 있다. 가장 중요한 특징들이 범주 3, 4, 5에 있기 때문에 높은 범주들에서 대부분의 조치를 취하여야 할 것이다. 이런 이유로 함수가 종속변수의 높은 범주들에 초점을 두어야 하므로 보완 log–log 연결 함수로 시작한다. 범주 5(위험 계좌)에 해당하는 개체의 수가 많은 편이므로 만일 보완 log–log 연결 함수를 사용하여 만족스러운 결과를 얻지 못하면 대안으로 역 코시(Cauchy) 분포를 사용할 수 있을 것이다.

[그림 5-6] 데이터 편집기와 메뉴

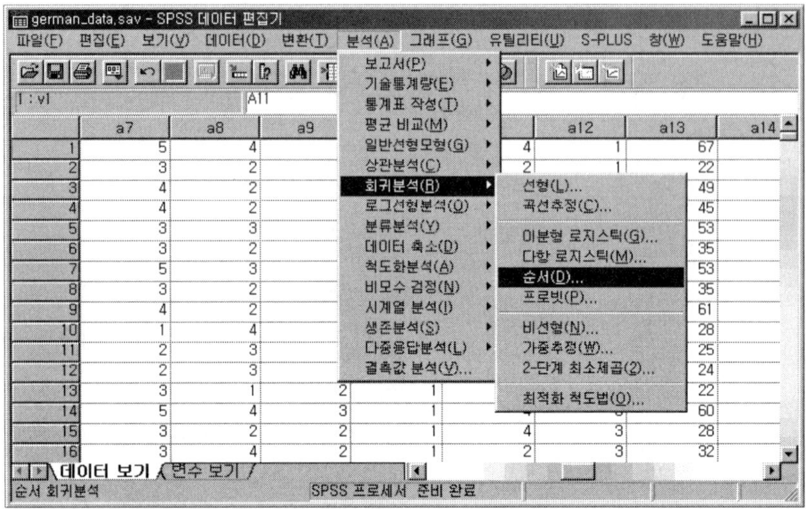

이제 SPSS의 순서 회귀절차를 이용해 보기로 하자. [그림 5-6] 메뉴 창에서

분석(A) > 회귀분석(R) > 순서(D)...

를 선택하면 순서회귀분석 대화 상자 [그림 5-7]이 열린다.

[그림 5-7] 순서회귀분석 대화 상자에서 각 변수들을 지정한다. 즉, 종속변수에 Account Status(은행 신용 상태), 요인에 Number of Existing Credits(신용 대출 횟수), Other Installment Plans(다른 월부금), Housing(주택 유형), 공변량에 Age in years(연령), Duration in month(대출 기간)를 각각 지정한다. 그리고 옵션을 누른 뒤 "연결(K)" 항에 보완 log-log를 선택한다. 마지막으로 출력 결과를 선택하여 [그림 5-9]와 같이 "출력"란에 라인 평행선 검정을, "저장된 변수"란에 예측범주, 예측범주확률, 실제범주확률을 선택한다.

[그림 5-7] 순서회귀분석 대화 상자

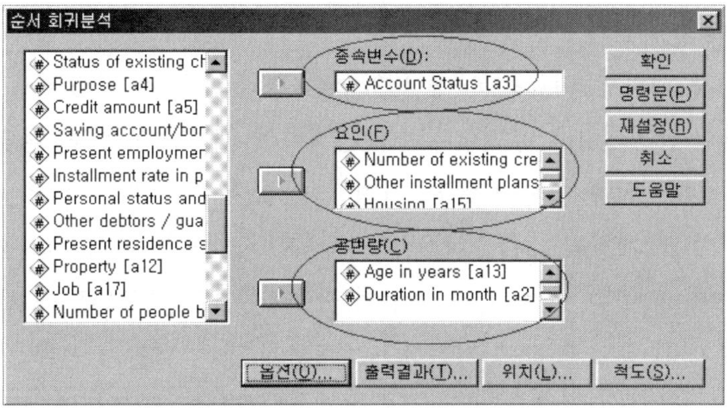

[그림 5-8] 순서회귀분석(옵션)

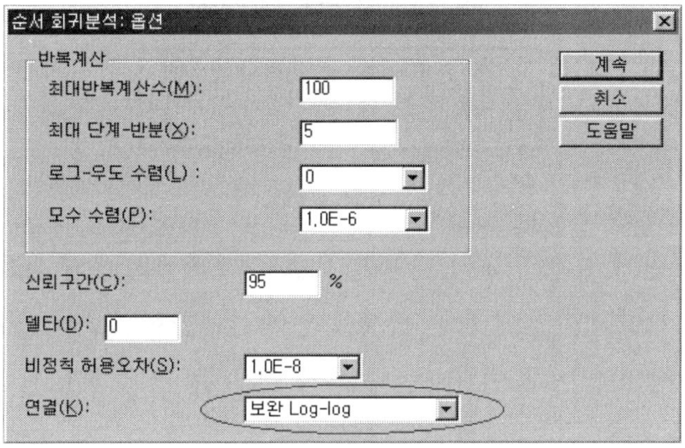

[그림 5-9] 순서회귀분석(출력 결과)

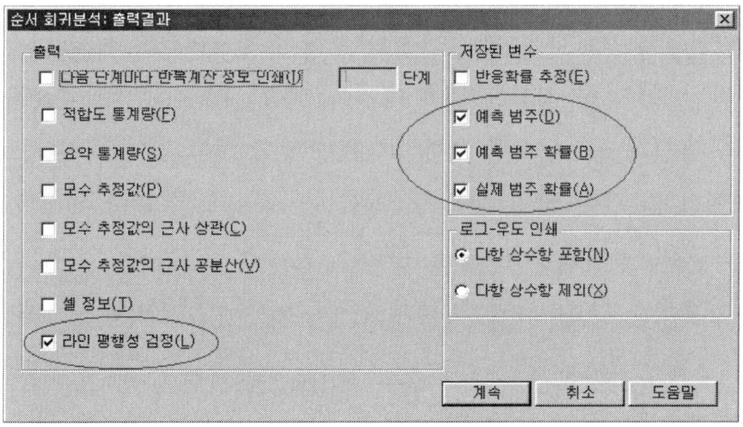

(6) 모형의 평가

순서회귀분석절차를 시행한 결과 중 처음 나타난 것은 경고 메시지이다([표 5-10]). 경고 메시지가 나타난 이유는 모형 내에 연속형 공변량이 포함되었기 때문이다. 모형에 대한 적합통계량은 공변량패턴에 근거하여 계산한다. 예를 들면, 현재 부채 상환 중이며 다른 신용 대출이 있고, 자기 집을 소유하고, 다른 월부금이 없고, 연령이 49세이며, 12개월의 대출 기간을 원하는 모든 개체들은 하나의 공변량패턴을 형성한다. 그러나 변수 대출 기간과 연령은 모두 연속형이므로 대부분의 개체는 이 변수들에 대해 유일한 값을 가진다. 이 때문에 많은 셀들이 공란으로 채워지게 된다. 따라서 적합통계량에 근거하여 모형을 평가하는 데 주의를 기울여야 한다.

[표 5-10] 빈 셀에 대한 경고

3078 (78.3%) 셀(즉, 예측자 변수값 조합 옆 종속변수 수준)은 빈도수가 0입니다.

몇 개의 요인이 있는 비교적 단순한 모형에 대해서는 옵션 대화 상자의 셀 정보를 선택하여 개별적인 셀에 관한 정보를 얻을 수 있다. 그러나 많은 요인이 있거나 연속형 공변량이 있어 공변량패턴의 수가 매우 큰 경우에는 셀 정보에 큰 의미가 없을 것이다.

(7) 모형의 예측값

각각의 독립변수를 살펴보기 전에 가정한 모형이 종속변수를 잘 설명하고 있는지를 조사하여야 한다. 이 질문에 대해 [표 5-11]을 살펴보자. 이 표에서 절편항만 있는 모형과 절편과 독립변수를 포함한 최종모형에 대한 −2(로그 가능도비)가 주어졌다. 모형에서 빈 셀이 많기 때문에 −2(로그 가능도비)의 값이 의심되지만, 보통 로그 가능도값의 차이는 카이제곱 분포를 한다고 말한 바 있다(McCullagh & Nelder, 1989). [표 5-11]에 나타난 −2(로그 가능도비)=353.336은 다음과 같이 계산된다.

$$
\begin{aligned}
&-2[(\text{절편만 있는 모형의 로그 가능도})' \\
&\quad -(\text{절편항과 독립변수를 포함한 최종모형의 로그 가능도})] \\
&= 2249.888 - 1896.552 \\
&= 353.336.
\end{aligned}
$$

[표 5-11] 모형적합도 정보

모형	-2 log 우도	MFI 카이제곱	자유도	MFI 유의확률
절편 만	2249.888			
최종	1896.552	353.336	9	.000

링크 함수: 보완 로그-로그.

카이제곱 통계량이 통계적으로 유의한 값을 가지면, 절편만을 포함한 모형에 대해 최종모형이 유의하게 향상되었음을 의미한다. 즉, 종속변수의 범주에 대하여 독립변수없이 주변확률들에 근거한 것보다 이 모형을 통해 더 좋은 예측값을 얻을 수 있음을 의미한다.

(8) 카이제곱에 근거한 적합통계량

[표 5-12] 적합도

	GOF 카이제곱	자유도	GOF 유의확률
Pearson	4688.724	3131	.000
편차	1796.915	3131	1.000

링크 함수: 보완 로그-로그.

다음에 출력된 결과는 [표 5-12]에 나타난 적합도의 표이다. 이 표에는 모형에 대한 피어슨 카이제곱 통계량과 편차에 근거한 편차 카이제곱 통계량이 주어졌다. 이 통계량들을 통하여 적합된 모형이 자료를 얼마나 잘 설명하는지를 알 수 있다. 만일 p값이 유의하게 크면, 가정된 모형이 자료를 잘 설명하므로 좋은 모형이라고 결론지을 수 있다.

이 통계량들은 수준의 수가 적은 독립변수를 가진 모형에 매우 유용할 수 있다. 그러나 이 통계량들은 빈 셀에 민감하다. 연속형 공변량이 있는 모형을 추정할 때 빈 셀이 많이 존재한다. 그러므로 이런 모형에서 구한 두 개의 통계량들은 모두 신뢰해서는 안될 것이다. 빈 셀로 인해 두 통계량들이 실제로 카이제곱 분포를 한다고 확신할 수 없으며 따라서 유의확률은 정확하지 않게 된다.

(9) 유사 R^2 통계량

모형의 전반적인 적합도를 평가할 수 있는 또 다른 도구는 유사 R^2 통계량이다. 이 통계량은 선형회귀모형에서 결정계수와 같은 역할을 한다고 앞에서 설명한 바 있다. 즉, 독립변수(들)와 관련된 종속변수에서의 분산의 비를 요약한 것이다. 순서회귀모형에서의 이 통계량은 잔차가 아닌 가능도비에 근거한다. [표 5-13]은 초기모형에 대한 결과이다. 세 개의 다른 형태의 결정계수를 알아보자.

[표 5-13] 유사 R^2 값

Cox와 Snell	.298
Nagelkerke	.328
McFadden	.149

링크 함수: 보완 로그-로그.

Cox & Snell의 R^2 (Cox & Snell, 1989)은 최대가능도 추정법을 사용할 때 기존의 R^2 을 일반화한 것이다. 그러나 종속변수가 범주형일 때 이론적으로 Cox & Snell의 R^2 은 "1.0"보다 작게 된다. 이런 이유로 Nagelkerke(1991)가 제안한 통계량은 0에서 1의 값을 갖도록 수정된 R^2 을 제안하였다. McFadden의 R^2 (McFadden, 1974)은 절편항만 있는 모형과 절편항과 모든 독립변수를 포함한 모형의 로그 가능도에 근거한 또 다른 형태의 R^2 을 제안하였다.

여기에서 계산된 유사 R^2 통계량의 값은 어느 정도 크지만 만족스럽지는 않다. 즉, 예측을 더 좋게 하기 위해 모형을 변환할 필요가 있을 것이다.

모형을 평가하기 위한 다음 절차는 모형에 의해 생성된 예측값을 조사하는 것이다. 모형은 누적확률을 예측하는 데 기반을 두고 있다. 그러나 가장 큰 관심은 가정한 모형이 독립변수의 값에 근거하여 얼마나 빈번하게 범주들을 정확하게 예측하는지의 여부이다. 모형이 얼마나 좋은지 알기 위해서는 예측범주를 실제범주와 교차 분류하여 분류표(classification table)를 만드는 것이다. [표 5-14]는 이 예에 해당하는 분류표이다.

[표 5-14] 초기 모형에 대한 분류표

			예측된 응답범주		전체
			3	5	
Account Status	No debt history	빈도	14	26	40
		Account Status의 %	35.0%	65.0%	100.0%
	No current debt	빈도	41	8	49
		Account Status의 %	83.7%	16.3%	100.0%
	Payments current	빈도	480	50	530
		Account Status의 %	90.6%	9.4%	100.0%
	Payments delayed	빈도	31	57	88
		Account Status의 %	35.2%	64.8%	100.0%
	Critical account	빈도	73	220	293
		Account Status의 %	24.9%	75.1%	100.0%
전체		빈도	639	361	1000
		Account Status의 %	63.9%	36.1%	100.0%

가정한 모형은 적어도 가장 빈도수가 많은 범주 3과 범주 5에서 종속변수의 범주를 예측하는 데 상당한 역할은 한 것 같다. 모형은 범주 3의 개체들의 90.6%를, 범주 5의 개체들의 75.1%를 정확히 분류하였다. 추가로 범주 2의 개체들은 범주 5보다는 범주 3으로 분류될 가능성이 매우 높다.

한편 범주 1(신용 거래 없음)의 개체들은 어느 정도 잘 예측되지 않았다. 이는 순서형 결과변수의 척도를 정하는 데 문제가 있음을 의미한다. 이를 더 진행시키지 않겠지만, 실제 자료 분석 상황에서는 이에 중점을 두어 범주들을 재정렬, 병합, 제거함으로써 순서척도를 개선하여야 할 것이다.

(10) 문제 식별

■ 연결 함수의 선택

명확한 이론으로 자료에 근거한 연결 함수를 선택할 수는 없다. 초기 모형이 적절하지 못한 경우에는 다른 연결 함수를 설정하여 더 좋은 모형을 만들 수 있을지 여부를 타진해 볼 수 있겠다. 몇 개의 연결 함수가 많은 경우에 있어 거의 비슷한 결과를 보여 주지만(특히 로짓, 보완 log-log, 음 log-log), 어떤 연결 함수를 사용하느냐에 따라 모형을 더 좋게 혹은 나쁘게 만들 수 있는 상황들이 발생한다.

이 예에서는 적어도 두 개의 적절한 연결 함수(보완 log-log, 역 코시)를 고려할 것이다. 모형에는 보완 log-log 연결 함수가 잘 맞을지라도, 역 코시 연결 함수를 사용하여 모형을 더 좋게 만들 수도 있다.

■ 평행선 검정

위치 요소만을 포함한 모형에 대해 평행선 검정을 통해 모든 범주들에 대한 모수들이 동일하다는 가설이 사실인지를 평가할 수 있다. 이 검정은 모든 범주에 대한 계수들을 포함한 추정모형과 각 범주에 대해 개별적인 계수를 갖는 모형을 비교한다. 즉,

$$\text{link}(\gamma_j) = \theta_j - [\beta_{1j}x_1 + \beta_{2j}x_2 + \cdots + \beta_{kj}x_k]$$

와

$$\text{link}(\gamma_j) = \theta_j - [\beta_1 x_1 + \beta_2 x_2 + \cdots + \beta_k x_k]$$

를 비교한다. [표 5-15]는 이 예에 대한 결과이다. 각 범주에 대해 개별적인 모수를 가진 일반화된 모형이 그렇지 않은 모형에 비해 통계적으로 유의하게 나아졌음을 알 수 있다. 올바르지 않은 연결 함수 또는 잘못된 모형을 사용하였으므로 이런 상황이 발생하였을 것이다.

[표 5-15] 평행선 검정

모형	-2 log 우도	TPL 카이제곱	자유도	TPL 유의확률
영가설	1896.552			
일반	1588.614[a]	307.938[b]	27	.000

영가설 상태는 위치 모수가(기울기 계수) 대응 범주에 있어 동일함을 나타냅니다.
a. 최대 반분 수 이후에 로그-우도값을 더 이상 증가시킬 수 없습니다.
b. 카이제곱 통계량은 일반 모형의 마지막 반복계산 로그-우도값을 기준으로 계산합니다. 검정의 유효성은 확실하지 않습니다.
c. 링크 함수: 보완 로그-로그.

■ 모형 내의 독립변수들

[표 5-16] 모수 추정값

		B 추정값	표준 오차	Wald	자유도	PAR 유의확률	95% 신뢰구간	
							하한	상한
한계치	[A3 = 0]	-3.549	.667	28.323	1	.000	-4.856	-2.242
	[A3 = 1]	-2.720	.656	17.167	1	.000	-4.006	-1.433
	[A3 = 2]	-.137	.649	.044	1	.833	-1.408	1.135
	[A3 = 3]	.199	.649	.094	1	.759	-1.072	1.471
위치	A13	1.500E-02	.004	15.128	1	.000	7.441E-03	2.256E-02
	A2	-2.08E-03	.003	.379	1	.538	-8.69E-03	4.534E-03
	[A16=1]	-1.134	.594	3.645	1	.056	-2.298	3.019E-02
	[A16=2]	.367	.598	.376	1	.540	-.805	1.538
	[A16=3]	.981	.711	1.902	1	.168	-.413	2.374
	[A16=4]	0[a]	.	.	0	.	.	.
	[A14=1]	-.397	.118	11.389	1	.001	-.627	-.166
	[A14=2]	-.469	.193	5.913	1	.015	-.848	-9.11E-02
	[A14=3]	0[a]	.	.	0	.	.	.
	[A15=1]	-8.25E-02	.165	.249	1	.617	-.406	.241
	[A15=2]	.132	.139	.897	1	.344	-.141	.404
	[A15=3]	0[a]	.	.	0	.	.	.

링크 함수: 보완 로그-로그.
a. 현재 모수는 중복되므로 0으로 설정됩니다.

이제 모형 내의 각 독립변수들을 고려해 보자. [표 5-16]은 모수 추정값들이다. 흔히 있는 것처럼 이 예에서 절편항들은 이론적인 면으로 볼 때 중요하지 않다. 가장 관심 있는 모수들은 독립변수들과 종속변수 범주의 누적확률을 모형화하는 위치모수들이다.

모수 추정값들과 이에 관련된 통계적 검정을 통하여 어느 독립변수를 모형으로부터 제거할지를 결정한다. 예를 들어, 변수 A2(대출 기간)는 이 모형에서 중요하지 않을 듯싶다. 일단 적절한 연결 함수를 설정하였다면 공변량의 유의성을 다시 평가하여 가능한 한 모수를 절약한 모형을 만든다. 변수 A15(주택 유형)는 모형에 대해 그 유의성 여부가 확실하지 않으므로, 모형을 바꾼 후에 이 변수를 다시 평가해야 한다.

(11) 모형 수정

역 코시 연결 함수를 사용한 새로운 모형을 추정하여 모형의 예측력을 증가시켰는지를 알아보도록 하자(선택한 연결 함수의 평가가 끝나기 전에 독립변수들의 집합을 바꾸지 않았으면 한다. 만일 연결 함수와 독립변수들을 동시에 바꾸면 어느 것이 모형적합에 변화를 주었는지 알 수 없을 것이다). 수정된 모형을 추정하기 위해 다음 메뉴를 선택한다.

분석 > 회귀분석 > 순서(D)...

그리고 다음에 주어진 절차를 수행한다. 즉, 종속변수에 A3(Account Status), 요인에 A16(Number of Existing Credits), A14(Other Installment Plans), A15(Housing), 공변량에 A13(Age in years), A2(Duration in Month)를 각각 지정한다. 옵션 대화 상자의 연결항에서 "Cauchit"를 선택하고, 출력 결과의 대화 상자에서 저장된 변수란은 "예측범주, 예측범주확률, 실제범주확률"을 선택한다.

[표 5-17]의 모형 적합도통계량을 통해 이 모형이 단순히 추측한 것보다 좋다는 것을 알 수 있다. 그러나 절편항만을 포함한 모형과 절편항과 모든 독립변수를 포함한 모형을 비교한 카이제곱 통계량을 보면 역 코시 연결 함수를 사용한 경우 ($\chi^2 = 459.860$) 가 보완 log-log 연결 함수를 사용한 경우($\chi^2 = 353.336$) 보다 매우 큼을 알 수 있다. 이는 고무할 만하다. [표 5-18]은 유사 R^2 통계량들의 값들이다.

[표 5-17] 모형 적합도 정보

모형	-2 log 우도	MFI 카이제곱	자유도	MFI 유의확률
절편 만	2249.888			
최종	1790.028	459.860	9	.000

링크 함수: Cauchit.

[표 5-18] 유사 R^2 값

Cox와 Snell	.369
Nagelkerke	.407
McFadden	.194

링크 함수: Cauchit.

[표 5-19] 분류표

			예측된 응답범주		전체
			3	5	
Account Status	No debt history	빈도	15	25	40
		Account Status의 %	37.5%	62.5%	100.0%
	No current debt	빈도	43	6	49
		Account Status의 %	87.8%	12.2%	100.0%
	Payments current	빈도	482	48	530
		Account Status의 %	90.9%	9.1%	100.0%
	Payments delayed	빈도	36	52	88
		Account Status의 %	40.9%	59.1%	100.0%
	Critical account	빈도	80	213	293
		Account Status의 %	27.3%	72.7%	100.0%
전체		빈도	656	344	1000
		Account Status의 %	65.6%	34.4%	100.0%

연결 함수를 역 코시로 바꾸어 모형이 종속변수 내에 존재하는 패턴의 설명력을 향상시켰다는 것을 알 수 있다.

[표 5-19]는 분류표이다. 이 모형이 보완 log-log 연결 함수를 사용한 모형에

비해 낮은 범주(1, 2, 3)는 더 잘 예측하지만 높은 범주를 잘 예측하지 못한다. 신용을 점수화하는 가장 중요한 목표는 위험 계좌(범주 5)가 될 것 같은 계좌를 정확히 식별하는 데 있기 때문에, 설사 수정된 모형에 대한 적합통계량이 만족스럽다 하더라도 보완 log–log 연결 함수를 사용한 원래의 모형을 선택할 것이다.

(12) 모형 해석

모형이 자료에 적절히 적합되면 [표 5–16]에서 보는 바와 같이 모수의 추정값에 근거하여 해석할 수 있다. 통계적 검정에 따르면 변수 A2(대출 기간)는 모형에서 제거되고 변수 A13(연령)은 유의한 변수임을 알 수 있다. 변수 A16(신용 대출 횟수)의 수준들은 모두 유의하지 않지만 유의확률이 5%에 가까운 것은 두 개가 있다. 일반적으로 각 범주들의 조그마한 효과들이 모여 모형에 유용한 정보를 주기 때문에 이러한 변수는 남겨 둘 가치가 있다. 변수 A14(다른 월부금) 역시 중요한 독립변수인 듯하다. 반면에 변수 주택 유형은 그 스스로 의미가 있기 때문에 통계적으로 유의하지 않더라도 모형에 포함시켜야 할 것이다.

모형에서 계수들을 직접적으로 해석하는 것은 연결 함수의 성질 때문에 쉽지는 않지만, 계수들의 부호를 통해 모형 내의 독립변수의 효과를 인식할 수 있다. 추정된 계수의 부호는 효과의 방향을 나타낸다. 변수 A13(연령)의 계수가 양의 부호를 가지므로 독립변수들과 종속변수 간에 양의 관계를 나타낸다. 이 경우 변수 A13(연령)의 값이 증가할수록 종속변수 A3(은행 계좌 상태)의 높은 범주들 중 하나에 속할 확률이 증가한다. 변수 A16(신용 대출 횟수)의 첫 번째 범주와 같이 부호가 음이면 역관계를 나타낸다. 예를 들어, 이 모형에서는 신용 대출 횟수가 하나인 개체들은 종속변수 A3(은행 계좌 상태)의 낮은 범주에 속할 가능성이 크게 된다.

(13) 모형의 예측

■ **예측확률**

모형은 종속변수의 한 범주가 아닌 누적된 확률을 예측하므로 예측범주들을 예측하기 위해서는 두 단계의 과정이 필요하다. 첫째 각 개체에 대해 각 범주에 속할 확률을 각각 추정한다. 둘째, 이 확률들을 이용하여 각 개체에 대해 종속변수의 범주 중 가장 확률이 높은 범주를 선택한다.

가정된 모형에서 각 개체에 대한 독립변수의 값을 사용하여 연결 함수의 역변환을 통해 확률을 추정한다. 따라서 각 개체에 대한 독립변수들의 값을 이용하여 각 그룹에 대한 누적확률을 얻게 된다. 각 범주에 대한 확률은 순서대로 나열된 범주에 대한 누적확률의 차이를 이용하여 구한다. 즉, 처음 범주에 대한 확률은 첫 번째 누적확률이다. 두 번째 범주에 속할 확률은 두 번째 누적확률에서 첫 번째 누적확률을 빼면 된다. 나머지 범주에 속할 확률도 같은 방법으로 구하면 된다.

■ **확률값을 이용한 범주의 예측**

각 개체에 대한 종속변수 범주의 예측은 단순히 그 개체의 독립변수의 값이 주어졌을 때 가장 큰 확률을 갖는 범주가 된다. 예를 들면, 변수 대출 기간(A2)의 값이 48개월이고, 연령(A13)이 22세, 한 개의 신용 대출 횟수(A16), 다른 월부금(A14)이 없고, 주택(A15)을 소유한 개체를 생각하여 보자. 이 값들을 추정한 식에 대입하면 각각 −2.78, −1.95, 0.63, 0.97의 예측된 값을 얻게 된다. 보완 log-log 연결 함수의 역변환을 통하여 각각 0.06, 0.13, 0.85, 0.93인 누적확률을 얻게 된다.(물론 이때 마지막 범주에 대한 누적확률은 1.0이다.) 따라서 다음과 같은 개별적인 범주의 확률을 구할 수 있다.

범주 1: 0.06
범주 2: 0.13−0.06=0.07
범주 3: 0.85−0.13=0.72
범주 4: 0.93−0.85=0.08

범주 5: 1.00 − 0.93 = 0.07

분명히, 범주 3(현재 부채 상환)은 이 개체의 경우 0.72의 예측확률을 갖게 된다. 따라서 이 개체는 계속해서 상환금을 갚고 은행 계좌에 문제가 발생하지 않을 것이라고 예측할 수 있다.

6

대응된 사례-대조 연구

6.1 대응된 사례 - 대조 연구

사례 - 대조(case-control) 계획이란 조사 대상자들을 질병이 있는 개체들과 질병이 없는 개체들로 나누어 노출(exposure)인자에 관한 정보를 수집함으로써, 가능성 있는 위험 요인(risk factor)과 질병 간의 관계를 연구하는 틀을 제공하여 준다. 질병이 있는 개체들(사례)과 질병이 없는 개체들(대조)의 노출인자에 대한 정보를 수집함으로써, 위험 요인과 질병 간의 관계를 분석할 수 있을 것이다.

전형적인 사례 - 대조 연구의 예로, Doll & Hill(1952)은 런던에서 18개월 동안 649명의 남성 폐암 환자들(사례)과 649명의 폐암에 걸리지 않은 남성들(대조)을 조사하였다. 이 연구에서 하루 담배 흡연량이 많으면 많을수록 폐암에 걸릴 위험이 명백히 증가함을 보여 주었다.

층화 사례 - 대조 연구(stratified case-control study)의 특별한 경우로 볼 수 있는 대응된 사례 - 대조 연구에 대하여 알아보기로 한다(Kleinbaum, 1994). 대응(matched)이란 두 개 혹은 그 이상의 그룹을 비교하려는 연구의 계획 단계에서 수행하는 절차이다. 각 개체들을 반응변수와 관련이 있다고 예상하는 변수들에 근거하여 대응시킨다. 대응된 각 층 내에 사례($y=1$)와 대조($y=0$)의 표본을 선택한다. 물론 각 층 마다 사례의 수와 대조의 수가 동일할 필요는 없지만, 대부분의 대응계획은 사례 하나에 1-5개의 대조를 대응시키게 된다. 이런 경우를 1-M 대응연구라

한다. 예를 들어, 1-1 대응계획에는 각 층마다 사례와 대조가 각각 한 개로 두 개의 개체를 가지게 된다. 각 사례 - 대조 쌍에 대하여 다른 가능한 위험 요인(risk factor 또는 unmatched variables)에 관한 정보를 수집한다. 이런 대응계획의 장점으로는 어떤 사건에 대한 사례와 대조 사이의 차이를 다른 대응되지 않는 위험 요인들로 설명할 수 있다는 것이다.

이 장에서는 일반적인 대응 사례-대조 연구에 대해서 살펴보기로 한다. 1-1 대응계획이 가장 많이 사용되므로 자세히 다루기로 한다. 뿐만 아니라 1-M 대응연구에 관하여도 설명하기로 한다.

층화된 표본을 다루기 위해서 모형의 층화 변수에서 생성한 계획변수(또는 가변수)를 이용하는 방법이 있다. 이 접근 방법은 각 층 내의 개체수가 많은 경우에 사용하게 된다. 그렇지만 전형적인 대응연구에는 각 층 내의 개체수가 그리 많지는 않다. 예를 들어, n 개의 사례 - 대조 쌍의 1-1 대응연구에는 각 층 내에는 단지 두 개의 개체만이 있을 뿐이다. 따라서 p 개의 공변량을 가진 층화 모형에서 절편항, p 개의 기울기 모수 및 $(n-1)$개의 층을 나타내는 가변수의 회귀 계수를 추정하면 될 것이다. 최대가능도법의 최적화성질은 모수들의 수가 고정되었을 때 표본 크기를 크게 함으로써 유지된다. 만일 층을 나타내는 변수의 회귀 계수의 추정에 관심이 없다면, 로지스틱 회귀모형의 회귀 계수들의 최대가능도 추정량을 위한 가능도 함수를 구하여 조건적 추론 방법을 사용할 수 있을 것이다.

6.2 조건 로지스틱 회귀모형

이번 절에서는 조건 로지스틱 회귀모형(conditional logistic regression model)에 관하여 다루기로 한다. 일반적으로 로지스틱 다중회귀모형이나 다항 로지스틱 회귀모형에서는 모수의 추정값을 구하기 위해서 조건없는 최대가능도법(unconditional maximum likelihood method)을 사용하였다. 그렇지만 추정하여야 할 모수의 수가 많고, 대응된 자료를 분석하기 위해서는 조건(conditional) 최대가능도법을 이용하여 모수들을 추정하게 된다. 1-1 대응계획으로 만든 k 개의 층이 있다고 하자. 이때 위험 요인으로 두 개의 요소가 있다. 즉, 대응된 변수와 관련된 위험 요인과 대응되지 않은 변수들에 관련된 위험 요인이다. k 번째 층에서 한 개체가 사건을 경험할 확률은

$$\mathrm{P}\,(\mathrm{y}=1|\mathbf{x}) \;=\; \pi_{\mathrm{k}}(\mathbf{x}) = \frac{\exp\left(\alpha_k + \sum \beta_i x_i\right)}{1+\exp\left(\alpha_k + \sum \beta_i x_i\right)} \qquad (6.1)$$

이다. 여기에서 α_k는 대응된 변수에 근거한 k 번째 층의 효과이며, β_i 는 대응되지 않은 공변량 x_i 의 회귀 계수를 각각 나타낸다.

대조군이 어떤 사건을 경험할 승산에 대하여 사례군이 그 사건을 경험할 승산의 비율에 로그를 취한 값은 다음과 같이 표현된다.

$$\ln\left(\frac{\text{사례군이 사건을 경험할 승산}}{\text{대조군이 사건을 경험할 승산}}\right) = \sum_{i=1}^{p} \beta_i D_i \qquad (6.2)$$

여기에서 β_i 는 대응되지 않은 독립변수 x_i 의 회귀 계수, D_i 는 사례와 대조 간의 독립변수 x_i 의 차이를 나타낸다. 로지스틱 회귀 계수는 대응된 경우와 그렇지 않은 경우 모두 같은 의미로 해석할 수 있다. 다음의 예를 통하여 그 절차를 살펴보도록 하자.

예제 6.1

종속변수 y 와 관련이 있을 것으로 생각하는 독립변수 c, x 가 있다. 이때 변수 c 를 대응변수로 하여, 1-1 사례-대조 계획으로 만든 층 중 하나가 다음과 같다.

	x	y
대조	x_1	$y_1 = 0$
사례	x_2	$y_2 = 1$

이때 k 번째 층의 조건 가능도함수 $l_k(\beta)$는 k 번째 층 내에서 $y_1+y_2=1$ 인 조건 하에서 관측된 자료의 확률이며, 다음과 같이 표현된다.

$$l_k(\beta)=\frac{\mathrm{P}(\mathrm{y}_1=0|\mathrm{x}_1)\mathrm{P}(\mathrm{y}_2=1|\mathrm{x}_2)}{\mathrm{P}(\mathrm{y}_1=0|\mathrm{x}_1)\mathrm{P}(\mathrm{y}_2=1|\mathrm{x}_2)+\mathrm{P}(\mathrm{y}_2=0|\mathrm{x}_2)\mathrm{P}(\mathrm{y}_1=1|\mathrm{x}_1)} \tag{6.3}$$

$$=\frac{\exp(\beta x_2)}{\exp(\beta x_1)+\exp(\beta x_2)}$$

여기에서, $\mathrm{P}(\mathrm{y}=1|\mathrm{x})=\pi_{\mathrm{k}}(\mathrm{x})=\frac{\exp(\alpha_k+\beta x)}{1+\exp(\alpha_k+\beta x)}$, α_k는 k 번째 층의 대응변수의 효과, β는 공변량 x의 회귀 계수를 각각 나타낸다.

K개 층의 전체 조건 가능도함수 $l(\beta)$는 각 층의 가능도함수의 곱으로 표현된다.

$$l(\beta)=\prod_{k=1}^{K} l_k(\beta). \tag{6.4}$$

회귀 계수 β의 조건 최대가능도 추정량은 식 (6.4)를 최대화하는 값을 나타낸다. 식 (6.3)을 다시 표현하면 다음과 같다.

$$l_k(\beta)=\frac{\exp\{\beta(x_2-x_1)\}}{1+\exp\{\beta(x_2-x_1)\}} \tag{6.5}$$

식 (6.5)는 바로 절편항 β_0의 값이 "0"이고, 공변량은 사례의 값에서 대조의 값을 뺀 $x_k^*(=x_2-x_1)$를 갖는 기존의 로지스틱 회귀모형을 나타낸다. 따라서 전체 층에 대한 조건 가능도함수는 다음과 같다.

$$l(\beta)=\prod_{k=1}^{K}\frac{\exp(\beta\ x_k^*)}{1+\exp(\beta\ x_k^*)} \tag{6.6}$$

$$=\prod_{k=1}^{K}\left(\frac{\exp(\beta\ x_k^*)}{1+\exp(\beta\ x_k^*)}\right)^{y_k}\left(\frac{1}{1+\exp(\beta\ x_k^*)}\right)^{1-y_k}.$$

여기에서 모든 k에 대해 $y_k=1$로 놓아 SPSS 이분형 로지스틱 회귀절차를 사용하면 된다.

식 (6.6)을 통하여 조건 최대가능도 추정량과 그 표준오차를 구하기 위해서 표준적인 로지스틱 회귀모형을 다루는 패키지를 사용할 수 있음을 알 수 있다. 즉 표본의 크기는 사례 - 대조 쌍의 수로, 공변량으로는 그 차이인 x_k^*를, 종속변수의 값은 $y_k = 1$로 자료를 변환하여 기존의 패키지를 사용하면 될 것이다.

변수 LOW(low birth weight), AGE, LWT, FTV 등을 포함한 데이터 세트인 low birth weight data(paired)를 열어서 사용하기로 한다. 참고로 이 데이터 세트는 매사추세츠 대학 통계학과 사이트에서 구할 수 있다. 저체중아를 낳은 어머니와 그렇지 않은 어머니로 구성된 56개의 쌍으로 구성되었다. 대응변수로는 AGE를 사용하였다. 고려한 변수들은 다음과 같다.

[표 6-1] 변수 코드

변수	변수 의미	변수값 의미
LOW	저출산 체중	0=Birth Weight ≥ 2500g l=Birth Weight > 2500g
AGE	산모의 연령	
LWT	최근 월경시 산모의 체중	
RACE	인종	1=White, 2=Black, 3=Other
SMOKE	임신 중 흡연 상태	1=Yes, 0=No
PTD	미숙아 출산 경험	0=None, 1=Yes
HT	고혈압 경험	1=Yes, 0=No
UI	자궁 감염 상태	1=Yes, 0=No

[그림 6-2]는 SPSS 데이터 편집기로 데이터 세트의 일부분을 열거한 것이다. [그림 6-2]의 데이터 편집기에 있는 “lowbwtm11”은 112의 케이스를 가진 원자료이다. 주어진 자료에서 대응된 쌍에 대한 자료들의 차이를 계산한 수정된 자료가 [그림 6-3] 데이터 편집기에 있는 “plowbwtm-2”이다.

[그림 6-2] 사례군과 대조군 쌍에 대한 데이터 세트의 일부분

	low	age	lwt	race	smoke	ptd	ht	ui	race1	race2
1	0	1	135	1	0	0	0	0	0	0
2	1	1	101	3	1	1	0	0	0	1
3	0	1	98	2	0	0	0	0	1	0
4	1	1	115	3	0	0	0	1	0	1
5	0	1	95	3	0	0	0	0	0	1
6	1	1	130	3	0	0	0	0	0	1
7	0	1	103	3	0	0	0	0	0	1
8	1	1	130	3	1	1	0	1	0	1
9	0	1	122	1	1	0	0	0	0	0
10	1	1	110	1	1	0	0	0	0	0
11	0	1	113	2	0	0	0	0	1	0
12	1	1	120	1	1	0	0	0	0	0
13	0	1	113	2	0	0	0	0	1	0
14	1	1	120	2	0	0	0	0	1	0

[그림 6-3] 사례군과 대조군 쌍에 대한 자료값의 차이

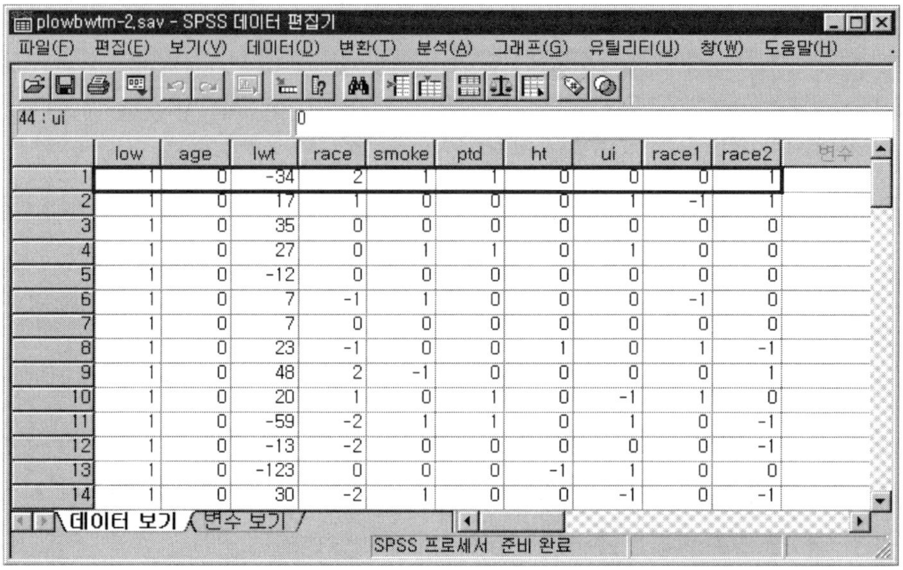

	low	age	lwt	race	smoke	ptd	ht	ui	race1	race2
1	1	0	-34	2	1	1	0	0	0	1
2	1	0	17	1	0	0	0	1	-1	1
3	1	0	35	0	0	0	0	0	0	0
4	1	0	27	0	1	1	0	1	0	0
5	1	0	-12	0	0	0	0	0	0	0
6	1	0	7	-1	1	0	0	0	-1	0
7	1	0	7	0	0	0	0	0	0	0
8	1	0	23	-1	0	0	1	0	1	-1
9	1	0	48	2	-1	0	0	0	0	1
10	1	0	20	1	0	1	0	-1	1	0
11	1	0	-59	-2	1	1	0	1	0	-1
12	1	0	-13	-2	0	0	0	0	0	-1
13	1	0	-123	0	0	0	-1	1	0	0
14	1	0	30	-2	1	0	0	-1	0	-1

[그림 6-4] 다항 로지스틱 선택

[그림 6-3]은 대응된 쌍의 자료들과 그 변수들의 차이를 보여 준다. 이제 SPSS를 이용하여 조건 로지스틱 회귀분석을 시행하여 보자. SPSS로 대응 사례－대조 자료의 조건 로지스틱 회귀분석을 하기 위해서는 사례－대조 각 쌍에 대하여 공변량값의 차이를 새로운 공변량으로 하고 각 쌍에 대해 새로운 종속변수 Low＝1(기존의 종속변수명인 LOW를 그대로 사용하였다)을 생성하여 기존의 로지스틱 분석절차를 그대로 사용할 수 있다고 이미 언급하였다. 이때 가능도함수에서 절편항을 추정할 수 없으므로 SPSS에서는 절편항이 없는 모형의 옵션으로 exclude를 선택하였다.

SPSS 결과를 출력하기 위해서 먼저 [그림 6-4] 데이터 편집기 메뉴에서

분석(A) > 회귀분석(R) > 다항 로지스틱(M)...

을 선택하면 [그림 6-5] 대화 상자가 열린다.

[그림 6-5] 다항 로지스틱 회귀분석

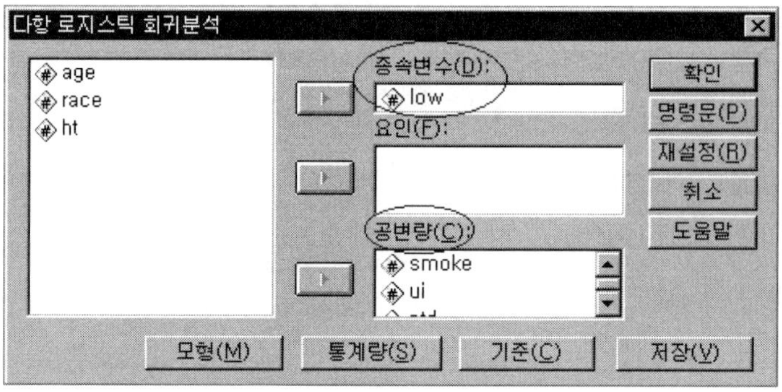

[그림 6-5] 대화 상자에서 "종속변수(D):"에 변수 LOW, "공변량(C):"에 변수 SMOKE, UI, PTD, RACE1, RACE2, LWT를 지정한다. [그림 6-6] 통계량 대화 상자에서 "요약통계량(S)", "우도비 검정(L)", "모수 추정값(P)"을 체크하고, [그림 6-7] 모형설정 대화 상자에서 "주효과"를 선택한 후 실행하면 [표 6-9]-[표 6-11]의 결과가 출력된다.

[그림 6-6] 통계량

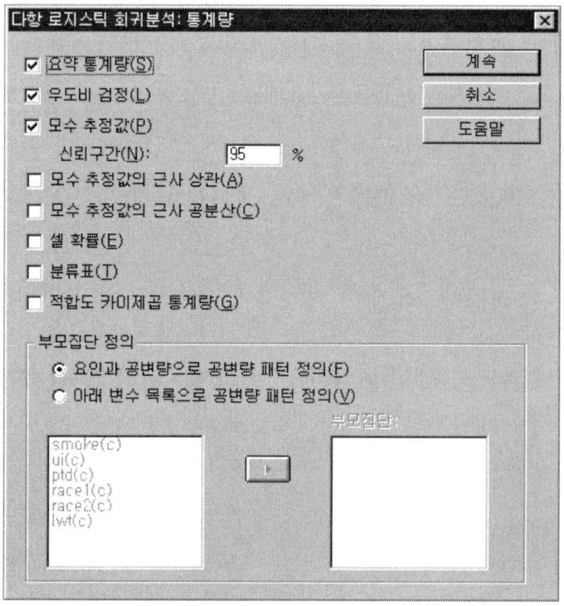

[그림 6-7] 모형설정

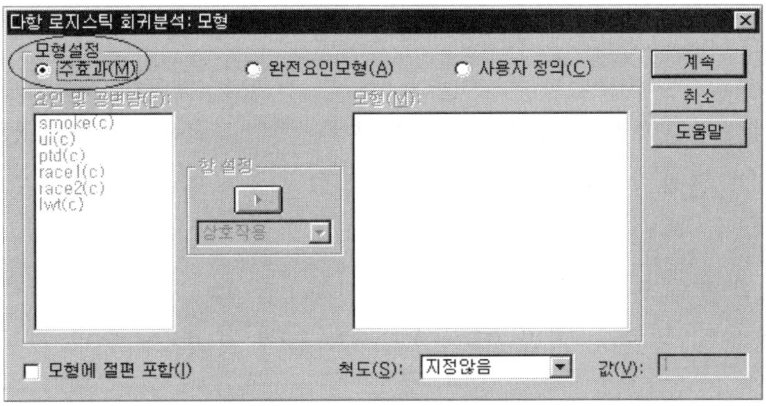

참고로 SPSS 명령문을 적어 보면 다음과 같다.

[그림 6-8] NOMREG 명령문

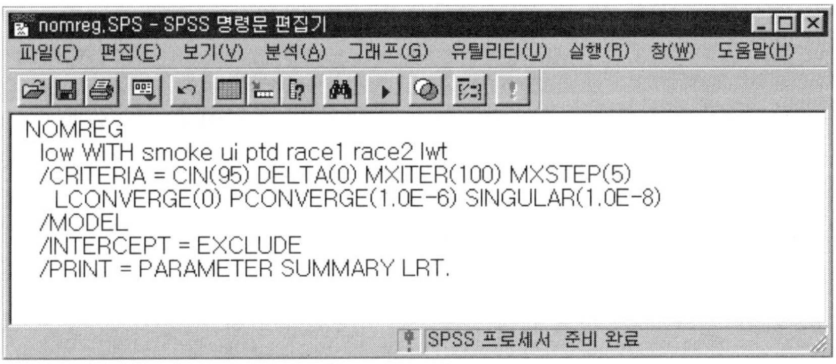

새로 생성한 변수 Low(= 1)를 종속변수로, 각 쌍의 공변량의 차이인 여섯 개의 변수를 독립변수로 하여, 절편이 없는 로지스틱 회귀분석을 하라는 명령이다. SPSS 패키지에서 변수 변환을 통해 새로 만든 자료를 사용하여 조건 로지스틱 회귀분석을 시행할 수 있게 된다.

일반적으로 변수들의 차이는 그냥 계산하면 되지만, 세 개 이상의 수준을 가진 범주형 공변량인 경우 그 공변량의 차이를 계산하기 위해서는 유의하여야 할 점이 있다. 통계 분석을 하기 위해서는 범주형변수들은 분석하기 전에 이미 여러 개의 가변수로 수정하여야 한다. SPSS의 이항 로지스틱 회귀절차와 다항 로지스틱 회귀절차에서는 범주형변수를 자동적으로 변환시켜주는 기능이 있다. 다항 로지스틱 회귀절차에서는 요인(factors)으로, 이항 로지스틱 회귀절차에서는 범주형(categorical)임을 선언하여 주면 된다. 그렇지만 대응 사례－대조 분석을 위해서는, 범주형변수를 나타내기 위해 새로운 가변수를 생성하여 그 새로운 변수들의 차이를 계산하여야만 한다.

간단한 예로, 3개의 수준을 가진 변수 RACE를 고려하여 보자. 지시변수표기법을 사용하면, 두 개의 가변수 RACE1, RACE2를 생성하게 된다.

[표 6-9] 인종 구별 코딩

	RACE1	RACE2
White	0	0
Black	1	0
Other	0	1

가변수 RACE1은 흑인이면 "1", 그렇지 않으면 "0", 가변수 RACE2는 기타이면 "1", 그렇지 않으면 "0"으로 표기한다. [표 6-9]에 가변수의 표기가 주어졌다. 각 개체에 대하여, 가변수 RACE1과 RACE2를 계산한 후, 각 사례－대조의 쌍에 대해, RACE1과 RACE2의 차이를 구하여, 그 차이를 나타내는 새로운 변수들을 분석에 사용하면 된다. 교호작용항에 대해서는 같은 절차를 적용하면 된다. 즉 교호작용의 변수를 생성한 다음, 그 차이를 구하면 될 것이다.

다시 정리하여 보면 SPSS 로지스틱 회귀절차에서 대응된 사례－대조 연구를 분석하려면, 각 사례－대조 쌍 내에서 대응되지 않은 공변량들의 차이를 구한 데이터세트가 필요하게 된다. 대응된 공변량의 값은 교호작용의 효과를 분석하기 위해서는 필요할지도 모른다. 종속변수의 값으로 각 쌍에 대해 동일한 값을 주어야 하며, 차이를 나타내는 모든 변수들은 공변량으로 간주하여야 한다. 절편항은 역시 필요 없게 된다. 대응변수는 모든 개체에 대하여 그 차이가 "0"이므로 주효과로 사용할 수 없다. 그렇지만 교호작용의 효과를 나타내기 위해서 대응변수의 값이 필요할 때가 있다.

[표 6-10] 모수 추정값

LOW		B 추정값	표준오차	Wald	자유도	유의확률	Exp(B)	Exp(B)의 95% 신뢰구간	
								하한	상한
1	SMOKE	1.348	.568	5.631	1	.018	3.849	1.264	11.715
	UI	1.032	.664	2.418	1	.120	2.808	.764	10.316
	PTD	1.563	.706	4.897	1	.027	4.774	1.196	19.061
	RACE1	.861	.643	1.793	1	.181	2.365	.671	8.338
	RACE2	.469	.604	.603	1	.438	1.598	.489	5.219
	LWT	-9.3E-03	.009	1.051	1	.305	.991	.973	1.009

사례－대조 자료에 대한 모수 추정값들은 [표 6-10]에 주어졌다. 모든 변수들은 사례와 대조의 차이를 나타내는 새로운 변수명으로 수정된 것이다. 결과를 보면 변수 LWT만 제외하고 모든 변수들의 계수들은 양수이다. 또한 변수 SMOKE와 변수 PTD만이 저체중아를 출산함에 유의한 관계가 있음을 알 수 있다. 흡연을 하면 저체중아를 출산할 승산이 3.8배, 전에 미숙아를 출산한 경험이 있는 경우 저체중아를 출산할 승산이 4.8배나 됨을 보여 준다. [표 6-10]의 EXP(B)난에 이 값들이 주어졌다.

[표 6-11] 가능도비 검정

효과	축소모형의 -2 Log 우도	카이제곱	자유도	유의확률
SMOKE	64.422	6.599	1	.010
UI	60.488	2.665	1	.103
PTD	64.030	6.207	1	.013
RACE1	59.680	1.857	1	.173
RACE2	58.440	.617	1	.432
LWT	58.970	1.147	1	.284

카이제곱 통계량은 최종모형과 축소모형 사이의 -2 Log 우도 차입니다. 축소모형은 최종모형에서 효과 하나를 생략하여 만든 모형입니다. 영가설은 효과의 모든 모수가 0입니다.

각 공변량의 효과에 대한 가능도비 검정의 결과가 [표 6-11]에 실려 있고, [표 6-12]는 모형적합 정보를 나타낸다.

[표 6-12] 모형적합 정보

모형	-2 Log 우도	카이제곱	자유도	유의확률
영(null)모형	77.632			
최종모형	57.823	19.809	6	.003

[표 6-12]를 보면 모든 공변량들은 반응변수와 유의한 관계가 있음을 알 수 있다. -2(ln 가능도) 값의 변화를 통하여 모든 변수가 있는 모형과 하나의 공변량도 없을 뿐만 아니라 절편항조차 없는 모형과는 유의한 차이가 있음을 보여 준다. 이 모형에서는 가정한 모형이 잘 적합하는지를 검정하는 적합도검정을 할 수 없다. 왜냐하면 차이를 나타내는 변수들의 각 조합마다 두 개 이상의 개체가 없기 때문이다. Hosmer와 Lemeshow(2000)에서 모형의 적합에 대한 평가뿐 아니라 자료를 잘 적합하는 모형에 관한 자세한 내용을 볼 수 있을 것이다.

■ 1-M **대응계획**

1-M 대응계획은 앞에서 설명한 1-1 대응계획의 분석과 유사하다. 예를 들어, M=3인 1-3 대응계획을 고려하여 보자. M=4이상인 대응계획은 1-3 대응계획을 그대로 확장하면 그리 어렵지 않을 것이다. k 번째 층에서 사례의 공변량을 x_{k1}, 대조인 경우의 공변량을 각각 x_{k2}, x_{k3}, x_{k4} 로 표시하자. 이때 k 번째 층에 대한 가능도 함수 $l_k(\beta)$ 는 다음과 같다.

$$l_k(\beta) = \frac{\exp(\beta' x_{k1})}{\exp(\beta' x_{k1}) + \exp(\beta' x_{k2}) + \exp(\beta' x_{k3}) + \exp(\beta' x_{k4})} \qquad (6.7)$$

이는 각 회귀 계수들의 값이 주어졌을 때 공변량의 값이 x_{k2}, x_{k3}, x_{k4} 인 세 대조에 대하여 공변량의 값이 x_{k1} 인 개체가 사례가 될 확률을 의미한다. 만일 네 개체 모두의 공변량값이 동일하다면, $l_k(\beta) = .25$ 로 이 k 번째 층은 β 에 대해 어떤 정보도 주지 못하게 된다. 즉 사례의 공변량값과 다른 공변량의 값을 가진 대조가 적어도 하나는 있어야 정보를 제공할 수 있게 된다.

식 (6.7)의 오른쪽 식을 1-1 대응계획에서처럼 일반적인 로지스틱 회귀모형의 형태로 표현할 수 없다. 그러므로 1-M 대응계획의 분석을 행하려면 식 (6.7)을 각 요소로 하는 가능도함수에서 최대가능도 추정량을 구하는 기능을 갖춘 추가적인 SPSS 절차가 필요하게 된다.

7 로지스틱 회귀모형의 사례 연구

이 장에서는 1장부터 6장까지 살펴본 여러 로지스틱 회귀모형을 SPSS에서 어떻게 적용하고 해석하는지를 예를 통해 소개하고 설명하였다. 로지스틱 회귀모형을 각각 적합시켰을 때 SPSS 패키지를 이용하여 산출할 수 있는 결과 및 기능들을 요약하였다. 본문을 충실히 익힌 독자들은 로지스틱 회귀모형의 개념을 종합적으로 이해 및 정리할 수 있으며, 이미 로지스틱 회귀모형에 익숙한 독자들은 이 장을 통해 SPSS의 쓰임도를 쉽게 파악할 수 있을 뿐 아니라 바로 응용할 수 있도록 전개하였다. 참고로 여기에서 사용할 자료는 MINITAB 13.1의 데이터 세트인 “Exh_regr.MTW”이다.

7.1 이분형 로지스틱 회귀분석

7.1.1 이분형 로지스틱 회귀모형의 사례 연구

분석자는 흡연 상태 여부(SMOKE)와 체중(WEIGHT)이 맥박에 주는 영향에 대해 관심이 있다고 하자. 다음 자료에서 결과변수(RestingPulse)는 두 개의 범주(0=Low, 1=High)를 가지므로 이분형 로지스틱 회귀분석을 행해야 할 것이다. 변수 흡연 상태 여부(SMOKES)의 두 수준인 “0”, “1”은 No, Yes를 각각 나타낸다.

[표 7-1] 자료

일련 번호	Resting Pulse	Smokes	Weight	일련 번호	Resting Pulse	Smokes	Weight
1	0	0	140	47	0	0	150
2	0	0	145	48	1	1	180
3	0	1	160	49	0	0	160
4	0	1	190	50	0	0	135
5	0	0	155	51	0	0	160
6	0	0	165	52	0	1	130
7	1	0	150	53	0	1	155
8	0	0	190	54	0	1	150
9	0	0	195	55	0	0	148
10	0	0	138	56	1	0	155
11	1	1	160	57	0	0	150
12	0	0	155	58	1	1	140
13	1	1	153	59	0	0	180
14	0	0	145	60	0	1	190
15	0	0	170	61	1	0	145
16	0	0	175	62	1	1	150
17	0	1	175	63	0	1	164
18	0	1	170	64	0	0	140
19	0	1	180	65	0	0	142
20	0	0	135	66	1	0	136
21	0	0	170	67	0	0	123
22	0	0	157	68	0	0	155
23	0	0	130	69	1	0	130
24	0	1	185	70	0	0	120
25	1	0	140	71	0	0	130
26	0	0	120	72	1	1	131
27	0	1	130	73	0	0	120
28	1	0	138	74	0	0	118
29	1	1	121	75	0	0	125
30	0	0	125	76	1	1	135
31	1	0	116	77	0	0	125
32	0	0	145	78	1	0	118
33	1	1	150	79	0	0	122
34	0	1	112	80	0	0	115
35	0	0	125	81	0	0	102
36	0	0	190	82	0	0	115
37	0	0	155	83	0	0	150
38	0	1	170	84	0	0	110
39	0	0	155	85	1	0	116
40	0	0	215	86	0	1	108
41	0	1	150	87	1	0	95
42	0	1	145	88	1	1	125
43	0	0	155	89	0	0	133
44	0	0	155	90	0	0	110
45	0	0	150	91	1	0	150
46	0	1	155	92	0	0	108

이분형 로지스틱 회귀분석을 하기 위해서 SPSS 데이터 편집기에서

분석(A) > 회귀분석(R) > 이분형 로지스틱(G)...

을 선택한 후, 다음에 주어진 대화 상자의 "종속변수(D):" 란에 Resting Pulse, "공변량(C):" 란에 SMOKES와 WEIGHT를 각각 입력한다.

[그림 7-2] 데이터 편집기와 이분형 로지스틱 메뉴

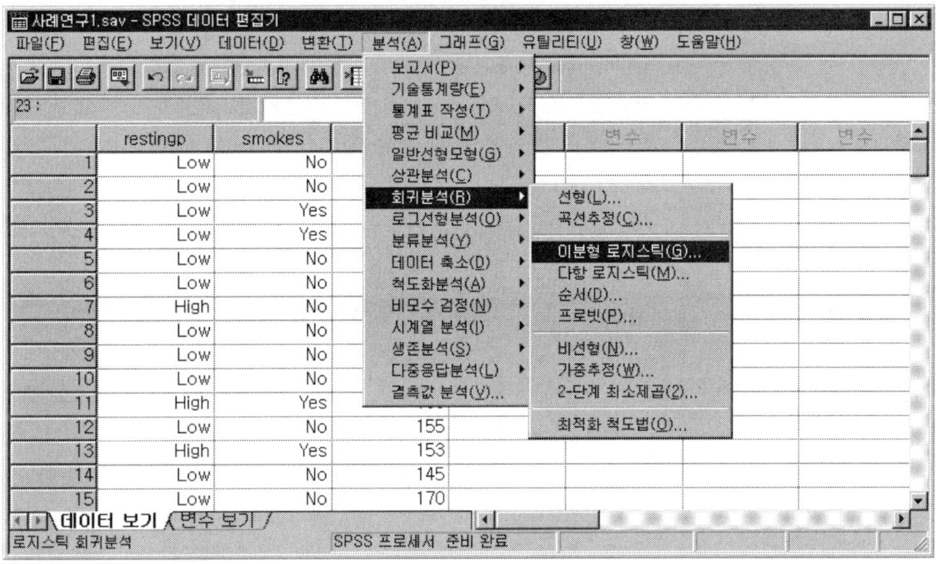

[그림 7-3] 이분형 로지스틱 대화 상자

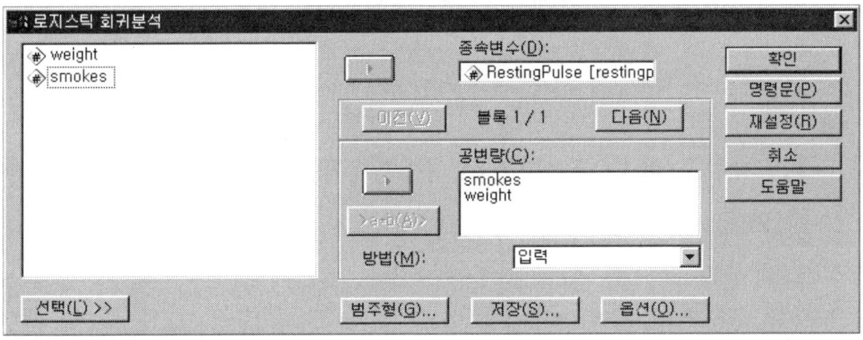

기능 선택

SPSS 절차에서 주어진 모든 분석을 위해 다음 대화 상자에서 가능한 모든 기능을 선택하여 본다.

[그림 7-4] 새 변수로 저장 대화 상자

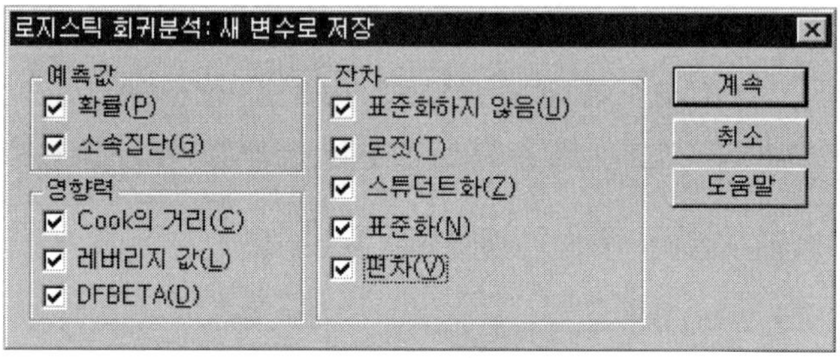

[그림 7-5] 옵션 대화 상자

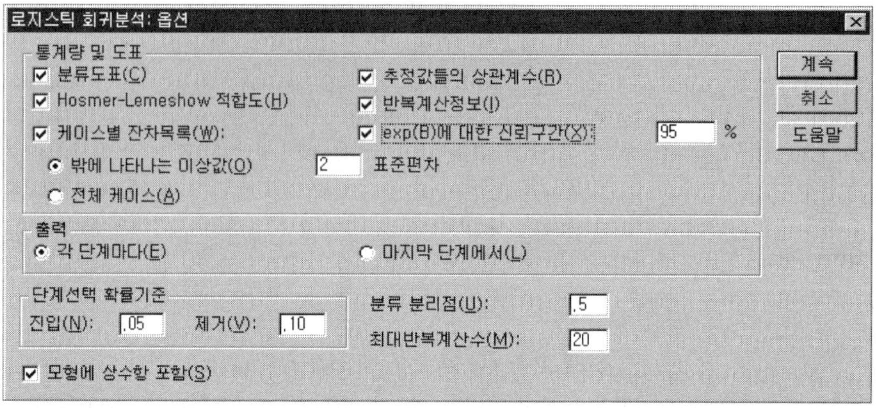

SPSS 명령문

이상의 메뉴 작업은 다음의 명령문을 실행한 것과 동일하다. (RestingP는 Resting Pulse를 나타낸다.)

```
LOGISTIC REGRESSION VAR = RestingP
  /METHOD = ENTER smokes weight
  /SAVE PRED PGROUP COOK LEVER DFBETA RESID LRESID SRESID
   ZRESID DEV
```

```
/CLASSPLOT /CASEWISE OUTLIER(2)
/PRINT = GOODFIT CORR ITER(1) CI(95)
/CRITERIA PIN(.05) POUT(.10) ITERATE(20) CUT(.5) .
```

결과와 해석

다음은 위에서 행한 SPSS 절차를 사용하여 출력된 결과와 그 해석이다.

① 반응변수 정보

케이스 처리 요약

가중되지 않은 케이스[a]		N	퍼센트
선택 케이스	분석에 포함	92	100.0
	결측 케이스	0	.0
	전체	92	100.0
비선택 케이스		0	.0
전체		92	100.0

a. 가중값을 사용하는 경우에는 전체 케이스 수의 분류표를 참조하십시오.

종속변수 코딩

원래 값	내부 값
Low	0
High	1

전체 92개 개체 중 결측값은 하나도 없고, 종속변수는 두 범주(Low, High)이며, SPSS 내부에서 이 범주들을 각각 "0"과 "1"로 자동적으로 코드화한다.

② 변수선택 방법

다음에 주어진 사항은 변수선택 방법에 관한 것이다. SPSS 절차에서는 블록입력과 단계선택법(전진조건, 전진LR, 전진Wald, 후진조건, 후진LR, 후진Wald) 중 하나를 사용하여 모형을 적합시킨다. 여기에서는 블록입력법을 사용하였다.

블록 0: 시작 블록

반복계산정보[a,b,c]

반복계산		-2 Log 우도	계수
			상수
0 단계	1	101.436	-1.043
	2	101.214	-1.154
	3	101.214	-1.157

a. 모형에 상수항이 있습니다.
b. 초기 -2 Log 우도: 101.214
c. 로그-우도가 .010%보다 작게 줄었으므로 계산반복수 3 에서 추정을 종료하였습니다.

분류표[a,b]

관측			예측값		
			RestingPulse		분류정확 %
			Low	High	
0 단계	RestingPulse	Low	70	0	100.0
		High	22	0	.0
	전체 %				76.1

a. 모형에 상수항이 있습니다.
b. 절단값은 .500입니다.

방정식에 포함되지 않은 변수

			점수	자유도	유의확률
0 단계	변수	SMOKES(1)	3.081	1	.079
		WEIGHT	2.721	1	.099
	전체 통계량		7.249	2	.027

방정식에 포함된 변수

		B	S.E.	Wald	자유도	유의확률	Exp(B)
0 단계	상수	-1.157	.244	22.425	1	.000	.314

블록 1: 방법 = 진입

반복계산정보[a,b,c,d]

반복계산		-2 Log 우도	계수		
			상수	교차분석	WEIGHT
1 단계	1	94.917	1.819	-.840	-.016
	2	93.662	2.972	-1.146	-.024
	3	93.640	3.176	-1.192	-.025
	4	93.640	3.180	-1.193	-.025

a. 방법:진입
b. 모형에 상수항이 있습니다.
c. 초기 -2 Log 우도: 101.214
d. 로그-우도가 .010%보다 작게 줄었으므로 계산반복수 4에서 추정을 종료하였습니다.

모형 계수 전체 테스트

		카이제곱	자유도	유의확률
1 단계	단계	7.574	2	.023
	블록	7.574	2	.023
	모형	7.574	2	.023

G 통계량을 사용하여 독립변수들과 관련된 계수들 모두가 "0"이라는 귀무가설을 검정한다. 이 예에서는 $G = 7.574$ 이며 이에 해당하는 p 값은 0.023이다. 즉, $\alpha = 0.05$ 하에서 계수들 중 적어도 하나가 "0"이 아니라는 것을 의미한다.

모형 요약

단계	-2 Log 우도	Cox와 Snell의 R-제곱	Nagelkerke R-제곱
1	93.640	.079	.118

반응변수의 변동 중 11.8% 정도(Nagelkerke R^2)를 로지스틱 모형이 설명하고 있다.

Hosmer와 Lemeshow 검정

단계	카이제곱	자유도	유의확률
1	7.561	8	.477

Hosmer-Lemeshow 검정은 적합도검정법의 하나이며, p값(0.477)이 $\alpha = 0.05$보다 훨씬 크므로 가정한 모형이 자료를 적절하게 적합시키지 못한다고 할 수 없다.

Hosmer와 Lemeshow 검정에 대한 분할표

		RestingPulse = Low		RestingPulse = High		전체
		관측	기대	관측	기대	
1 단계	1	9	8.345	0	.655	9
	2	10	9.591	1	1.409	11
	3	8	9.322	3	1.678	11
	4	7	7.379	2	1.621	9
	5	6	7.119	3	1.881	9
	6	9	6.782	0	2.218	9
	7	7	7.213	3	2.787	10
	8	6	5.419	2	2.581	8
	9	4	5.532	5	3.468	9
	10	4	3.299	3	3.701	7

앞에 주어진 표의 관측도수와 기대도수를 비교함으로써 모형이 자료를 잘 적합시키고 있음을 알 수 있다. 대체적으로 두 도수들 간에 큰 차이가 없기 때문에 가정한 모형이 자료를 잘 적합시키지 못한다는 사실을 채택할 수 없다. 이 사실은 Hosmer-Lemeshow 적합도검정의 결과를 뒷받침해 준다.

방정식에 포함된 변수

		B	S.E.	Wald	자유도	유의확률	Exp(B)	EXP(B)에 대한 95.0% 신뢰구간	
								하한	상한
1 단계[a]	SMOKES(1)	-1.193	.553	4.654	1	.031	.303	.103	.897
	WEIGHT	-.025	.012	4.169	1	.041	.975	.952	.999
	상수	3.180	1.871	2.888	1	.089	24.050		

a. 변수가 1: 단계에 진입했습니다 SMOKES, WEIGHT.

추정된 계수(B)와 그 표준오차(S.E.), p 값(유의확률), 승산비(Exp(B)), 승산비에 대한 신뢰구간이 구해진다. 이 결과를 다음과 같이 해석할 수 있다.

첫째, 변수 SMOKES와 WEIGHT 모두 $\alpha = 0.05$ 하에서 통계적으로 유의하다. 변수 SMOKES의 추정된 계수(1.193)는 공변량 WEIGHT가 일정할 때, 흡연하지 않을 때에 비해 흡연할 때 ln{P(high pulse)/P(low pulse)}의 변화를 추정한 값이다. 공변량 WEIGHT의 계수(−0.025)는 변수 SMOKES가 일정할 때 WEIGHT가 1단위(파운드) 증가할 때, $\ln\left(\frac{P(\text{high pulse})}{P(\text{low pulse})}\right)$의 변화를 나타낸다.

둘째, 변수 WEIGHT의 모수가 통계적으로 "0"은 아니지만, 승산비(0.975)는 "1"에 가깝다. 이 사실은 체중이 증가하면 맥박에 악영향을 초래하지는 않음을 의미한다. 변수 WEIGHT의 자료를 수집할 때 임상적으로 의미가 있는 체중의 단위를 사용하였다고 가정하자. 예를 들어, 체중의 단위가 10파운드일 때 승산비는 0.7788임을 알 수 있다. 이 사실은 체중이 10파운드 증가하면 맥박이 낮아질 승산이 1.28배가 됨을 의미한다.

셋째, 변수 SMOKES의 승산비(3.297)의 값이 "1" 이상이므로 흡연을 하면 맥박이 높아진다는 사실을 알 수 있다. 체중이 동일하다면 흡연한 개체가 비흡연한 개체에 비해 3배나 더 맥박이 높아질 승산이 있다.

분류표a

관측			예측값		
			RestingPulse		분류정확 %
			Low	High	
1 단계	RestingPulse	Low	68	2	97.1
		High	20	2	9.1
	전체 %				76.1

a. 절단값은 .500입니다.

```
Step number: 1

Observed Groups and Predicted Probabilities

       16 +
          |
          |
  F       |
  R    12 +
  E       |       H
  Q       |       L
  U       |       L
  E     8 +       L
  N       |       L       L
  C       |       LH HH   L
  Y       |       LHHLH   L H L H
        4 +       LLLLL HLL H L H
          |    L L LLLLLHLLL L L L      H
          |    L L LLLLLLLLLHLHL L      L
          |  L LLLLLLLLLLLLLLLLLHL LHH HL H H  L L
Predicted ---------------+---------------+---------------+---------------
  Prob:   0             .25              .5             .75              1
  Group:  LLLLLLLLLLLLLLLLLLLLLLLLLLLLLLHHHHHHHHHHHHHHHHHHHHHHHHHHHHHH

          Predicted Probability is of Membership for High
          The Cut Value is .50
          Symbols: L - Low
                   H - High
          Each Symbol Represents 1 Case.
```

분류표에서 관측값과 예측값을 비교함으로써 모형의 적합이 얼마나 잘 되었는지의 여부를 평가할 수 있다. 우선 맥박의 수가 낮은 68명의 개체들과 맥박의 수가 높은 2명의 개체들이 모형에 의해 올바르게 예측되었다. 반면에 맥박의 수가 낮은 2명의 개체들과 맥박의 수가 높은 20명의 개체들은 잘못 분류되었다. 따라서 맥박의 수가 낮은 개체들의 97.1%와 맥박의 수가 높은 개체들의 9.1%가 올바르게 분류되어 총 92명 중 76.1%가 올바르게 분류되었다.

앞의 그림은 추정된 확률값의 히스토그램이다. 절단값이 0.5일 때 맥박의 수가 낮은 경우가 높은 경우로 잘못 추정된 개체의 수가 2명이다. 반면에 추정된 확률값이 0.25보다 작은 경우에도 맥박의 수가 높은 개체들은 9명으로 나타났다.

상관행렬

		Constant	SMOKES	WEIGHT
1 단계	Constant	1.000	-.477	-.976
	SMOKES	-.477	1.000	.324
	WEIGHT	-.976	.324	1.000

케이스별 목록[b]

케이스	선택 상태[a]	관측	예측값	예측집단	임시변수	
		RestingPulse			잔차	Z잔차
56	S	H**	.131	L	.869	2.575

a. S = 선택 케이스, U = 비선택 케이스, ** = 잘못 분류된 케이스.
b. 2.000보다 큰 스튜던트화 잔차의 케이스가 기록되었습니다.

다음은 표준화된 잔차 대 각 개체의 일련 번호를 산점도로 나타낸 것이다. 표준화된 잔차의 값이 매우 큰 개체는 발견할 수 없다.

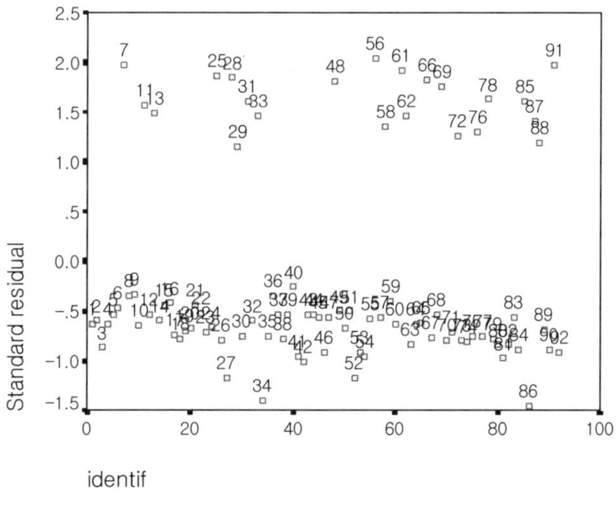

다음에 주어진 산점도에서 86번째 개체의 레버리지값이 나머지 개체들의 값보다 상대적으로 큰 값임을 알 수 있다.

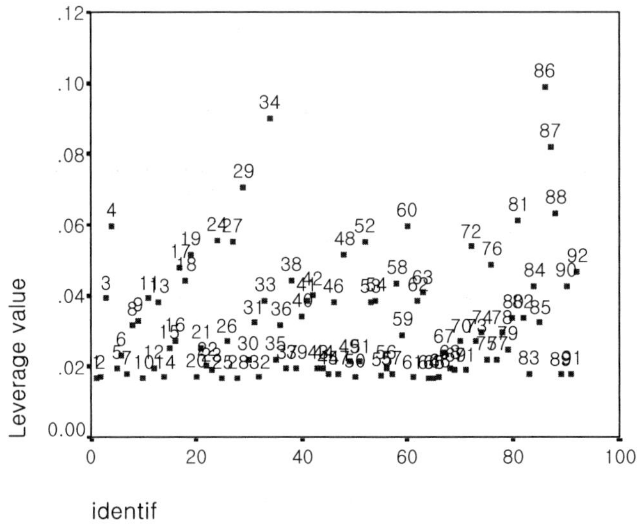

다음의 산점도를 통해 변수 SMOKES의 영향을 측정하는 DFBETA의 값들을 볼 수 있다. 86, 34번째 개체의 DFBETA 값이 상대적으로 큰 값을 보여 주고 있다.

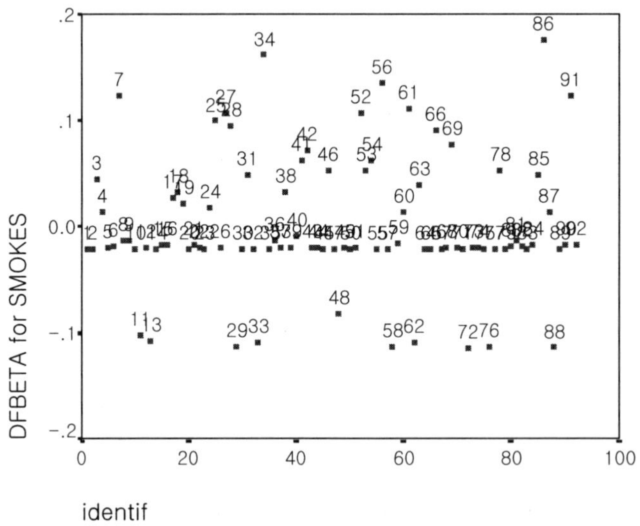

마찬가지로 변수 WEIGHT의 계수를 추정하는 데 86, 48, 34번째 개체들이 다소 영향을 미침을 알 수 있다.

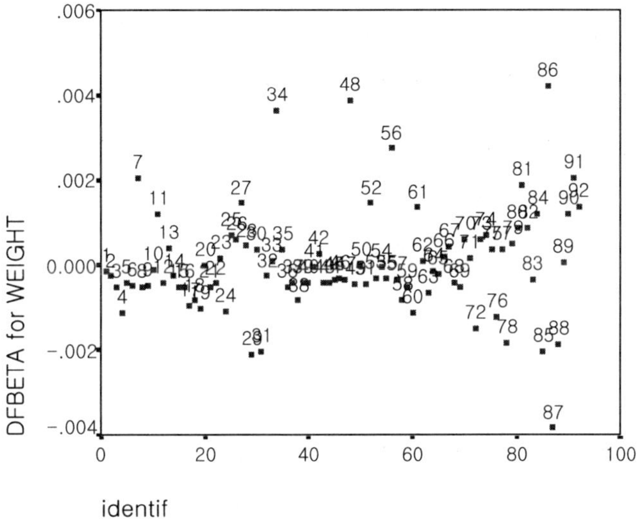

다음의 산점도에 각 개체의 영향을 평가하는 Cook의 거리값들이 주어졌다. 48, 86번째 개체들이 다른 개체들에 비해 영향력이 있음을 알 수 있다.

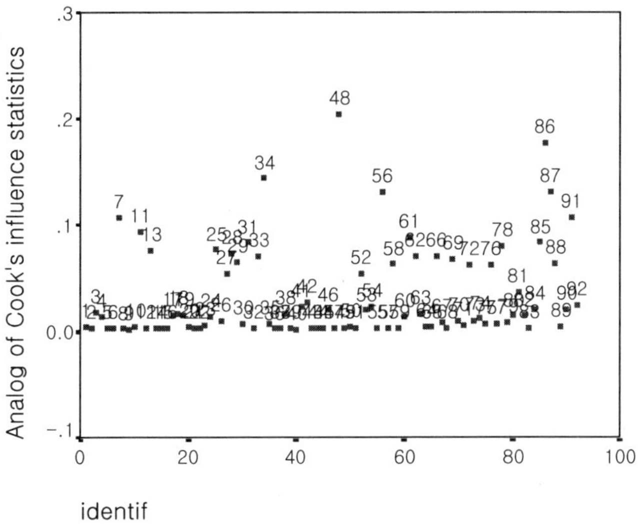

7.1.2 이분형 로지스틱 회귀모형의 SPSS 절차

예제

생활 습관이 관상동맥성심장병(CHD)에 대한 위험 요인이 될까? 환자들의 흡연 상태, 식생활 습관, 운동, 음주, CHD상태를 측정한다면 네 가지 생활 습관 변수를 사용하여 모형을 설정한 다음 환자들에 대하여 CHD가 발생할지를 예측할 수 있다. 적합된 모형으로 각 요인에 대한 승산비(예: 비흡연자보다 흡연자에게 CHD가 발병할 가능성이 얼마나 더 많은가)를 추정할 수 있다.

데이터

종속변수는 이분형이어야 한다. 독립변수는 연속형이나 범주형이 될 수 있다. 독립변수가 범주형인 경우 가변수를 사용하여야 함은 이미 설명한 바 있다(SPSS 절차 중에 범주형변수를 자동으로 가변수로 변경해 주는 옵션이 있다).

가정

로지스틱 회귀모형은 판별분석에서 가정하는 동일한 분포의 가정을 하지 않는다. 그러나 독립변수들이 다변량 정규분포를 따른다면 현재의 분석방법이 좀 더 안정적이 될 것이다. 또한 다른 형태의 회귀모형과 같이 독립변수들간의 다공선성은 편의된(biased) 추정값과 팽창한 표준오차를 유도할 수 있다. 이 절차는 종속변수가 실제로 범주형일 때 가장 효과적이다. 만일 종속변수의 수준이 연속형변수의 값에 근거하여 정하여 진다면(예: "높은 IQ" 대 "낮은 IQ") 연속형변수가 제공하는 풍부한 정보를 활용하기 위해 선형회귀모형을 사용하는 것이 낫다.

관련 절차

① 자료가 다공선성이 있는지를 점검하기 위하여 산점도 절차를 사용한다.

② 다변량 정규성의 가정과 동일한 분산-공분산 행렬의 가정이 충족되면 판별분석절차를 사용하여 좀 더 빠른 해법을 구할 수 있다.

③ 모든 독립변수가 범주형이면 로그 선형 절차도 사용할 수 있다.

④ 종속변수가 연속형이면 선형회귀절차를 사용한다.

⑤ 로지스틱 회귀분석 절차를 사용하여 저장된 확률을 도표화하는 ROC 곡선 절차를 사용할 수 있다.

단계

① [그림 7-2] 메뉴에서 다음을 선택한다.

분석(A) > 회귀분석(R) > 이분형 로지스틱(G)...

② 이분형 종속변수를 하나 선택한다. 이 변수는 숫자형이거나 문자형이다.

③ 하나 이상의 공변량을 선택한다. 교호작용항을 포함하려면 교호작용항에 포함할 모든 변수를 선택한 다음(자판의 control을 누른 상태에서 변수들을 선택한다.) >a*b(A)> 을 선택한다.

④ 집단(블록)에 변수를 입력하려면 블록에 들어갈 공변량을 선택한다. 새 블록을 지정하려면 다음(N) 을 누른다. 블록이 모두 지정될 때까지 이 과정을 반복한다.

규칙 설정

옵션으로 분석할 개체를 선택할 수 있다. [그림 7-3]의 좌측하단 선택(L) >> 을 누르고 선택변수를 고른 다음 규칙(U)... 을 누른다. 그러면 [그림 7-6] 중앙에 로지스틱 회귀분석의 규칙설정 대화 상자가 열리면 선택할 개체를 설정한다.

[그림 7-6] 변수의 케이스 선택

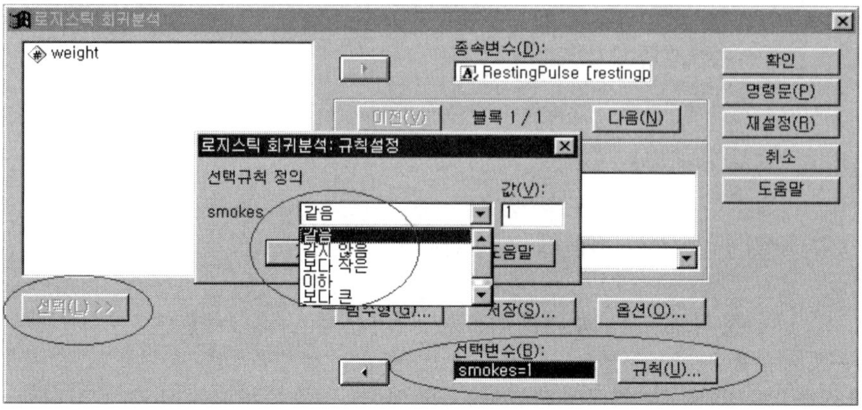

선택 규칙으로 정의된 개체들을 분석절차에 포함한다. 예를 들어, 변수와 같음을 선택하고 값 “1”을 지정하면 선택된 변수(SMOKES)의 값이 “1”인 개체들만 선택된다.

분류표와 그 통계량은 선택한 개체와 선택하지 않은 개체에 대해 각각 생성된다. 기존의 데이터 세트를 기준으로 새 개체를 분류하는 방법을 제공하고 가정한 모형에 대한 타당성을 검정하기 위해 데이터 세트를 분할하는 방법을 제공한다.

범주형변수의 정의

로지스틱 회귀모형의 SPSS 절차가 범주형변수를 처리하기 위하여 로지스틱 회귀분석 창의 범주형을 선택한 후 다음의 세부사항을 지정할 수 있다.

① 공변량

기본 대화 상자에 지정된 모든 공변량과 교호작용항의 목록이 공변량 창에 들어있다. 이 공변량들 중 문자형이나 범주형인 경우에만 범주형 공변량으로 사용할 수 있다.

② 범주형 공변량

범주형으로 정의된 공변량을 나열한다. 각 변수에는 사용할 대비 방법을 나타내는 표기법이 괄호 안에 있다. 문자형변수(변수명 뒤에 기호 <가 붙음)는 이미 범주형 공변량 창에 존재한다. 공변량 창에서 다른 공변량을 선택한 후에 범주형 공변량 창으로 이동시킨다.

③ 대비 바꾸기

대비 방법을 변경할 수 있으며, 사용할 수 있는 대비 방법은 다음과 같다.

- 편차: 기준 범주(참조 범주)를 제외한 범주형 공변량의 각 범주는 전체 효과와 비교된다.
- 단순: 범주형 공변량의 각 범주(참조 범주 제외)는 기준 범주와 비교된다.
- 차분: 처음 범주를 제외한 범주형 공변량의 각 범주는 이전 범주의 평균 효과와 비교된다. 이것을 역 헬머트 대비라고도 한다.
- Helmert: 마지막 범주를 제외한 범주형 공변량의 각 범주는 후속 범주들의 평균 효과와 비교된다.
- 반복: 처음 범주를 제외한 범주형 공변량의 각 범주는 선행하는 범주와 비교된다.
- 다항: 직교다항 대비. 범주는 동일한 간격으로 떨어져 있어야 한다. 다항 대비는 숫자변수에 대해서만 사용할 수 있다.
- 표시형: 대비는 소속범주가 있는지 여부를 나타낸다. 기준 범주는 대조 행렬에서 "0"행으로 표현된다.

대비 바꾸기 창에서 대비의 선택 방법으로 편차, 단순 또는 표시형을 선택하는 경우에는 기준 범주로 처음이나 마지막을 선택한다. 선택한 후 대비 바꾸기 창의 바꾸기를 클릭하여야만 실제로 변경됨에 유의하여야 한다. 문자 공변량은 반드시 범주형 공변량이어야 한다. 범주형 공변량 목록에서 문자변수를 제거하려면 기본 대화 상자의 공변량 목록에서 해당 변수를 포함하는 모든 항을 제거하여야 한다.

요인 정보

SPSS에서는 모형 내의 모든 요인과 각 요인의 수준의 수 및 수준의 값을 보여 준다. 각 요인의 기준수준(기준 범주)은 그 요인의 마지막 범주 또는 처음 범주를 선택할 수 있다. (아래의 표는 기준 범주로 마지막을 선택한 경우이다.)

범주형 변수 코딩

		빈도	파라미터 코딩
			(1)
SMOKES	No	64	1.000
	Yes	28	.000

범주형변수(SMOKES)의 수준의 값(No, Yes), 각 수준의 빈도(64, 28)를 나타내며 SPSS 내부에서는 이 수준들을 자동적으로 "1"과 "0"으로 코드화한다.

이분형 로지스틱 회귀모형 SPSS 절차에서의 기준 범주 개념

대비 바꾸기 창에서 대비 방법으로 표시형을, 기준 범주로 마지막을 선택한 경우

- 종속변수가 문자형인 경우

자료의 처음값	0
나머지 값	1

- 종속변수가 숫자형인 경우

숫자의 크기가 적은 수	0
숫자의 크기가 큰 수	1

- 독립변수가 문자형인 경우

자료의 처음값	1
나머지 값	0

■ 독립변수가 숫자형이지만, 범주형 옵션을 선택하는 경우

자료의 처음값	1
나머지 값	0

새 변수로 저장

[그림 7-7] 로지스틱 회귀분석(저장)

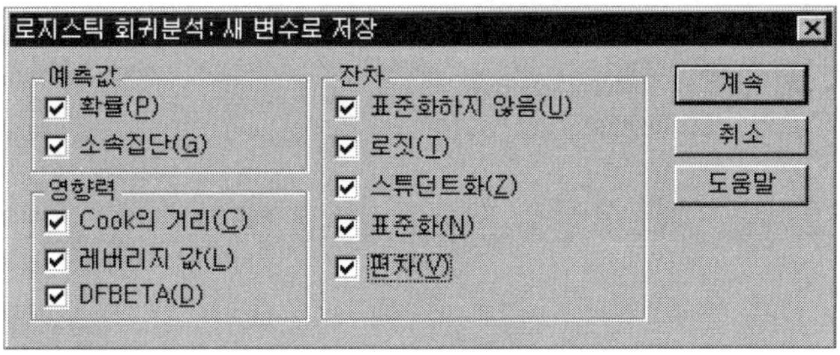

로지스틱 회귀분석의 결과를 작업 데이터 파일에 새 변수로 저장할 수 있다.

① 예측값

가정한 모형이 예측한 값을 저장하며, 사용할 수 있는 옵션은 다음과 같다.

· 확률

· 소속 집단

② 영향력

예측값에 대한 개체의 영향(력)을 측정하는 통계량의 값을 저장한다. 사용할 수 있는 옵션은 다음과 같다.

· Cook의 거리

· 레버리지

· DfBeta

③ 잔차(residual)

잔차를 저장하며, 사용할 수 있는 옵션은 다음과 같다.

· 표준화하지 않음
· 로짓
· 스튜던트화
· 표준화
· 편차

7.1.3 로지스틱 회귀분석 옵션

로지스틱 회귀분석을 위한 옵션을 지정할 수 있다.

통계량 및 도표

통계량과 도표를 선택할 수 있으며, 사용할 수 있는 옵션은 다음과 같다.

· 분류 도표
· Hosmer-Lemeshow 적합도
· 개체별 잔차의 목록
· 추정값들의 상관계수
· 반복 계산 정보
· exp(B)에 대한 신뢰구간

출력

· 각 단계마다

또는

· 마지막 단계에서

를 선택하면 각 단계마다 또는 마지막 단계에서 통계량과 도표를 출력할 수 있다.

[그림 7-8] 로지스틱 회귀분석(옵션)

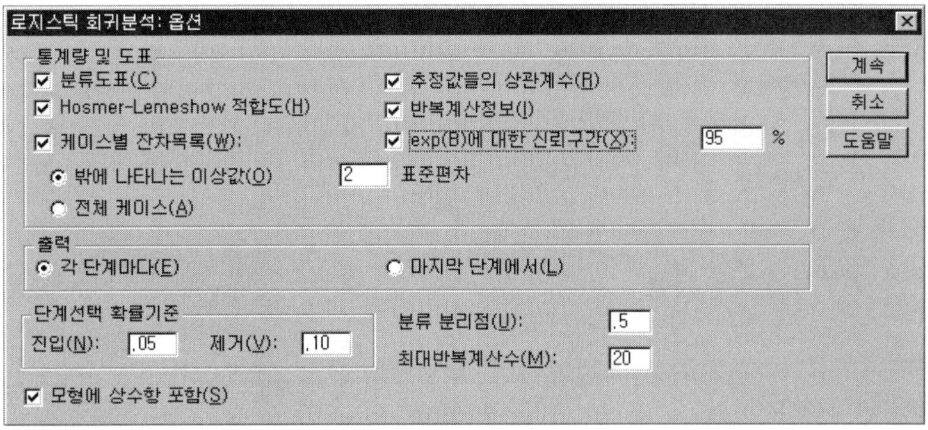

단계 선택법 확률

모형에 변수를 입력하고 제거하는 기준을 선택할 수 있다. 또한 변수의 입력이나 제거에 대한 기준을 지정할 수 있다.

분류 분리점

개체를 분류하기 위한 분리점을 결정할 수 있다. 분류 분리점보다 작은 예측값의 개체는 음수로 분류되고 분류 분리점을 넘어서는 예측값을 가진 개체는 양수로 분류된다. 디폴트를 변경하려면 0.01과 0.99 사이의 값을 입력하여야 한다.

최대 반복 계산수

모형 분석이 종결되기 전에 반복되는 최대 횟수를 변경할 수 있다.

모형에 상수항 포함

모형에 상수항을 포함시킬 것인지의 여부를 지정할 수 있으며, 이 옵션을 선택하지 않으면 상수항은 "0"이 된다.

통계량

① 각 분석에 대해
- 전체 케이스
- 선택한 케이스
- 유효 케이스

② 각 범주형변수에 대해
- 모수 코딩

③ 각 단계에 대해
- 입력되었거나 제거된 변수(들)
- 반복 계산 정보
- −2 로그 가능도
- 적합도
- Hosmer-Lemeshow 적합도통계량
- 모형 카이제곱과 향상 카이제곱
- 분류표
- 변수들 간의 상관
- 관측 집단과 예측 확률도표
- 잔차 카이제곱

④ 모형의 각 변수에 대해
- 계수(B)
- B의 표준오차
- Wald 통계량
- R
- 추정된 승산비 (exp(B))
- exp(B)에 대한 신뢰구간
- 항이 모형에서 제거된 경우의 로그 가능도

⑤ 모형에 없는 각 변수에 대해

· 스코어 통계량

· R

방법

변수의 블록 입력이나 단계선택법 중 하나를 사용하여 모형을 추정할 수 있다.

· 전진 조건

· 전진 LR

· 전진 Wald

· 후진 조건

· 후진 LR

· 후진 Wald

7.1.4 이분형 로지스틱 회귀모형에 대한 절차 선택

이분형 로지스틱 회귀모형은 SPSS의 로지스틱 회귀분석 절차나 다항 로지스틱 회귀분석 절차를 사용하여 적합할 수 있다. 각 절차에는 다른 절차에서는 사용할 수 없는 옵션이 있다. 중요한 이론적 차이점은 로지스틱 회귀분석 절차에서는 공변량패턴의 수가 전체 개체의 수보다 작은지 여부뿐 아니라 데이터 입력 방법과 관계없이 각 개체의 데이터를 사용하여 모든 예측값, 잔차, 영향력 통계량, 적합도통계량을 산출한다. 반면에 다항 로지스틱 회귀분석 절차에서는 공변량에 대한 동일한 공변량패턴을 사용하여 부 모집단을 형성하도록 내부적으로 개체를 통합하고 이러한 부 모집단에 근거하여 예측값, 잔차, 적합도통계량을 산출한다. 모든 독립변수가 범주형이거나 연속형 독립변수의 수준의 수가 몇 개인 경우에는 각 공변량패턴에 여러 개체가 있도록 부모집단 접근법에서 유효한 적합도검정과 정보를 제공하는 잔차를 생성할 수 있지만 각 개체에 근거하여서는 산출할 수 없다.

로지스틱 회귀분석 절차에서는 다음의 고유한 기능을 제공한다.

· 모형에 대한 Hosmer-Lemeshow 적합도검정

· 단계별 분석
· 모형의 모수화를 정의하는 대비
· 분류하기 위한 분류점의 선택
· 분류표
· 데이터 세트를 분할한 타당성 검사
· 예측값, 잔차, 영향력 통계량의 저장

다항 로지스틱 회귀분석 절차에서는 다음의 고유한 기능을 제공한다.
· 모형의 적합도검정을 위한 피어슨 및 편차 카이제곱 통계량
· 적합도검정을 위한 데이터 세트의 부 모집단 지정
· 부 모집단 내의 빈도, 예측빈도, 잔차 목록
· 초과 산포에 대한 분산의 추정값 수정
· 모수 추정값의 공분산 행렬
· 모수의 선형결합에 대한 검정
· 지분된(nested) 모형의 명시
· 1-1 대응 조건 로지스틱 회귀모형의 적합

7.2 ROC 곡선

7.2.1 ROC 곡선의 사례 연구

이분형 로지스틱 회귀모형의 사례 연구에서 사용한 [표 7-1] 자료를 ROC 곡선에 적용해 보도록 한다. SPSS를 이용하여 ROC 곡선을 그리고 그 곡선 아래의 면적을 산출하기 위해서는 다음 두 단계의 작업이 필요하다.

1단계

이분형 로지스틱 회귀분석을 실행하여 예측값을 저장한다([그림 7-4] 참조).

2단계

① [그림 7-9] 메뉴에서 다음을 선택한다.

그래프 > ROC 곡선...

② 검정(확률)변수를 선택한다. 이는 이분형 로지스틱 절차 시행시 저장한 예측값(pre_1)을 의미한다.

③ 상태변수를 선택한다. 다시 말해서 이분형 로지스틱 절차 시행시 사용한 종속변수(RestingP)를 선택한다.

④ 상태변수의 수준 중 양의 값을 입력한다.

[그림 7-9] 자료 및 ROC 곡선 메뉴

[그림 7-10] ROC 곡선

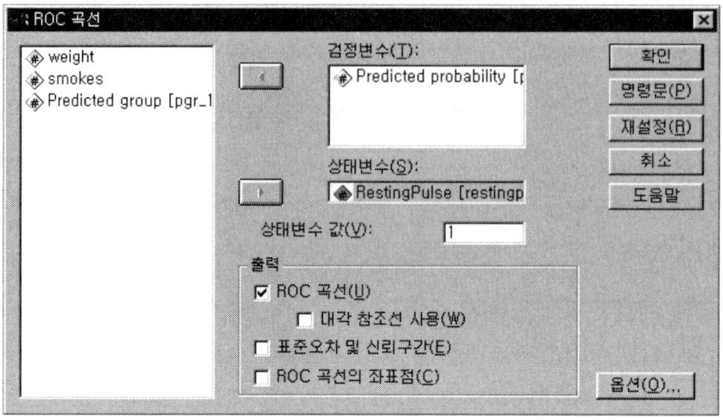

SPSS 명령문

이상의 메뉴 작업은 다음 명령문을 실행한 것과 동일하다.

```
ROC
  pre_1  BY restingp (1)
  /PLOT = CURVE
  /CRITERIA = CUTOFF(INCLUDE) TESTPOS(LARGE) DISTRIBUTION(FREE) CI(95)
  /MISSING = EXCLUDE .
```

ROC 곡선 - 결과

케이스 처리 요약

RestingPulse	유효수(목록별)
정(+)[a]	22
부(-)	70

검정 결과 변수의 큰 값은 강한 양의 실제 상태를 나타냅니다.

a. 양의 실제 상태는 1입니다.

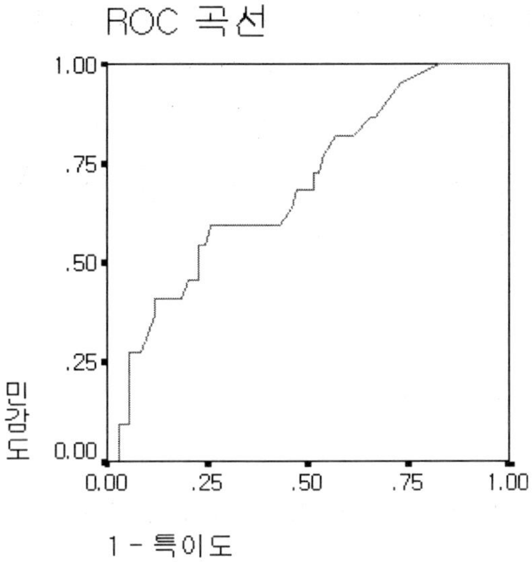

대각 세그먼트는 동률에 의해 생성됩니다.

곡선 아래 영역

검정 결과 변수: Predicted probability

영역
.690

검정 결과 변수: Predicted probability에는 양의 실제 상태 집단과 음의 실제 상태 집단 사이에 하나 이상의 동률이 있습니다. 통계량은 편향될 수 있습니다.

결과와 해석

동일한 방향의 쌍, 반대 반향의 쌍, 같은 값을 가진 쌍들의 수를 대략 알 수 있다. 이 값들은 관측된 종속변수의 값과 예측된 확률의 값 사이의 관련성을 재는 측도가 된다.

① 동일한 방향의 쌍, 반대 방향의 쌍, 같은 값을 가진 쌍들을 나타내는 표는 종속변수의 값이 서로 다른 관찰값들을 짝지어서 계산하게 된다. 이 예에서 종속변수 RestingP=1인 경우는 22명, 0인 경우는 70명이므로 22×70=1540가지의 서로 다른 종속변수의 값을 가지는 쌍이 존재한다.

종속변수 RestingP = 1일 확률의 추정값이 RestingP = 0인 개체에 비해 RestingP = 1인 개체가 더 큰 값을 가지면 동일한 방향의 쌍이 된다. 다른 값을 가지는 쌍에 대해서도 마찬가지이다. 반대의 경우가 성립하면 그 쌍은 반대 방향의 쌍이 될 것이다. 확률값들이 두 개체에 대해 동일하다면, 같은 값을 가진 쌍이 될 것이다. 이 예에서는 동일한 방향의 쌍이 대략 69%, 반대 방향의 쌍은 31%가 된다.

7.2.2 ROC 곡선의 SPSS 절차

이 절차는 각 개체를 두 범주로 분류할 때 분류 방법의 성과를 평가하는 유용한 방법이다.

예제

채무를 변제하는 고객과 채무를 불이행하는 고객을 정확하게 분류하는 것이 은행의 관심사이다. 이러한 고객을 분류하기 위해 특별한 방법을 개발하였다. ROC 곡선을 사용하여 이러한 방법이 제대로 수행되는지 평가할 수 있다.

데이터

검정변수(test variable, 예측값)는 연속형이다. 평가자는 한 개체가 어떤 특정한 범주에 속할 정도를 예측한다. 이 정도를 판별분석 또는 로지스틱 회귀모형을 이용하여 구한 예측값으로 나타낸다. 상태변수(state variable, 종속변수)는 임의의 유형이 될 수 있으며 어느 개체가 속하는 참 범주를 나타낸다. 상태변수의 값은 어떤 범주를 양의 값으로 주어야 하는지를 가리킨다.

가정

평가자 척도(rater scale)의 값이 증가하면 어떤 개체가 어느 한 범주에 속할 가능성이 증가하는 것을 나타내는 반면에 평가자 척도의 값이 감소하면 한 개체가 다른 한 범주에 속할 가능성이 증가하는 것을 나타낸다고 가정한다. 사용자는 어떤 방향이 양인지를 선택해야 한다. 각 개체가 속하는 참 범주는 알려져 있다고 가정한다.

방법

ROC 곡선 아래의 면적에 대한 추정값을 비모수적으로 또는 이변량 음지수 모형(binegative exponential model)을 사용하여 모수적으로 구할 수 있다.

통계량

ROC 곡선 아래의 면적과 ROC 곡선의 좌표점.
도표: ROC 곡선.

ROC 곡선 옵션

다음 옵션을 선택하여 ROC 곡선을 분석할 수 있다.

[그림 7-11] ROC 곡선(옵션)

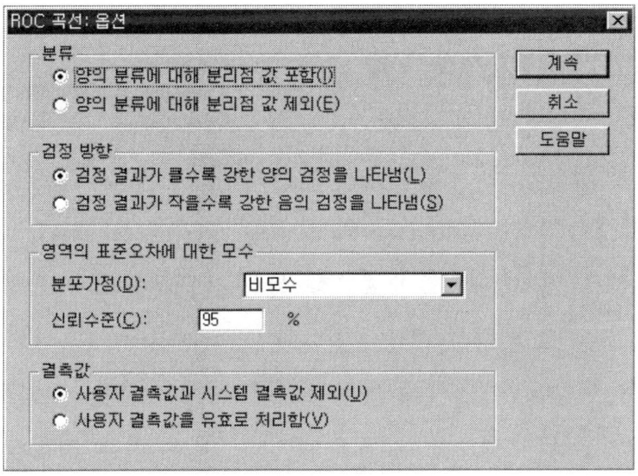

① 분류

양의 값으로 분류할 때 절단점(cutoff value)을 포함할 것인지 아닐지를 지정할 수 있다. 현재의 출력 결과에 아무런 영향을 주지 않는다.

② 검정 방향

양의 범주와 관련된 척도의 방향을 지정할 수 있다.

③ 면적의 표준오차에 대한 모수

ROC 곡선 아래 면적의 표준오차를 추정하는 방법을 명시할 수 있다. 가능한 방법으로 비모수적 방법과 이변량 음지수 방법이 있다. 또한 신뢰구간의 수준을 설정할 수 있다. 사용할 수 있는 범위는 50%에서 100%까지이다.

④ 결측값

결측값을 처리할 방법을 지정할 수 있다.

7.3 다항 로지스틱 회귀분석

7.3.1 다항 로지스틱 회귀모형의 사례 연구

학교 교과 과정의 담당자로서 학생들이 어떤 과목을 선호하고 있는지를 조사하고자 한다. 또한 학생들의 연령(AGE)과 과목 교수 방법(TeachingMethod)이 과목의 선호도에 어떤 영향을 미치는지 알아보고자 한다. 연령이 10~13세인 30명의 아동들에게 강의식 또는 토론식 방법을 통하여 과학(SCIENCE), 수학(MATH), 국어(ARTS)를 가르치고 있다. 학년말에 아동들에게 어떤 과목을 선호하는지를 설문 조사하였다. 이런 경우 반응변수의 수준은 어떤 순서가 없는 명목형이므로 다항 로지스틱 회귀모형을 채택하게 된다.

[표 7-12] 자료

일련번호	Subject	Age	TeachingMethod	일련번호	Subject	Age	TeachingMethod
1	math	10	discuss	16	science	12	lecture
2	science	10	discuss	17	science	12	lecture
3	science	10	discuss	18	science	12	discuss
4	math	10	lecture	19	arts	12	lecture
5	math	10	discuss	20	math	12	discuss
6	science	10	lecture	21	math	12	discuss
7	math	10	discuss	22	arts	12	lecture
8	math	11	lecture	23	arts	13	discuss
9	arts	11	lecture	24	math	13	discuss
10	science	11	discuss	25	arts	13	lecture
11	arts	11	lecture	26	arts	13	lecture
12	math	11	discuss	27	math	13	discuss
13	science	11	lecture	28	science	13	discuss
14	science	11	discuss	29	math	13	lecture
15	arts	11	lecture	30	arts	13	lecture

다항 로지스틱 회귀분석을 하기 위해서 SPSS 데이터 편집기에서

분석(A) > 회귀분석(R) > 다항 로지스틱(M)...

을 선택한 후, [그림 7-14]에 주어진 대화 상자의 "종속변수(D):" 란에 SUBJECT, "요인(F):" 란에 TeachingMethod, "공변량(C):" 란에 AGE를 각각 입력한다.

[그림 7-13] 데이터 편집기와 다항 로지스틱 메뉴

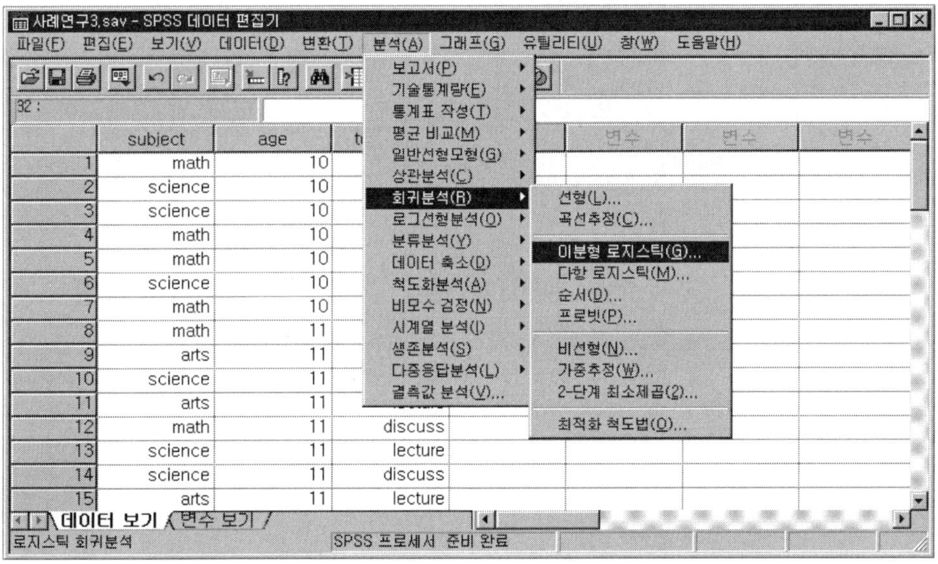

[그림 7-14] 다항 로지스틱 대화 상자

기능 선택

SPSS 절차에서 주어진 모든 분석을 위해 다음 대화 상자에서 가능한 모든 기능을 선택하여 본다.

[그림 7-15] 다항 로지스틱(모형)

[그림 7-16] 다항 로지스틱(통계량)

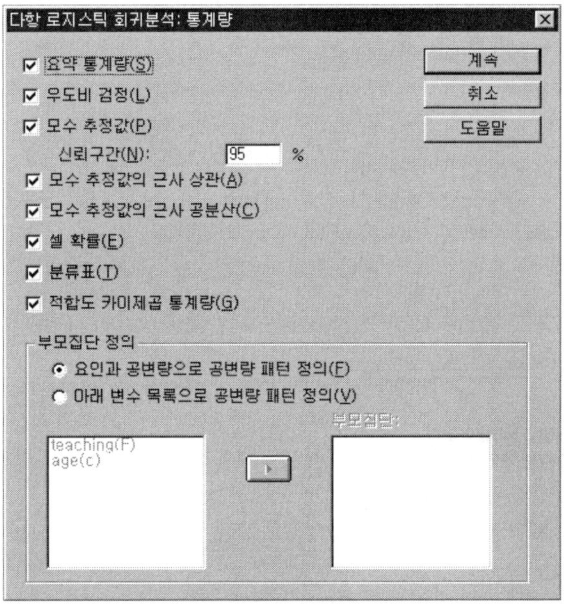

[그림 7-17] 다항 로지스틱(저장)

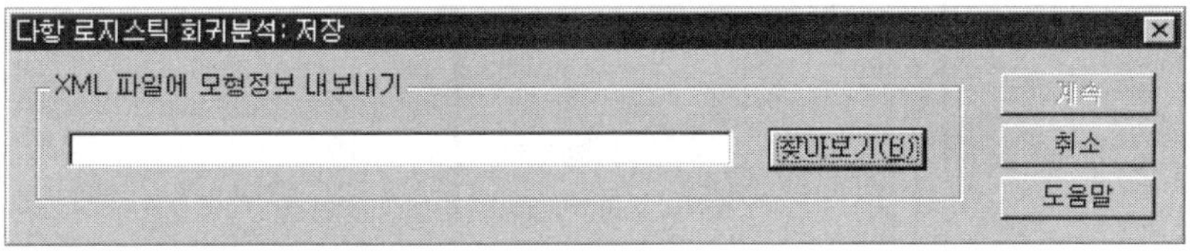

[그림 7-18] 다항 로지스틱(수렴 기준)

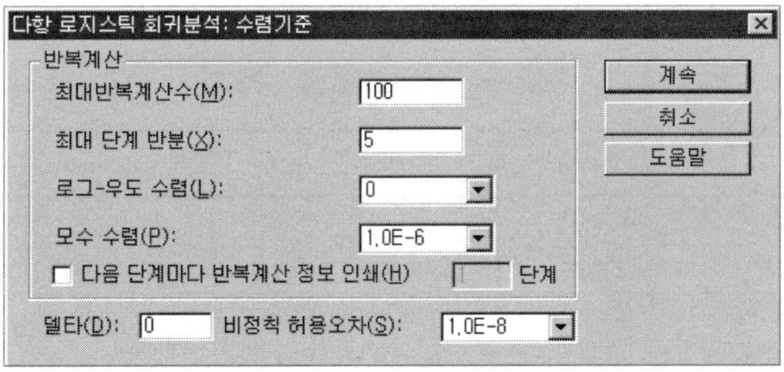

SPSS 명령문

이상의 메뉴 작업은 다음의 명령문을 실행한 것과 동일하다.

```
NOMREG
  subject BY teaching WITH age
  /CRITERIA = CIN(95) DELTA(0) MXITER(100) MXSTEP(5) LCONVERGE(0)
   PCONVERGE(1.0E-6) SINGULAR(1.0E-8)
  /MODEL
  /INTERCEPT = INCLUDE
  /PRINT = CELLPROB CLASSTABLE FIT CORB COVB PARAMETER
   SUMMARY LRT.
```

NOMREG — 명목회귀분석 결과

다음은 위에서 행한 SPSS 절차를 사용하여 출력된 결과와 그 해석이다.

케이스 처리 요약

		빈도
SUBJECT	arts	9
	math	11
	science	10
TeachingMethod	discuss	15
	lecture	15
유효		30
결측		0
전체		30

모형 적합 정보

모형	-2 Log 우도	카이제곱	자유도	유의확률
절편 만	38.013			
최종모형	25.188	12.825	4	.012

적합도

	카이제곱	자유도	유의확률
Pearson	6.953	10	.730
편차	7.886	10	.640

Pseudo R-제곱

Cox와 Snell	.348
Nagelkerke	.392
McFadden	.195

우도비 검정

효과	축소모형의 -2 Log 우도	카이제곱	자유도	유의확률
절편	25.188	.000	0	.
AGE	29.054	3.866	2	.145
TEACHMET	34.296	9.107	2	.011

카이제곱 통계량은 최종모형과 축소모형 사이의 -2 Log 우도 차입니다. 축소모형은 최종모형에서 효과 하나를 생략하여 만든 모형입니다. 영가설은 효과의 모든 모수가 0입니다.

모수 추정값

SUBJECT		B 추정값	표준 오차	Wald	자유도	유의 확률	Exp(B)	Exp(B)의 95% 신뢰구간 하한	Exp(B)의 95% 신뢰구간 상한
ARTS	절편	-11.079	6.784	2.667	1	.102			
	AGE	1.014	.584	3.007	1	.083	2.755	.876	8.664
	[TEACHMET=discuss]	-2.770	1.372	4.075	1	.044	6.267E-02	4.257E-03	.922
	[TEACHMET=lecture]	0[a]	.	.	0	.	.	.	.
MATH	절편	-1.686	4.564	.136	1	.712			
	AGE	.125	.401	.097	1	.756	1.133	.516	2.486
	[TEACHMET=discuss]	.563	.938	.361	1	.548	1.756	.280	11.032
	[TEACHMET=lecture]	0[a]	.	.	0	.	.	.	.

a. 이 모수는 중복되므로 0으로 설정됩니다.

반응변수 정보

과학, 수학, 국어 등을 선호하는 아동들의 수와 결측값의 수를 보여 준다. SPSS의 다항 로지스틱 절차와 순서 로지스틱 절차는 종속변수의 마지막 범주(문자형인 경우 알파벳 순서)인 과학(SCIENCE)을 기준 범주로 한다.

요인 정보

SPSS에서는 모형 내의 모든 요인과 각 요인의 수준의 수 및 수준의 값을 보여 준다. SPSS의 다항 로지스틱 절차와 순서 로지스틱 절차에서 각 요인의 기준수준은 가장 큰 값(문자열인 경우 알파벳 순서)이 된다.

결과 해석

① 추정된 계수와 그 표준오차, 월드 통계량과 그 p값 등을 산출한다. 또한 승산비와 승산비의 95% 신뢰구간을 보여 준다.

② 종속변수의 범주의 수가 3개이므로, SPSS에서는 두 세트의 모수 추정값들을 산출한다. 즉, 마지막 범주인 과학을 기준 범주로 하여 국어와 수학의 로짓의 차이를 계산한 값이다. 각 세트는 절편항, 요인(TeachingMethod), 공변량(AGE)에 대한 추정계수를 포함하고 있다. 변수 TeachingMethod의 계수는 변수 AGE가 일정할 때 TeachingMethod가 토론식일 때(강의식에 비하여) 로짓의 변화를 추정한 값이다. 마찬가지로 변수 AGE의 추정계수는 변수 TeachingMethod가 일정할 때 AGE가 1세 증가할 때의 로짓의 변화이다. 두 세트의 모수의 추정값들은 반응변수에 대해 평행이 아닌 직선을 나타낸다.

③ 처음 세트의 모수 추정값들은 기준 범주인 과학에 대하여 국어의 선호도에 대한 로짓의 변화를 추정한 값들이다. 변수 TeachingMethod와 AGE에 대한 p값인 0.044와 0.083은 변수 TeachingMethod가 강의식에서 토론식으로의 변화 또는 변수 AGE의 변화가 과학에 비하여 국어를 선호한다는 결론을 내리기에 충분하다는 증거를 제시한다. 변수 TeachingMethod의 계수가 음인 것은 TeachingMethod가 토론식일 때 강의식에 비해 학생들이 과학보다 국어를 더 선호하고 있지 않음을 나타내고 있다. 추정된 승산비가 0.063임은 과학에 비해 국어를 선호할 승산이

TeachingMethod가 강의식에서 토론식으로 변할 때 1/16 정도임을 보여 주고 있다. 변수 AGE의 계수가 양수이므로 학생들의 연령이 많을수록 과학보다 국어를 더 선호하는 경향이 있음을 시사하고 있다.

두 번째 세트의 모수 추정값들은 기준 범주인 과학에 대하여 수학의 선호도에 대한 로짓의 변화를 추정한 값들이다. 변수 TeachingMethod와 AGE에 대한 p 값인 0.548과 0.756은 변수 TeachingMethod가 강의식에서 토론식으로의 변화와 변수 AGE의 변화가 과학에 비하여 수학을 더 선호한다는 결론을 내릴 수 없음을 보여준다.

통계량 G는 오로지 절편항만 있는 모형과 절편항과 두 변수가 있는 모형의 로그 가능도비에 −2를 곱한 값이다. 따라서 통계량 G는 $H_0 : \beta_1 = \beta_2 = 0$ 를 검정하기 위한 검정통계량이 된다. $\alpha = 0.05$ 에서 $G = 12.825$의 p 값이 0.012이므로 적어도 변수 하나의 계수는 "0"이 아니라는 충분한 증거가 있음을 보여 주고 있다.

④ 적합도검정은 피어슨 검정통계량과 편차 적합도검정통계량의 값을 산출해 준다. 이 예에서 피어슨 검정의 p 값이 0.730이고, 편차검정의 p 값은 0.64가 된다. 따라서 가정한 모형이 자료들을 잘 적합시키고 있지 않다고 할 증거가 없다. 만일 p 값이 유의 수준보다 작으면, 가정한 모형이 자료를 잘 적합하고 있지 않음을 알 수 있다.

7.3.2 다항 로지스틱 회귀모형의 SPSS 절차

다항 로지스틱 회귀분석은 각 개체의 독립변수의 값에 따라 그 개체들을 분류할 때 사용하는 분석 방법이다. 다항 로지스틱 회귀모형은 이분형 로지스틱 회귀모형과 유사하지만 종속변수를 두 개의 범주로 제한하지 않으므로 이분형 로지스틱 회귀모형보다 더 일반적으로 사용할 수 있다.

예제

영화사에서는 영화를 흥행시키기 위하여 관객이 선호하는 영화의 종류를 예측하려고 한다. 이 경우 영화사에서는 다항 로지스틱 회귀분석을 실행하여 개인의 연령, 성별, 데이트 성향이 영화의 선호도에 미치는 영향을 추정할 수 있다. 이 결과에 따라 영화사에서는 특정 영화에 대해 그 영화를 볼 가능성이 높다고 예상되는 관객층에 집중적으로 광고할 수 있다.

데이터

종속변수는 명목형이어야 하며, 독립변수는 요인 또는 공변량이 된다. 일반적으로, 요인은 범주형이고, 공변량은 연속형이다.

가정

임의의 공변량패턴 내에서 종속변수는 다항분포를 따른다고 가정한다.

단계

① 메뉴에서 다음을 선택한다.

분석 > 회귀분석 > 다항 로지스틱...

② 종속변수를 선택한다.
③ 요인(숫자형 또는 범주형)을 선택한다.
④ 공변량(숫자형)을 선택한다.

방법

모수 추정값은 반복적 최대가능도 알고리즘을 사용하여 구한다.

다항 로지스틱 회귀분석: 모형

다항 로지스틱 회귀분석 창의 옵션 중 모형을 선택하면 다음과 같은 옵션을 지정할 수 있다.

① 모형설정

주효과 모형, 완전요인모형 또는 사용자 정의모형을 선택할 수 있다. 주효과 모형은 공변량과 요인의 주효과는 포함하지만 교호작용의 효과는 포함하지 않는다. 완전요인모형은 모든 주효과와 단지 요인과 요인간의 교호작용만을 포함한다. 공변량간의 교호작용은 포함하지 않는다. 사용자 정의모형을 선택하여 요인과 요인간의 교호작용이나 공변량간의 교호작용을 지정할 수 있다.

② 요인 및 공변량

독립변수들 중 요인인 경우는 (F), 공변량인 경우 (C)로 표시된다.

③ 모형

모형은 선택한 주효과와 교호작용의 효과에 따라 다르다.

④ 절편항의 포함 여부

모형에 절편항을 포함하거나 제외할 수 있다.

⑤ 척도

모수 공분산 행렬의 추정값을 수정할 때 사용하는 산포 척도값을 지정한다.

- 편차는 편차함수(가능도비 카이제곱) 통계량을 사용하여 척도값을 추정한다.
- 피어슨은 피어슨 카이제곱 통계량을 사용하여 척도값을 추정한다.
- 사용자는 또한 임의의 척도값을 지정할 수 있다. 단, 값은 양수로 지정해야 한다.

다항 로지스틱 회귀분석: 통계량

다항 로지스틱 회귀분석 창에서는 다음과 같은 통계량을 선택할 수 있다.

반복 계산 정보, 모수 상관계수, 근사 공분산 및 상관행렬, 모형 및 부분 효과에 대한 가능도비 검정, −2 로그 가능도, 피어슨 및 편차 카이제곱 적합도, Cox & Snell, Nagelkerke, McFadden R^2.

분류: 반응 범주에 의한 관측빈도 대 예측빈도.
교차표: 공변량패턴 및 반응 범주에 의한 관측빈도 및 예측빈도(잔차 포함)와 비율.

① 요약통계량
Cox & Snell, Nagelkerke, McFadden R^2 통계량을 출력한다.

② 가능도비 검정
모형의 부분 효과에 대한 가능도비 검정을 출력한다. 전체 모형의 검정은 자동으로 산출된다.

③ 모수 추정값
사용자가 지정한 신뢰수준으로 모수들의 추정값을 출력한다.

④ 모수 추정값의 근사 상관
모수 추정값의 상관행렬을 출력한다.

⑤ 모수 추정값의 근사 공분산
모수 추정값의 공분산 행렬을 출력한다.

⑥ 셀 확률
공변량패턴과 반응범주에 의한 관측빈도, 예측빈도(피어슨 잔차 포함), 그 백분율을 출력한다.

⑦ 분류표

종속변수의 관측수준 대 예측수준의 교차표를 산출한다.

⑧ 적합도 카이제곱 통계량

피어슨 및 편차 카이제곱 통계량을 산출한다. 모든 요인과 공변량에 대한 공변량패턴이나, 사용자가 정의한 공변량패턴 하에서 통계량을 계산한다.

⑨ 부 모집단의 정의

요인과 공변량의 일부분만을 선택하여 셀 확률 및 적합도검정에서 사용하는 공변량패턴을 정의할 수 있다.

다항 로지스틱 회귀분석: 기준

다항 로지스틱 회귀분석에 대해 다음과 같은 기준을 명시할 수 있다.

① 반복 계산

최대 반복 계산 횟수, 반분의 단계에서 최대 단계의 횟수, 로그 가능도 및 모수 추정값의 변화에 대한 수렴의 한계, 반복 계산 정보의 출력을 지정할 수 있다.

② 델타

"1" 미만의 양수를 명시할 수 있다. 이 값은 공변량패턴과 반응범주 교차표의 각 셀에 더해진다. 안정적인 알고리즘을 만들고 추정값이 편향되지 않도록 한다.

③ 비정칙 허용오차

비정칙성 검사에 사용하는 허용오차의 범위를 정할 수 있다.

다항 로지스틱 회귀분석: 저장

저장 대화 상자를 사용하여 지정된 파일에 모형의 정보를 내보낼 수 있다.

[표 7-19] 자료

일련번호	Survival	Region	Toxic Level	일련번호	Survival	Region	Toxic Level
1	1	2	62.00	38	2	2	40.50
2	1	1	46.00	39	2	1	60.00
3	2	2	48.50	40	3	2	57.50
4	3	1	32.00	41	2	2	48.75
5	2	2	63.50	42	2	2	44.50
6	1	2	41.25	43	1	2	49.50
7	2	1	40.00	44	2	1	33.75
8	3	2	34.25	45	2	2	43.50
9	2	2	34.75	46	2	1	48.00
10	1	1	46.25	47	3	2	34.00
11	2	2	43.50	48	1	2	50.00
12	2	1	46.00	49	3	1	35.00
13	2	2	42.50	50	1	2	49.00
14	1	1	53.00	51	2	1	43.50
15	1	1	43.50	52	3	1	37.25
16	1	2	56.00	53	3	1	39.00
17	2	2	40.00	54	3	2	34.50
18	1	1	48.00	55	2	2	47.50
19	2	2	46.50	56	1	1	42.00
20	2	1	72.00	57	2	1	45.50
21	2	1	31.00	58	2	1	38.50
22	1	2	48.00	59	2	2	36.50
23	2	1	36.50	60	2	1	37.50
24	2	1	43.75	61	3	2	38.50
25	2	2	34.25	62	2	1	47.00
26	2	2	41.25	63	2	1	39.75
27	2	1	41.75	64	1	2	60.00
28	2	1	45.25	65	2	1	41.00
29	2	2	43.50	66	2	2	41.00
30	2	1	53.00	67	3	2	30.00
31	3	2	38.00	68	2	1	45.00
32	2	1	59.00	69	2	1	51.00
33	2	2	52.50	70	2	1	35.25
34	2	1	42.75	71	1	1	40.50
35	2	1	31.50	72	2	1	39.50
36	2	1	43.50	73	3	1	36.00
37	2	1	40.00				

7.4 순서 로지스틱 회귀분석

7.4.1 순서 로지스틱 회귀모형의 사례 연구

미국 북동부 해안에 서식하는 전체 성인 도롱뇽의 숫자가 지난 몇 년 동안 점점 줄어들고 있다고 믿는 생물학자가 있다. 따라서 부화한 도롱뇽이 생존한 시간(SURVIVAL)과 해수의 독성(ToxicLev) 간의 관련성을 조사하려고 한다. 물론 지역적인 효과(REGION)도 변수로 고려할 것이다. 생존 시간은 10일 미만은 "1"로 10일부터 30일까지는 "2"로 31일부터 60일까지는 "3"으로 코드화한다.

다항 로지스틱 회귀분석을 하기 위해서 SPSS 데이터 편집기에서

분석(A) > 회귀분석(R) > 순서(D)...

를 선택한 후, 다음 주어진 대화 상자의 "종속변수(D):" 란에 SURVIVAL, "요인(F):" 란에 REGION, "공변량(C):" 란에 ToxicLev를 입력한다.

[그림 7-20] 데이터 편집기와 순서 로지스틱 메뉴

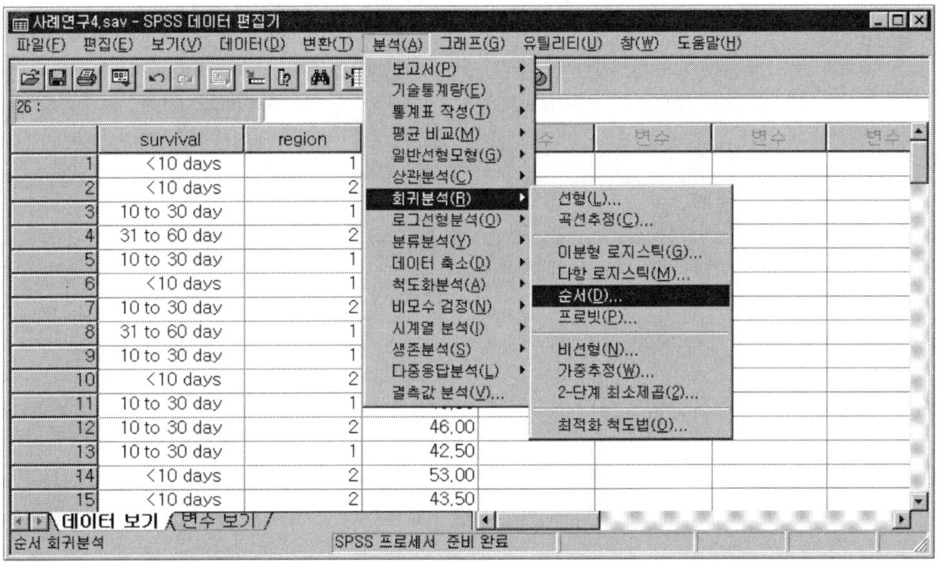

[그림 7-21] 순서 로지스틱 대화 상자

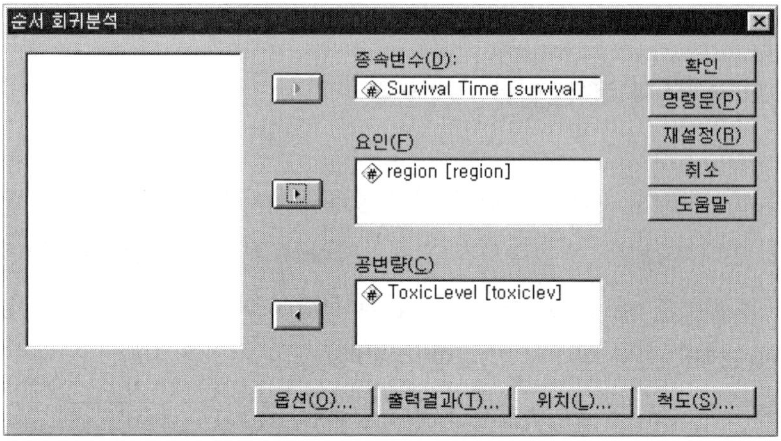

기능 선택

SPSS 절차에서 주어진 모든 분석을 위해 다음 대화 상자에서 가능한 모든 기능을 선택하여 본다.

[그림 7-22] 순서회귀분석(옵션)

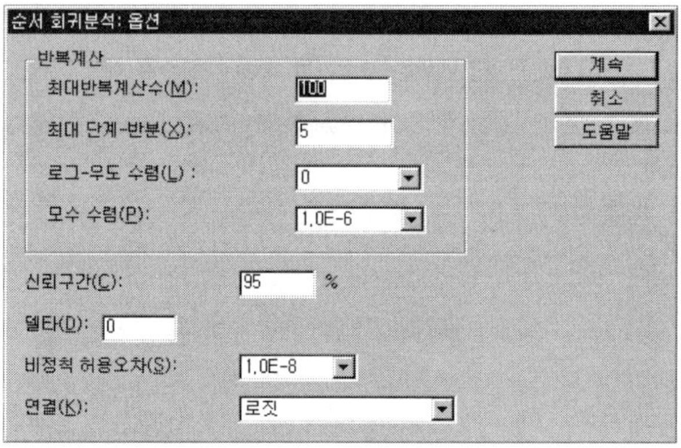

[그림 7-23] 순서회귀분석(출력 결과)

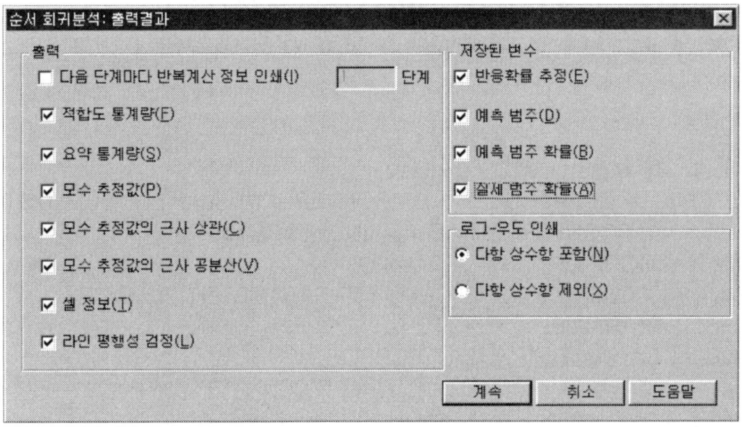

[그림 7-24] 순서회귀분석(위치)

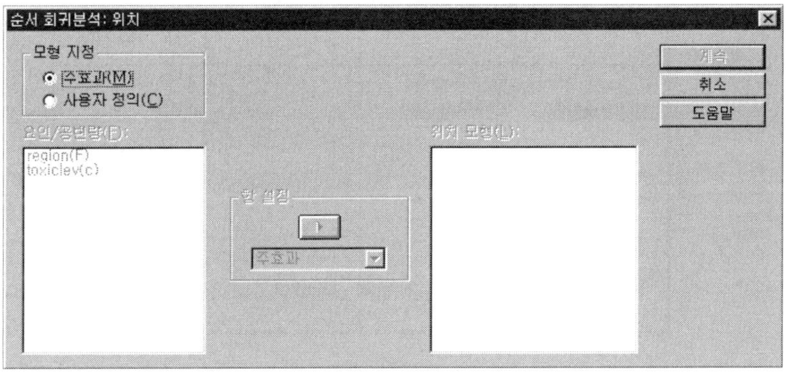

[그림 7-25] 순서회귀분석(척도)

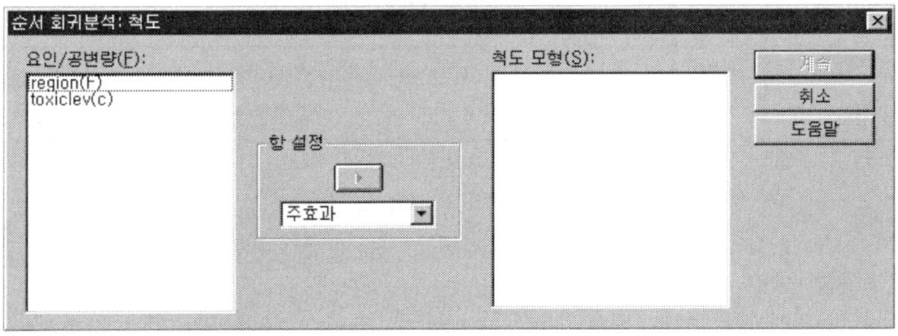

SPSS 명령문

이상의 메뉴 작업은 다음의 명령문을 실행한 것과 동일하다.

```
PLUM
  survival  BY region  WITH toxiclev
  /CRITERIA = CIN(95) DELTA(0) LCONVERGE(0) MXITER(100) MXSTEP(5)
              PCONVERGE(1.0E-6) SINGULAR(1.0E-8)
  /LINK = LOGIT
  /PRINT = CELLINFO CORB COVB FIT PARAMETER SUMMARY
           TPARALLEL
  /SAVE = ESTPROB PREDCAT PCPROB ACPROB
```

PLUM — 순서회귀분석 결과

케이스 처리 요약

		N	주변 퍼센트
SURVIVAL	<10 days	15	20.5%
	10 to 30 day	46	63.0%
	31 to 60 day	12	16.4%
REGION	1	33	45.2%
	2	40	54.8%
유효		73	100.0%
결측		0	
전체		73	

모형 적합도 정보

모형	-2 log 우도	MFI 카이제곱	자유도	MFI 유의확률
절편 만	124.164			
최종	109.451	14.713	2	.001

링크 함수: 로짓.

적합도

	GOF 카이제곱	자유도	GOF 유의확률
Pearson	122.799	122	.463
편차	100.898	122	.918

링크 함수: 로짓.

Pseudo R-제곱

Cox와 Snell	.183
Nagelkerke	.218
McFadden	.110

링크 함수: 로짓.

모수 추정값

		B 추정값	표준 오차	Wald	자유도	PAR 유의확률	95% 신뢰구간	
							하한	상한
한계치	[SURVIVAL = 1]	-6.842	1.615	17.944	1	.000	-10.008	-3.676
	[SURVIVAL = 2]	-3.321	1.406	5.583	1	.018	-6.076	-.566
위치	TOXICLEV	-.121	.034	12.688	1	.000	-.188	-5.5E-02
	[REGION=1]	.201	.496	.165	1	.685	-.771	1.174
	[REGION=2]	0[a]	.	.	0	.	.	.

링크 함수: 로짓.

a. 현재 모수는 중복되므로 0으로 설정됩니다.

반응변수 정보

종속변수 SURVIVAL의 값이 1, 2, 3인 도롱뇽의 수와 결측값의 수를 보여 준다. 순서 반응변수의 순서는 제일 작은 값부터 제일 큰 값의 순서가 된다.

요인 정보

SPSS에서는 모형 내의 모든 요인과 각 요인의 수준의 수 및 수준의 값을 보여 준다. 각 요인의 기준수준은 가장 큰 값이 된다.

결과 해석

추정된 계수와 그 표준오차, 월드 통계량과 그 p값 등을 산출한다. 또한 승산비와 승산비의 95% 신뢰구간을 보여 준다.

① [SURVIVAL=1]과 [SURVIVAL=2]로 표시된 B 추정값들은 각각 종속변수 SURVIVAL이 “1” 이하와 “2” 이하일 확률의 로짓에 대한 절편항의 추정값들이다.

② [REGION=1]란의 B 추정값 0.201은 공변량 ToxicLev이 일정한 경우, 요인 REGION=2에 대해 REGION=1일 때 누적 생존 확률의 로짓에 대한 기울기 모수의 추정값이 된다. 이 모수에 대한 p값이 0.685이므로, 변수 REGION은 도롱뇽의 생존 시간에 아무런 영향을 주지 못한다고 결론 내릴 수 있다.

③ 각 요인의 수준에서 평행하다고 가정한 공변량에 대한 모수의 추정값도 주어졌다. 공변량 ToxicLev에 대한 모수의 추정값은 −0.121이고 그 p값은 0.01보다 작다. 즉, 어떤 유의 수준에서라도 해수의 독성 수준은 생존 시간에 심각한 영향을 주고 있음을 보여 준다. 그 추정값이 음수이고 승산비의 추정값이 “1”보다 작으므로, 해수의 독성값이 커지면 생존 시간은 줄어드는 경향이 있다고 할 수 있겠다.

④ 다음은 MFI 카이제곱 또는 G통계량인 최대가능도 반복절차를 통해 구한 최종 로그 가능도의 값과 절편항만 있는 경우의 로그 가능도 값의 차이이다. 이 통계량은 독립변수의 계수들이 모두 “0”이라는 귀무가설을 검정하게 된다. 이 예에서 G 통계량은 14.713이고, 그 p값은 0.001이므로 모든 계수들 중 적어도 하나는 “0”이 아니라고 결론 내릴 수 있다.

⑤ 적합도검정은 피어슨 검정통계량과 편차 적합도검정통계량의 값을 산출한다. 이 예에서 피어슨 검정의 p값이 0.463이고 편차 검정의 p값은 0.918이므로 가정한 모형이 자료들을 잘 적합시키지 못한다고 할 증거가 없다. 만일 p값이 유의 수준보다 작으면, 가정한 모형이 자료를 잘 설명하지 못한다고 할 수 있겠다.

7.4.2 순서 로지스틱 회귀모형의 SPSS 절차

순서 로지스틱 회귀모형을 사용하여 독립변수(요인 또는 공변량)와 순서 있는 종속변수 간의 관계를 모형화할 수 있다. 순서 로지스틱 회귀모형의 이론적 배경은 McCullagh와 Nelder(1989)와 Hosmer와 Lemeshow(2000)의 방법론을 근거로 하며 SPSS 분석절차의 명령문은 PLUM이다.

회귀모형에서는 모수를 추정하기 위해 반응값과 예측값의 차이의 제곱합을 최소화한다. 추정된 계수는 독립변수의 변화가 반응값에 얼마나 영향을 주는지를 나타낸다. 반응변수는 연속형으로 가정하며, 반응변수의 수준변화는 반응변수의 모든 범위에서 동일한 것으로 가정한다. 예를 들어, 키 150cm인 사람과 140cm인 사람의 키 차이는 10cm이며 마찬가지로 키 210cm와 200cm의 키 차이도 10cm이다. 위와 같은 관계는 순서종속변수에 대해서는 성립하지 않는다. 반응변수의 수준과 수준의 수를 임의적으로 정할 수 있다.

예제

순서 회귀모형을 사용하여 약의 복용에 따른 환자의 반응을 연구할 수 있다. 가능한 반응으로 "없음" "약함" "보통" "심각"으로 나눈다. 약함과 보통 간의 차이는 수량화하기가 어렵거나 불가능하며 지각력이 기준이 된다. 약함과 보통 간의 차이는 보통과 심각 간의 차이와 동일하다고 할 수 없다.

데이터

종속변수는 순서형이며 숫자형이나 문자형일 수 있다. 순서는 종속변수의 값을 오름차순으로 정렬한 결과에 따라 결정된다. 가장 낮은 값은 처음 범주가 된다. 요인은 범주형으로 가정하며 공변량은 숫자형이어야 한다. 공변량의 수가 둘 이상이면 규모가 큰 셀 확률표가 쉽게 작성됨을 알 수 있다.

가정

반응변수는 오직 하나이고 지정되어야 한다. 또한 각 공변량패턴 내에서 반응변수는 독립적인 다항분포를 한다고 가정한다.

관련 절차

다항 로지스틱 회귀모형에서는 명목형 종속변수에 대해 유사한 모형을 사용한다.

수행 방법

① 메뉴에서 다음을 선택한다.

분석 > **회귀분석** > **순서(D)...**

② 종속변수를 선택한다.
③ 요인과 공변량을 선택한다.

통계량 및 도표

관측빈도와 기대빈도와 누적빈도, 빈도 및 누적빈도에 대한 피어슨 잔차, 관측확률과 기대확률, 공변량패턴 별 각 반응 범주의 관측 누적 확률과 기대 누적 확률, 모수 추정값의 근사 상관행렬과 공분산 행렬, 피어슨 카이제곱과 우도비 카이제곱, 적합도통계량, 반복 계산 정보, 라인 평행성 가정 검정, 표준오차, 신뢰구간, Cox & Snell, Nagelkerke, McFadden R^2 통계량.

옵션

옵션 대화 상자를 사용하여 반복 추정 알고리즘에서 사용하는 모수를 조절할 수 있다. 모수 추정값의 신뢰 수준과 링크함수를 선택할 수 있다.

① 반복 계산: 반복 알고리즘을 조절한다.

- 최대반복 횟수
  자연수를 지정한다. 만일 "0"을 지정하면 초기 추정값을 보여 준다.
- 최대 단계반분
  양의 정수를 지정한다.

• 로그 가능도 수렴값

로그 가능도의 절대값이나 상대값의 변화가 주어진 값 이하이면 알고리즘이 멈춘다. “0”이 지정되면 수렴값으로 사용하지 않는다.

• 모수 수렴값

모든 모수 추정값의 절대값이나 상대값의 변화가 주어진 값 이하이면 알고리즘이 멈춘다. “0”이 지정되면 수렴값으로 사용하지 않는다.

② 신뢰구간

“0” 이상 “100” 미만의 값을 지정한다.

③ 델타

빈도수가 “0”인 셀에 추가하는 값이다. “0” 이상 “1” 미만의 값을 지정한다.

④ 비정칙 허용오차

독립변수들간의 다공선성을 점검하기 위해 사용한다.

⑤ 링크함수

코시, 보완 log–log, 로짓, 음의 log–log, 프로빗 함수에서 선택한다.

출력 결과

출력 결과 대화 상자를 사용하여 SPSS 뷰어 내에 표를 산출하고 작업 파일에 변수를 저장할 수 있다.

■ **출력**: 다음 통계량에 대한 표를 작성한다.

① 반복 계산 정보

지정된 반복 계산 정보의 값에 따라 로그 가능도의 값과 모수 추정값을 산출한다. 처음과 마지막 반복 계산의 정보는 항상 인쇄된다.

② 적합도통계량

피어슨 카이제곱 통계량과 편차 카이제곱 통계량을 산출한다. 통계량은 지정된 변수의 공변량패턴에 근거하여 계산된다.

③ 요약통계량

Cox & Snell, Nagelkerke, McFadden R^2 통계량을 산출한다.

④ 모수 추정값

모수 추정값, 표준오차 및 그 신뢰구간을 산출한다.

⑤ 모수 추정값의 근사 상관

모수 추정값의 상관행렬이다.

⑥ 모수 추정값의 근사 공분산

모수 추정값의 공분산 행렬이다.

⑦ 셀 정보

각 공변량패턴 내의 관측빈도와 기대빈도, 피어슨 잔차, 각 반응범주의 관측확률과 기대확률을 산출한다. 공변량패턴의 수가 매우 크면(예: 연속형 공변량인 경우) 셀 확률표의 크기가 매우 커진다.

⑧ 라인 평행성 검정

종속변수의 수준에서 위치모수의 값이 동일하다는 가설을 검정한다. 이 옵션은 위치전용모형에서만 사용할 수 있다.

■ **저장된 변수 :** 다음의 변수를 작업중인 데이터 파일에 저장할 수 있다.

① 반응확률 추정

모든 공변량패턴에서 반응범주에 속할 확률값을 구한다. 반응범주의 수와 동일한 수의 확률값이 존재한다.

② 예측범주

임의의 공변량패턴에서 추정된 확률값이 최대인 반응범주.

③ 예측범주 확률

예측범주에 속할 추정된 확률값. 임의의 공변량패턴의 최대 추정 확률값이 된다.

④ 실제범주 확률

임의의 공변량패턴 내에서 각 반응범주에 속할 확률의 추정값.

■ **로그 가능도의 인쇄**: 로그 가능도의 값을 산출한다. 다항 상수항을 포함하면 전체가능도의 값을 출력한다. 이 결과를 상수항을 제외한 모형과 비교하여 상수항의 포함여부를 결정할 수 있다.

위치

위치 대화 상자를 사용하여 분석에 대한 위치모형을 지정할 수 있다.

① 모형의 지정

주효과모형은 공변량과 요인 주효과는 포함하지만 교호작용의 효과는 포함하지 않는다. 사용자 정의모형을 선택하여 요인 간의 교호작용이나 공변량 간의 교호작용을 지정할 수 있다.

② 요인 / 공변량

요인일 경우 (F)로, 공변량일 경우 (C)로 표시된다.

③ 항의 설정

요인과 공변량을 선택하여 주효과 또는 교호작용 등을 명시할 수 있다.

④ 위치모형

이 모형은 선택한 주효과와 교호작용의 효과에 따라 다르다.

척도

척도 대화 상자를 사용하여 분석에 대한 척도모형을 지정할 수 있다.

① 요인 / 공변량

요인일 경우 (F)로, 공변량일 경우 (C)로 표시된다.

② 항의 설정

요인과 공변량을 선택하여 주효과 또는 교호작용 등을 명시할 수 있다.

③ 척도모형

이 모형은 선택한 주효과와 교호작용의 효과에 따라 다르다.

7.5 Events / Trials 데이터

7.5.1 Events / Trials 데이터의 사례 연구

공변량의 값들이 주어졌을 때, 종속변수의 값 대신 어떤 사건이 발생할 확률로 주어진 경우를 생각하여 보자.

예를 들어, 어느 회사에서 상품의 할인율이 클수록 구매력이 증가하는지 알아보고자 한다. 할인율을 5가지로 세분하여 각 할인율에 따라 상품을 구매한 고객의 비율을 조사함으로써 상품의 할인율과 구매력의 관계를 분석할 수 있을 것이다. 자료의 형태는 다음과 같다.

C_{11}	C_{21}	$\cdots$	C_{k1}	r_1	n_1
C_{12}	C_{22}	$\cdots$	C_{k2}	r_2	n_2
$\vdots$	$\vdots$		$\vdots$	$\vdots$	$\vdots$
C_{1m}	C_{2m}	$\cdots$	C_{km}	r_m	n_m

여기에서 변수 $C_1, C_2, \cdots, C_k$ 는 공변량을, $r_1, r_2, \cdots, r_m$ 은 $n_1, n_2, \cdots, n_m$ 번 시행한 결과 어떤 사건이 발생한 횟수를 각각 나타낸다.

다음의 간단한 가상적인 예를 통하여 그룹화된 자료를 다루어 보도록 하자.

[표 7-26] 그룹화된 자료

x_1	x_2	r	n
0	0	2	5
0	1	1	6
1	0	0	5
1	1	3	4

위의 자료 중 첫 번째 행은 공변량 $x_1 = x_2 = 0$ 일 때 5번 시행하여 어떤 사건이 2회 발생하였다는 것을 의미하며, 마지막 행은 $x_1 = x_2 = 1$ 일 때 4번 시행하여 어떤 사건이 3회 발생하였다는 것을 의미한다. 이와 같은 자료를 이용하여 SPSS 절차에서 이분형 로지스틱 회귀분석을 시행하려면 크게 다음의 두 단계로 나누어 생각하여야 한다.

① [표 7-26]의 원자료(raw data)를 [표 7-27] 형태의 자료로 수정한다.

② 수정된 자료에서 변수 WEIGHT를 가중값으로 부여하여 분석한다.

[표 7-27] 수정된 자료

x_1	x_2	y	weight
0	0	1	2
0	0	0	3
0	1	1	1
0	1	0	5
1	0	0	5
1	1	1	3
1	1	0	1

이상의 내용을 SPSS 절차에서 구체적으로 단계를 밟아 결과를 출력하여 보자.

1단계

먼저 원자료를 [그림 7-28]의 데이터 편집기에 입력한다.

[그림 7-28] 원자료 입력

2단계

변수 y1, y2, weight1, weight2를 생성하도록 한다. 이는 메뉴에서

변환 > 변수계산...

을 이용하면 되지만, 이런 반복적인 작업의 경우는 명령문 편집기에서 IF 명령문을 사용하면 작업이 편리하다.

[그림 7-29] 변수생성 IF 명령문

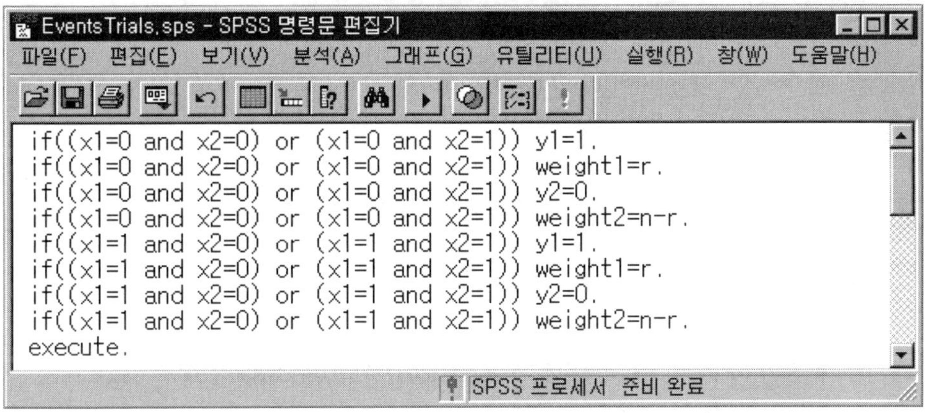

3단계

세 번째 단계는 [그림 7-30] 명령문 편집기의 WRITE 명령문을 사용하여 [표 7-27]과 같은 형태의 텍스트 파일(events.out)을 만들 수 있다. 이는 메뉴에서는 사용할 수 없는 명령문이며, 텍스트 자료의 결과는 [표 7-31]과 같다.

[그림 7-30] WRITE 명령문

[그림 7-31] 생성된 텍스트 자료

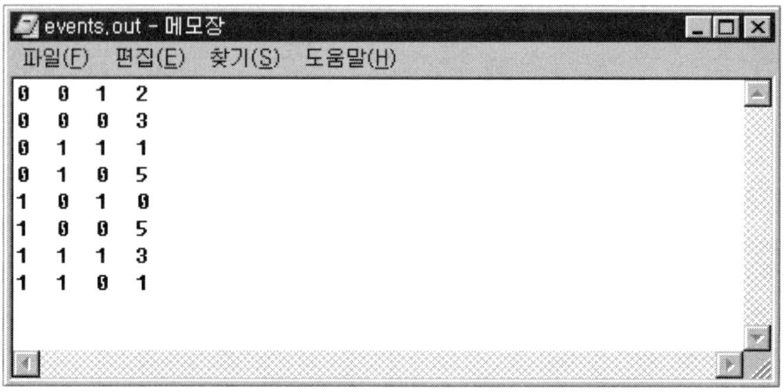

4단계

[그림 7-32] SPSS 최종 자료

네 번째 단계는 텍스트 파일(events.out)을 SPSS 파일로 먼저 읽는다([그림 7-32]). 이때 변수 WEIGHT에 가중값을 부여하여야 한다. 메뉴에서의 작업은

데이터(D) > 가중 케이스(W)...

를 선택하여 [그림 7-33]의 대화 상자가 열리면 "가중 케이스 지정"을 선택하고 "빈도변수"에 변수 WEIGHT를 선택하고 실행한다. 이에 해당하는 명령문은 다음과 같다.

weight by weight

[그림 7-33] 가중 케이스 대화 상자

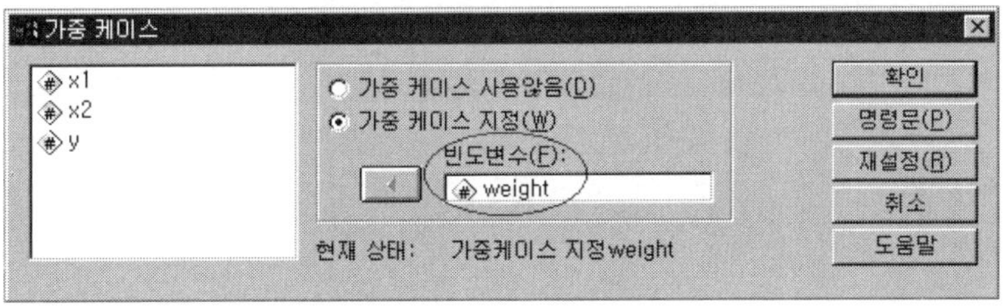

5단계

메뉴에서

분석(A) > 회귀분석(R) > 이분형 로지스틱(G)...

을 선택하여 [그림 7-34]의 이분형 로지스틱 회귀분석 대화 상자에서 이전에 생성한 가중된 자료를 이용하여

변수 y 는 종속변수
변수 x_1, x_2 는 공변량

으로 이분형 로지스틱 회귀분석(또는 다항 로지스틱 회귀분석)을 실시한다.

[그림 7-34] 이분형 로지스틱 회귀분석 대화 상자

SPSS 명령문

위에서 서술한 5단계의 작업을 일괄적으로 명령문을 사용하면 다음과 같다.

```
data list free/x1 x2 r n.
begin data.
0 0 2 5
0 1 1 6
1 0 0 5
1 1 3 4
end data.
execute.

if((x1 = 0 and x2 = 0) or (x1 = 0 and x2 = 1)) y1 = 1.
if((x1 = 0 and x2 = 0) or (x1 = 0 and x2 = 1)) weight1 = r.
if((x1 = 0 and x2 = 0) or (x1 = 0 and x2 = 1)) y2 = 0.
if((x1 = 0 and x2 = 0) or (x1 = 0 and x2 = 1)) weight2 = n-r.
if((x1 = 1 and x2 = 0) or (x1 = 1 and x2 = 1)) y1 = 1.
if((x1 = 1 and x2 = 0) or (x1 = 1 and x2 = 1)) weight1 = r.
if((x1 = 1 and x2 = 0) or (x1 = 1 and x2 = 1)) y2 = 0.
if((x1 = 1 and x2 = 0) or (x1 = 1 and x2 = 1)) weight2 = n-r.

write outfile = 'c:₩data₩events.out' records = 2 table
  /1 x1 1 x2 4 y1 7 weight1 10
  /2 x1 1 x2 4 y2 7 weight2 10.
execute.

data list fixed file = 'c:₩data₩events.out'
  /x1 1 x2 4 y 7 weight 10.
execute.

weight by weight.
logistic regression var = y/ method = enter x1 x2.
```

결과

다음은 결과의 일부이며, 그 해석은 앞에서 언급한 것을 참조 바란다.

종속변수 코딩

원래 값	내부 값
0	0
1	1

모형 요약

단계	-2 Log 우도	Cox와 Snell의 R-제곱	Nagelkerke R-제곱
1	23.304	.055	.078

```
              Observed Groups and Predicted Probabilities

          8 +                                                             +
            |                                                             |
 F          |                                                             |
 R        6 +                    1                                        +
 E          |                    1                                        |
 Q          |           1  0     0                                        |
 U          |           1  0     0                                        |
 E        4 +           1  0     0     1                                  +
 N          |           1  0     0     1                                  |
 C          |           0  0     0     1                                  |
 Y          |           0  0     0     1                                  |
          2 +           0  0     0     1                                  +
            |           0  0     0     1                                  |
            |           0  0     0     0                                  |
            |           0  0     0     0                                  |
 Predicted  ---------------+--------------+--------------+---------------
   Prob:    0             .25            .5             .75              1
   Group:   000000000000000000000000000000111111111111111111111111111111

          Predicted Probability is of Membership for 1
          The Cut Value is .50
          Symbols: 0 - 0
          1 - 1
          Each Symbol Represents .5 Cases.
```

Hosmer와 Lemeshow 검정

단계	카이제곱	자유도	유의확률
1	5.794	2	.055

방정식에 포함된 변수

		B	S.E.	Wald	자유도	유의확률	Exp(B)	EXP(B)에 대한 95.0% 신뢰구간	
								하한	상한
1 단계[a]	X1	.410	1.016	.163	1	.686	1.507	.206	11.030
	X2	1.031	1.035	.992	1	.319	2.803	.369	21.309
	상수	-1.604	.977	2.696	1	.101	.201		

a. 변수가 1: 단계에 진입했습니다 X1, X2.

7.5.2 Events / Trials 데이터의 SPSS 절차

DATA LIST 문

```
data list free/x1 x2 r n.
begin data.
0 0 2 5
0 1 1 6
1 0 0 5
1 1 3 4
end data.
execute.
```

① DATA LIST 명령문은 아스키 자료를 포함하는 자료 파일을 읽을 때 사용한다. 외부 파일을 읽을 때는 FILE 부명령문을 사용한다. 여기서는 프로그램 자체에 자료가 포함되어 있는 경우로 BEGIN DATA/END DATA 사이에 자료가 입력되어 있어야 한다.

② 키워드 FIXED와 함께 사용한 DATA LIST 명령문에서는 자료가 고정 포맷으로 정돈되어 있어야 한다. 고정 포맷이란 모든 변수의 값들이 각 케이스마다 같은 레코드의 같은 위치에 자료가 명시되어 있어야 한다.

③ 키워드 FREE를 사용하면 자료가 자유 포맷으로 배열되어 있음을 의미한다. 자유 포맷의 자료는 각 케이스에 대해 모든 변수들이 같은 순서로 기록되어 있으면 된다. 열의 위치까지 같을 필요는 없다. 이때 자료 파일 안의 각 변수값은 하나 이상의 공란이나 쉼표(,)로 분리되어야 한다.

④ 변수명은 최대 8자까지 사용할 수 있다. 모든 변수명은 영문자나 @문자로 시작하여야 하며 숫자를 포함할 수 있다. $로 시작하는 변수는 시스템 변수명이므로 DATA LIST 명령문에서 변수명으로 정의할 수 없다. 키워드 TO를 이용하여 여러 개의 변수명을 한꺼번에 간단히 명시할 수 있다.

⑤ 변수종류에는 수치변수(numeric variable)와 스트링 변수(alphanumeric variable : string variable)가 있다. 수치변수는 숫자, 소수점, +, − 기호 등으로 이루어진다. 스트링 변수는 영문자, 숫자, 특수기호 등으로 구성된 변수이며 스트링 변수를 표시하려면 변수명 뒤에 "(A)"를 명시하여야 한다.

IF 문

```
if((x1 = 0 and x2 = 0) or (x1 = 0 and x2 = 1)) y1 = 1.
if((x1 = 0 and x2 = 0) or (x1 = 0 and x2 = 1)) weight1 = r.
if((x1 = 0 and x2 = 0) or (x1 = 0 and x2 = 1)) y2 = 0.
if((x1 = 0 and x2 = 0) or (x1 = 0 and x2 = 1)) weight2 = n-r.
if((x1 = 1 and x2 = 0) or (x1 = 1 and x2 = 1)) y1 = 1.
if((x1 = 1 and x2 = 0) or (x1 = 1 and x2 = 1)) weight1 = r.
if((x1 = 1 and x2 = 0) or (x1 = 1 and x2 = 1)) y2 = 0.
if((x1 = 1 and x2 = 0) or (x1 = 1 and x2 = 1)) weight2 = n-r.
```

① IF 명령문은 변수계산 대화 상자에서 조건을 활용하는 것과 같다. 논리적 조건에 따라서 단일 변환(single transformation)을 실행하도록 하는 기능을 수행한다.

② 프로그램에서 첫 행의 IF문은 변수 $x_1 = x_2 = 0$ 의 값을 갖거나, 또는 $x_1 = 0$ 그리고 $x_2 = 1$ 인 개체들에 대해서 변수 y_1 에 "1"의 값을 배정하게 한다. 이는 IF문을 두 번 사용한 것을 하나로 묶은 것과 같다.

```
if(x1 = 0 and x2 = 0) y1 = 1.
if(x1 = 0 and x2 = 1) y1 = 1.
```

WRITE 문

```
write outfile = 'c:₩data₩events.out' records = 2 table
  /1 x1 1 x2 4 y1 7 weight1 10
  /2 x1 1 x2 4 y2 7 weight2 10.
execute.
```

① OUTFILE은 텍스트 파일을 생성하는 폴더와 파일명을 지정하는 부명령문이다.

② RECORDS는 고정서식 포맷 자료와 함께 사용한다. 자료에서 개체 당 레코드의 수를 명시한다. 각 레코드에 있는 변수들은 순서에 상관없이 자유롭게 명시할 수 있다. 한 레코드에서 읽혀질 변수는 다음 레코드 표시인 사선 이전에 정의해야 한다.

디폴트는 RECORDS=1이며 고정 포맷 자료에서 개체가 하나의 레코드로 구성되었다는 의미이다. 위의 경우는 자료 형태가 한 개체 당 두 레코드로 구성되어 있는 경우이다. "/1"은 개체의 첫 번째 레코드를 나타낸다. "/2"는 동일한 개체의 두 번째 레코드를 의미한다. 사건이 발생할 경우(y_1)와 그 때 사건이 발생할 횟수(weight1), 사건이 발생하지 않을 경우(y_2)와 사건이 발생하지 않을 횟수(weight2)를 잘 응용함으로 원하는 자료를 포맷할 수 있다.

③ 고정 포맷 자료에서 TABLE 부명령문을 명시함으로 변수, 포맷, 그리고 변수위치를 기술해 주는 요약표가 출력된다. 물론 명시하지 않으면 디폴트로 요약표가 출력된다. 요약표를 출력하지 않을 경우는 NOTABLE 명시하면 된다.

④ 변수위치의 지정은 고정 포맷에서만 필요하다. 각 변수명 다음에는 그 변수의

열 위치를 명시해 주어야 한다. 변수의 값이 하나의 열을 가진다면 변수명 다음에 그 열이 위치하는 번호만 명시하면 되고, 변수의 값이 두 자리 이상의 열을 가지면 첫 번째 열이 위치하는 번호와 마지막 열이 위치하는 번호 사이에 하이픈(-) 기호로 연결하면 된다.

DATA LIST 문

```
data list fixed file = 'c:₩data₩events.out'
  /x1 1 x2 4 y 7 weight 10.
execute.
```

① 앞에서의 DATA LIST 명령문과 다른 점은 외부 텍스트 파일(events.out)을 읽기 위해 FILE 부명령문을 사용한 점이다.

② 키워드 FIXED를 사용하여 변수마다 자료를 읽을 열의 위치를 지정하였다. 고정 포맷으로 읽기 위해서는 모든 변수의 값들이 각 개체마다 같은 위치에 자료가 명시되어 있어야 한다.

WEIGHT 문

```
weight by weight.
execute.
```

① 가중값 부여(Weight)는 분석을 위한 개체들에 상이한 가중값을 부여하도록 하는 기능이다.

② 첫 번째 WEIGHT는 명령문을 나타내고, by 다음의 두 번째 WEIGHT는 변수를 나타낸다.

③ "weight off" 명령문은 가중값의 지정이 해제된다. 또 중요한 사실은 WEIGHT 명령문 다음에는 변수가 오직 하나만 지정되어야 한다.

LOGISTIC REGRESSION 절차

```
logistic regression var = y/ method = enter x1 x2.
```

① 가장 간단한 이분형 로지스틱 회귀분석을 하기 위한 절차이다.

② 종속변수는 y 이고 공변량은 x_1, x_2 이다.

저체중아 자료

1. DATA NAME: LOW BIRTH WEIGHT DATA

2. SIZE: 112 observations, 9 variables

3. SOURCE: Data were collected at Baystate Medical Center, Springfield, Massachusetts, during 1986.

4. TABLE: Code Sheet for the Variables in the Low Birth Weight Data Set.

Name	Description	Codes/Values
ID	Identification Code	1–112
LOW	Low Birth Weight	0 = Birth Weight ge 2500g 1 = Birth Weight lt 2500g
AGE	Age of the Mother in Years	
LWT	Weight in Pounds at the Last Menstrual Period	
RACE	Race	1 = White 2 = Black 3 = Other
SMOKE	Smoking Status During Pregnancy	1 = Yes 0 = No
PTD	History of Premature Labor	0 = None 1 = Yes
HT	History of Hypertension	1 = Yes 0 = No
UI	Presence of Uterine Irritability	1 = Yes 0 = No

5. LOW BIRTH WEIGHT DATA

id	low	age	lwt	race	smoke	ptd	ht	ui
1	0	1	135	1	0	0	0	0
2	1	1	101	3	1	1	0	0
3	0	1	98	2	0	0	0	0
4	1	1	115	3	0	0	0	1
5	0	1	95	3	0	0	0	0
6	1	1	130	3	0	0	0	0
7	0	1	103	3	0	0	0	0
8	1	1	130	3	1	1	0	1
9	0	1	122	1	1	0	0	0
10	1	1	110	1	1	0	0	0
11	0	1	113	2	0	0	0	0
12	1	1	120	1	1	0	0	0
13	0	1	113	2	0	0	0	0
14	1	1	120	2	0	0	0	0
15	0	1	119	3	0	0	0	0
16	1	1	142	2	0	0	1	0
17	0	1	100	1	1	0	0	0
18	1	1	148	3	0	0	0	0
19	0	1	90	1	1	0	0	1
20	1	1	110	2	1	1	0	0
21	0	1	150	3	0	0	0	0
22	1	1	91	1	1	1	0	1
23	0	1	115	3	0	0	0	0
24	1	1	102	1	0	0	0	0
25	0	1	235	1	1	0	1	0
26	1	1	112	1	1	0	0	1
27	0	2	120	3	0	0	0	1
28	1	2	150	1	1	0	0	0
29	0	2	103	3	0	0	0	0
30	1	2	125	3	0	0	0	1
31	0	2	169	3	0	1	0	1
32	1	2	120	2	1	0	0	0
33	0	2	141	1	0	1	0	1
34	1	2	80	3	1	0	0	1
35	0	2	121	2	1	0	0	0
36	1	2	109	3	0	0	0	0
37	0	2	127	3	0	0	0	0
38	1	2	121	1	1	1	0	1
39	0	2	120	3	0	0	0	0
40	1	2	122	2	1	0	0	0
41	0	2	158	1	0	0	0	0
42	1	2	105	3	0	0	0	0
43	0	2	108	1	1	0	0	1
44	1	2	165	1	1	0	1	0
45	0	2	124	3	0	0	0	0
46	1	2	200	2	0	0	0	1
47	0	2	185	2	1	0	0	0
48	1	2	103	3	0	0	0	0
49	0	2	160	1	0	0	0	0
50	1	2	100	3	0	1	0	0

id	low	age	lwt	race	smoke	ptd	ht	ui
51	0	2	115	1	0	0	0	0
52	1	2	130	1	1	0	1	0
53	0	2	95	3	0	0	1	0
54	1	2	130	1	1	0	0	0
55	0	2	158	2	0	1	0	0
56	1	2	130	1	1	1	0	1
57	0	2	130	2	0	0	0	0
58	1	2	97	3	0	0	0	1
59	0	2	128	3	0	0	0	0
60	1	2	187	2	1	0	0	0
61	0	2	119	3	0	0	0	0
62	1	2	120	3	0	0	0	0
63	0	2	115	3	1	0	0	0
64	1	2	110	1	1	1	0	0
65	0	2	190	1	0	0	0	0
66	1	2	94	3	1	0	0	0
67	0	2	90	1	1	1	0	0
68	1	2	128	2	0	1	0	0
69	0	2	115	1	0	0	0	0
70	1	2	132	3	0	0	1	0
71	0	2	110	3	0	0	0	0
72	1	2	155	1	1	1	0	0
73	0	2	115	3	0	0	0	0
74	1	2	138	1	0	0	0	0
75	0	2	110	3	0	1	0	0
76	1	2	105	2	1	0	0	0
77	0	2	118	1	1	0	0	0
78	1	2	105	3	0	1	1	0
79	0	2	120	3	0	0	0	1
80	1	2	85	3	0	0	0	1
81	0	2	155	1	0	0	0	0
82	1	2	115	3	0	0	0	0
83	0	2	125	2	0	0	0	0
84	1	2	92	1	1	0	0	0
85	0	2	140	1	0	0	0	0
86	1	2	89	3	0	1	0	0
87	0	2	241	2	0	0	1	0
88	1	2	105	3	0	1	0	0
89	0	2	113	1	1	0	0	0
90	1	2	117	1	1	1	0	0
91	0	2	168	2	1	0	0	0
92	1	2	96	3	0	0	0	0
93	0	2	133	3	1	1	0	0
94	1	2	154	3	0	1	1	0
95	0	2	160	3	0	0	0	0
96	1	2	190	1	1	0	0	0
97	0	2	124	1	1	0	0	0
98	1	2	130	2	0	0	0	1
99	0	2	120	3	0	0	0	0
100	1	2	120	3	1	1	0	1

id	low	age	lwt	race	smoke	ptd	ht	ui
101	0	2	130	3	0	0	0	0
102	1	2	95	1	1	0	0	0
103	0	2	135	1	0	0	0	0
104	1	2	130	1	0	0	0	1
105	0	3	95	1	1	0	0	0
106	1	3	142	1	1	1	0	0
107	0	3	215	1	1	0	0	0
108	1	3	102	1	1	1	0	0
109	0	3	121	3	0	0	0	0
110	1	3	105	1	1	0	0	0
111	0	3	170	1	0	1	0	0
112	1	3	187	2	1	0	1	0

UIS 자료

1. DATA NAME: UMARU IMPACT STUDY DATA

2. SIZE: 575 observations, 9 variables

3. TABLE: Code Sheet for the Variables in the UMARU IMPACT Study Data Set.

Name	Description	Codes/Values
ID	Identification Code	1–575
AGE	Age at Enrollment	Years
BECK	Beck Depression Score at Admission	0.000–54.000
IVHX	IV Drug Use History at Admission	1 = Never 2 = Previous 3 = Recent
NDRUGTX	Number of Prior Drug Treatments	0–40
RACE	Subject's Race	0 = White 1 = Other
TREAT	Treatment Randomization Assignment	0 = Short 1 = Long
SITE	Treatment Site	0 = A 1 = B
DFREE	Remained Drug Free for 12 Months	1 = Remained Drug Free 0 = Otherwise

4. UMARU IMPACT STUDY DATA

id	age	beck	ivhk	ndrugtx	race	treat	site	dfree
1	39	9	3	1	0	1	0	0
2	33	34	2	8	0	1	0	0
3	33	10	3	3	0	1	0	0
4	32	20	3	1	0	0	0	0
5	24	5	1	5	1	1	0	1
6	30	32.55	3	1	0	1	0	0
7	39	19	3	34	0	1	0	1
8	27	10	3	2	0	1	0	0
9	40	29	3	3	0	1	0	0
10	36	25	3	7	0	1	0	0
11	38	18.9	3	8	0	1	0	0
12	29	16	1	1	0	1	0	0
13	32	36	3	2	1	1	0	1
14	41	19	3	8	0	1	0	0
15	31	18	3	1	0	1	0	0
16	27	12	3	3	0	1	0	0
17	28	34	3	6	0	1	0	0
18	28	23	2	1	0	1	0	0
19	36	26	1	15	1	1	0	1
20	32	18.9	3	5	0	1	0	1
21	33	15	1	1	0	0	0	1
22	28	25.2	3	8	0	0	0	0
23	29	6.632	2	0	0	0	0	0
24	35	2.1	3	9	0	0	0	0
25	45	26	3	6	0	0	0	0
26	35	39.789	3	5	0	0	0	0
27	24	20	1	3	0	0	0	0
28	36	16	3	7	0	0	0	0
29	39	22	3	9	0	0	0	1
30	36	9.947	20	10	0	0	0	0
31	37	9.45	3	1	0	0	0	0
32	30	39	3	1	0	0	0	0
33	44	41	3	5	0	0	0	0
34	28	31	1	6	1	0	0	1
35	25	20	1	3	1	0	0	0
36	30	8	3	7	0	1	0	0
37	24	9	1	1	0	0	0	0
38	27	20	1	1	0	0	0	0
39	30	8	1	2	1	0	0	1
40	34	8	3	0	0	1	0	0
41	33	23	2	2	0	1	0	0
42	34	18	3	6	0	1	0	0
43	36	13	3	1	0	1	0	0
44	27	23	3	0	0	1	0	0
45	35	9	3	1	1	1	0	0
46	24	14	3	0	0	1	0	0
47	28	23	1	2	1	1	0	0
48	46	10	3	8	0	1	0	1
49	26	11	3	1	0	1	0	1
50	42	16	3	25	0	1	0	0

id	age	beck	ivhk	ndrugtx	race	treat	site	dfree
51	30	0	1	0	0	1	0	0
52	0	12	1	3	1	1	0	0
53	27	21	3	2	0	0	0	0
54	38	0	3	6	0	0	0	0
55	48	8	3	10	0	0	0	0
56	36	25	3	10	0	0	0	0
57	28	6.3	1	7	0	0	0	0
58	31	20	2	5	0	0	0	0
59	28	4	3	5	0	0	0	0
60	28	20	1	1	0	0	0	0
61	26	17	1	2	1	0	0	0
62	34	3	3	6	0	0	0	0
63	26	29	3	5	0	0	0	0
64	31	26	3	5	0	0	0	0
65	41	12	3	0	1	0	0	1
66	30	24	3	0	0	0	0	0
67	39	15.75	3	5	0	0	0	0
68	33	9	3	12	0	0	0	0
69	33	18	2	6	0	0	0	0
70	29	20	1	0	1	0	0	0
71	36	17	3	5	0	0	0	0
72	26	3	3	3	0	0	0	0
73	37	27	3	13	0	0	0	0
74	29	31.5	3	8	0	0	0	0
75	30	19	1	0	1	0	0	1
76	35	15	2	2	0	0	0	0
77	33	22	1	1	0	0	0	0
78	36	16	3	1	0	0	0	1
79	28	17	3	2	0	0	0	0
80	31	32.55	3	12	1	0	0	0
81	23	24	3	2	0	0	0	1
82	33	22	2	1	0	0	0	1
83	37	18	3	4	0	0	0	0
84	25	17.85	1	1	0	1	0	0
85	56	5	2	9	1	1	0	1
86	23	39	3	1	0	1	0	0
87	26	21	1	1	0	1	0	0
88	26	11	3	1	0	1	0	0
89	23	14	1	1	0	1	0	0
90	28	31	2	2	1	1	0	0
91	30	14	3	15	0	1	0	0
92	25	6	3	5	0	1	0	1
93	33	16	3	5	0	1	0	0
94	22	6	1	3	1	1	0	1
95	25	20	2	8	1	1	0	0
96	38	9	1	1	1	0	0	0
97	35	11	1	3	0	1	0	1
98	35	15	1	1	0	0	0	1
99	25	13	3	1	0	0	0	0
100	33	31	1	3	1	0	0	0

id	age	beck	ivhk	ndrugtx	race	treat	site	dfree
101	30	5	1	2	1	0	0	0
102	45	10	3	1	0	0	0	0
103	42	23	3	20	0	0	0	0
104	29	16	1	1	1	0	0	1
105	24	37.8	1	0	0	0	0	0
106	33	10	3	4	0	0	0	0
107	32	9	1	0	0	0	0	0
108	26	15	1	0	0	0	0	1
109	28	2	3	3	0	0	0	0
110	37	34	3	1	0	0	0	0
111	23	11	1	6	0	0	0	0
112	40	31	3	3	1	0	0	0
113	36	36.75	3	0	0	0	0	0
114	23	26	2	2	0	0	0	0
115	35	5	1	1	1	0	0	0
116	25	19	3	1	0	1	0	1
117	35	21	3	6	0	1	0	0
118	46	1	2	0	0	1	0	0
119	32	6	1	3	0	1	0	0
120	35	23	1	16	1	1	0	1
121	34	38	3	1	0	1	0	0
122	43	24	1	3	0	1	0	1
123	39	3	3	15	0	1	0	0
124	27	16.8	3	2	1	1	0	0
125	38	35	3	1	0	1	0	0
126	37	11	3	7	0	1	0	0
127	44	2	3	4	1	1	0	1
128	25	16	1	1	1	1	0	0
129	34	15	1	1	0	1	0	0
130	34	11	3	2	1	1	0	1
131	38	11	3	1	1	1	0	1
132	24	22	3	2	1	1	0	0
133	42	18	3	3	0	1	0	1
134	34	29	3	1	1	0	0	1
135	45	27	3	8	0	0	0	1
136	40	16	3	4	0	0	0	0
137	27	9	1	3	1	0	0	1
138	24	0	1	3	0	0	0	0
139	27	15	3	3	0	0	0	0
140	34	24	1	4	0	0	0	0
141	36	3	3	6	0	0	0	0
142	31	9	1	1	0	0	0	0
143	40	5	3	2	0	0	0	0
144	40	13	3	4	1	0	0	1
145	37	29	3	5	0	0	0	0
146	25	11	3	6	0	0	0	0
147	41	22	3	3	1	1	0	0
148	22	9	1	1	0	1	0	1
149	31	18	3	8	1	1	0	0
150	29	40	1	1	1	1	0	1

id	age	beck	ivhk	ndrugtx	race	treat	site	dfree
151	27	25	1	2	0	1	0	1
152	22	26	2	3	0	1	0	0
153	37	11	2	5	1	1	0	1
154	36	6	1	2	1	1	0	1
155	24	20	1	1	0	1	0	1
156	28	9	1	0	1	1	0	0
157	24	6	1	1	0	1	0	0
158	28	0	1	2	0	1	0	0
159	24	5	1	20	1	1	0	0
160	24	15	1	0	0	1	0	1
161	29	14.7	1	1	0	1	0	0
162	37	3	3	5	1	1	0	0
163	26	31	1	2	0	1	0	0
164	29	14	2	1	0	1	0	0
165	29	28	3	4	0	1	0	0
166	33	18	1	1	0	1	0	1
167	29	12	2	2	0	1	0	1
168	32	5	1	2	1	1	0	1
169	33	11	1	8	1	1	0	1
170	26	21	2	2	0	1	0	1
171	24	23	3	4	1	1	0	0
172	46	32	3	2	0	1	0	1
173	23	26	1	2	0	1	0	0
174	40	19.95	3	8	0	1	0	0
175	48	17	1	4	0	1	0	1
176	33	16	1	0	0	1	0	0
177	21	26.25	1	7	0	1	0	0
178	38	29	1	2	0	1	0	1
179	28	23	2	4	0	1	0	0
180	39	9	3	6	0	1	0	0
181	37	26	2	1	1	0	0	0
182	32	22	1	4	1	0	0	0
183	39	23	2	2	1	0	0	0
184	28	0	3	10	0	0	0	0
185	26	30	1	0	1	0	0	1
186	31	21	3	0	0	0	0	0
187	34	19	3	8	0	0	0	0
188	26	28	2	2	1	0	0	0
189	29	8	1	3	0	0	0	0
190	25	11	1	8	0	0	0	0
191	34	15	2	3	1	0	0	0
192	32	8	1	2	0	0	0	0
193	38	14	2	0	0	0	0	0
194	32	7	3	8	0	0	0	0
195	31	13	3	7	0	0	0	0
196	40	10	1	3	0	0	0	1
197	28	17	1	5	1	0	0	0
198	40	18	3	3	0	0	0	0
199	32	5	3	3	0	0	0	0
200	29	20	3	5	0	0	0	0

id	age	beck	ivhk	ndrugtx	race	treat	site	dfree
201	25	31	1	4	0	0	0	0
202	32	15	3	2	0	0	0	0
203	37	4	2	2	0	0	0	0
204	38	15	3	8	0	0	0	0
205	31	14	2	9	0	0	0	0
206	30	27	3	3	1	0	0	0
207	34	30	1	4	1	0	0	1
208	33	23	3	4	0	1	0	1
209	36	13	2	10	1	1	0	0
210	32	26	1	0	0	1	0	1
211	29	10	3	2	1	1	0	1
212	32	4	1	4	1	1	0	0
213	34	0	1	7	0	1	0	1
214	26	35	3	31	0	1	0	0
215	25	32	3	5	1	1	0	0
216	30	2	1	2	1	1	0	0
217	33	15	2	6	0	1	0	0
218	40	23	2	6	0	1	0	0
219	26	13	1	12	0	1	0	0
220	26	29	3	5	1	1	0	0
221	35	22.105	3	4	0	1	0	0
222	26	15	2	11	0	1	0	0
223	33	7	1	3	1	1	0	1
224	27	7	3	4	0	1	0	0
225	29	33	3	3	0	1	0	1
226	29	23	3	9	0	1	0	0
227	39	21	3	7	0	1	0	0
228	43	19	2	2	1	1	0	0
229	35	8	3	3	0	1	0	1
230	26	24	1	2	1	1	0	0
231	27	28.737	1	3	0	1	0	0
232	28	20	1	2	1	1	0	0
233	30	14	1	4	0	1	0	0
234	31	17	2	1	1	1	0	1
235	26	19	3	16	0	1	0	0
236	36	5	2	4	0	1	0	0
237	25	8	3	3	0	1	0	0
238	26	22	1	0	1	1	0	1
239	30	11	3	5	0	0	0	0
240	28	13	1	5	0	0	0	0
241	34	11.053	1	0	1	0	0	0
242	31	24	1	2	0	0	0	1
243	30	19	3	1	0	0	0	1
244	35	27	2	5	1	0	0	1
245	30	4	2	3	1	0	0	0
246	37	38	3	7	0	0	0	0
247	29	11	1	12	1	0	0	0
248	23	21	1	8	0	0	0	0
249	23	1	1	4	0	0	0	0
250	44	4	1	0	0	0	0	0

id	age	beck	ivhk	ndrugtx	race	treat	site	dfree
251	43	7	2	8	1	0	0	1
252	38	20	3	3	0	0	0	0
253	33	17	1	3	1	0	0	0
254	36	6.3	3	9	0	0	0	0
255	26	12	3	2	0	0	0	1
256	30	16	1	0	0	0	0	0
257	34	31.5	1	0	0	0	0	0
258	32	30	3	6	0	0	0	0
259	30	1	1	1	0	0	0	1
260	37	32	3	10	1	0	0	0
261	35	29	3	7	0	0	0	0
262	30	6	1	0	0	0	0	0
263	34	17	1	6	1	0	0	0
264	40	13	2	6	0	0	0	0
265	28	15	2	3	1	0	0	0
266	32	11	1	6	0	0	0	0
267	45	17	3	2	1	0	0	0
268	24	23	1	0	0	1	0	0
269	43	23	3	5	1	1	0	0
270	38	15	3	0	1	1	0	0
271	33	19	3	1	0	1	0	1
272	26	21	2	2	1	1	0	0
273	40	8	3	3	0	1	0	0
274	27	34	2	0	0	1	0	0
275	39	21	3	12	0	1	0	0
276	29	27	2	3	1	1	0	0
277	28	32	2	4	0	1	0	0
278	37	29	3	20	0	0	0	0
279	37	22	3	20	0	0	0	0
280	40	12	2	9	0	0	0	0
281	25	36	3	5	0	0	0	0
282	40	15	1	2	0	0	0	1
283	40	3	3	4	1	0	0	0
284	34	24	3	8	0	0	0	1
285	41	18	3	7	0	0	0	0
286	23	2	1	1	0	1	0	0
287	36	14	1	3	0	1	0	0
288	28	19	1	2	1	1	0	1
289	23	7	1	3	0	1	0	0
290	27	8	1	3	0	1	0	1
291	32	27	2	0	0	1	0	0
292	38	25	3	15	0	1	0	0
293	38	28	1	6	1	1	0	0
294	45	39	3	8	0	1	0	0
295	26	18	2	1	0	1	0	0
296	29	8	3	35	0	1	0	0
297	33	31	1	3	0	1	0	0
298	25	6	1	0	1	1	0	0
299	36	19	1	2	0	1	0	0
300	37	19	3	4	0	1	0	0

id	age	beck	ivhk	ndrugtx	race	treat	site	dfree
301	29	16	1	0	1	1	0	1
302	29	15	1	3	1	1	0	0
303	35	54	2	1	0	1	0	1
304	33	19	1	1	0	1	0	0
305	31	12	3	2	0	1	0	1
306	37	24	2	5	1	1	0	0
307	32	37	3	4	0	1	0	0
308	33	9	2	13	0	1	0	0
309	36	18	1	14	1	1	0	0
310	26	4	1	5	0	1	0	0
311	35	15	1	0	1	1	0	0
312	25	19	3	6	1	0	0	0
313	33	26	3	30	0	0	0	0
314	36	28	3	8	0	0	0	0
315	38	14	3	6	0	0	0	0
316	36	15	2	3	1	0	0	1
317	36	18	3	10	0	0	0	0
318	35	29	3	6	0	0	0	1
319	35	10	1	3	1	0	0	1
320	39	16	3	4	0	0	0	0
321	37	0	3	6	0	0	0	0
322	30	31	3	5	0	0	0	1
323	26	33	3	7	1	0	0	0
324	39	21	1	5	0	0	0	0
325	32	18	1	4	0	0	0	1
326	26	37.8	1	4	1	0	0	0
327	33	20	3	6	0	0	0	0
328	36	11	2	5	0	0	0	0
329	42	26	3	3	0	1	0	0
330	37	43	3	22	0	1	0	0
331	37	12	2	1	1	1	0	0
332	32	22	1	4	1	1	0	1
333	23	36	1	3	1	1	0	1
334	21	16	1	10	0	1	0	0
335	23	41	1	1	0	1	0	1
336	34	16	2	1	0	1	0	0
337	33	8	2	3	0	1	0	1
338	33	10	1	4	1	1	0	0
339	26	18	3	0	0	1	0	0
340	28	27	1	2	1	1	0	0
341	27	28	3	3	0	0	0	0
342	22	23	3	2	0	0	0	0
343	31	32	3	6	1	0	0	0
344	29	23.1	1	4	0	0	0	0
345	44	11	3	12	0	0	0	0
346	26	7	1	0	1	0	0	1
347	44	24	3	16	0	0	0	0
348	34	12	3	1	0	0	0	0
349	36	25	3	6	0	0	0	0
350	43	4	3	20	0	0	0	1

id	age	beck	ivhk	ndrugtx	race	treat	site	dfree
351	37	5	1	1	0	0	0	0
352	44	13	2	17	0	1	0	0
353	31	17	3	30	1	1	0	0
354	24	24	1	3	0	1	0	0
355	37	32	3	4	0	1	0	0
356	41	19	3	12	1	1	0	1
357	32	9	1	3	1	1	0	0
358	23	6	1	2	0	1	0	0
359	33	10	3	3	0	1	0	0
360	43	11	1	9	0	1	0	1
361	33	16	3	8	0	1	0	0
362	41	25	2	3	0	1	0	1
363	41	17	3	2	0	1	0	0
364	37	24	3	3	0	1	0	1
365	26	27	1	3	0	0	0	0
366	33	24	3	6	0	0	0	1
367	30	26	1	2	0	0	0	0
368	33	17	1	6	1	0	0	0
369	33	26	3	3	0	0	0	0
370	37	13	1	6	0	0	0	0
371	44	11	3	20	0	0	0	0
372	20	8	1	1	00	0	0	0
373	33	12	3	4	0	0	0	0
374	36	31	3	3	0	0	0	1
375	34	8.4	3	3	0	0	0	0
376	35	10	3	17	0	1	0	0
377	38	16	3	26	0	1	0	0
378	24	13	1	3	0	1	0	0
379	24	18	1	4	0	1	0	0
380	32	13	1	4	0	1	0	0
381	35	11	2	3	0	1	0	1
382	33	21	3	5	0	1	0	0
383	29	37	2	4	1	1	0	0
384	42	32	3	30	0	1	0	0
385	23	33	1	1	0	1	0	0
386	28	11	3	16	0	1	0	0
387	43	29	3	4	0	1	0	0
388	33	23	1	0	0	0	0	0
389	37	15	3	20	0	0	0	0
390	49	22	3	7	0	0	0	0
391	36	25	1	1	1	0	0	0
392	27	30	3	13	0	0	0	0
393	35	23	3	1	0	0	0	0
394	25	10	2	3	0	0	0	0
395	33	8	3	3	0	0	0	1
396	34	16	3	7	0	0	0	0
397	38	9	3	10	1	0	0	0
398	36	12.158	3	0	1	0	0	0
399	27	5	3	1	0	0	0	1
400	40	19	3	0	1	0	0	1

id	age	beck	ivhk	ndrugtx	race	treat	site	dfree
401	32	23	3	3	0	0	1	0
402	38	28	3	1	1	0	1	1
403	38	16	3	6	0	0	1	0
404	23	25	1	0	0	0	1	1
405	26	22	2	2	0	0	1	1
406	36	28	3	7	0	0	1	0
407	30	28	1	5	0	0	1	0
408	31	18	2	3	0	1	1	1
409	23	15	1	1	0	1	1	0
410	43	9	3	0	1	1	1	0
411	24	26	1	1	0	1	1	1
412	42	19	1	1	0	1	1	1
413	35	26	2	1	0	1	1	1
414	21	10	1	0	0	1	1	0
415	45	1	2	0	1	1	1	0
416	43	30	3	6	0	1	1	1
417	24	7	1	0	1	1	1	0
418	37	11	3	1	0	1	1	0
419	40	10	2	0	0	1	1	1
420	27	11	2	2	0	0	1	0
421	29	11	3	1	0	0	1	0
422	34	12	3	6	0	0	1	0
423	29	29	3	20	0	0	1	0
424	35	27	3	5	0	0	1	0
425	39	20	3	4	0	1	1	1
426	41	9	2	0	0	1	1	0
427	37	18	1	6	1	1	1	0
428	30	10	2	7	0	1	1	0
429	31	1	1	0	0	1	1	0
430	40	5	2	8	0	0	1	0
431	32	20	1	0	0	0	1	0
432	32	7	2	3	1	0	1	0
433	27	7	1	0	0	0	1	1
434	23	26	1	0	0	0	1	0
435	23	4	1	2	0	0	1	0
436	43	11	3	12	0	0	1	0
437	24	20	1	0	0	0	1	0
438	36	11	1	2	1	0	1	0
439	29	31	3	1	0	0	1	0
440	39	13	2	1	0	1	1	0
441	23	6	1	0	0	1	1	1
442	27	17	3	4	0	1	1	0
443	26	5	2	5	0	1	1	1
444	26	27	1	1	1	1	1	0
445	25	9	1	0	0	1	1	0
446	34	10	1	0	0	1	1	1
447	45	5	3	2	0	1	1	1
448	23	17	1	1	0	0	1	1
449	26	7	1	0	0	0	1	1
450	24	27	2	2	0	0	1	0

id	age	beck	ivhk	ndrugtx	race	treat	site	dfree
451	30	23	3	2	1	0	1	0
452	22	26	1	0	0	0	1	1
453	25	10	1	1	0	0	1	0
454	30	8.4	2	40	0	0	1	0
455	33	23	1	0	1	1	1	0
456	34	15	2	8	0	1	1	1
457	29	24	1	2	0	1	1	0
458	39	33	2	6	0	1	1	0
459	26	21	1	4	0	1	1	1
460	32	23	3	6	0	1	1	0
461	42	23.1	3	2	0	0	1	0
462	39	25	2	8	0	0	1	0
463	36	2	1	0	1	0	1	1
464	22	20	1	1	0	0	1	0
465	27	23	1	1	0	0	1	0
466	28	9	1	0	0	0	1	1
467	36	28	2	1	0	1	1	1
468	31	13	1	3	0	1	1	0
469	27	22	2	4	0	1	1	0
470	23	17	1	1	0	1	1	0
471	24	20	2	20	0	0	1	1
472	38	5	2	1	0	0	1	0
473	25	8	1	1	0	1	1	
474	26	20	1	0	0	0	1	0
475	22	34	1	2	0	0	1	0
476	33	13	1	2	0	1	1	1
477	30	23	3	7	0	1	1	0
478	45	8	3	3	0	0	1	0
479	24	15	2	0	0	0	1	0
480	27	22	1	0	0	1	1	0
481	36	19	2	10	0	1	1	0
482	38	23	2	2	1	0	1	0
483	31	17	3	2	0	1	1	0
484	40	22	2	7	0	1	1	0
485	22	12	1	0	1	1	1	0
486	31	13	1	0	1	1	1	0
487	39	7	3	3	1	0	1	0
488	33	14	1	1	0	0	1	0
489	27	10	3	2	0	1	1	0
490	37	7	1	2	1	1	1	0
491	35	16	2	25	0	0	1	0
492	25	11	1	5	0	0	1	0
493	27	11	1	1	1	1	1	1
494	34	15	1	0	0	0	1	1
495	30	15	1	3	0	0	1	0
496	35	17	3	7	0	0	1	0
497	34	23	1	0	0	0	1	0
498	25	23	2	5	0	0	1	0
499	34	18	1	1	0	0	1	0
500	24	23	3	3	0	0	1	0

id	age	beck	ivhk	ndrugtx	race	treat	site	dfree
501	24	20	1	2	0	0	1	0
502	40	36	1	3	0	0	1	1
503	33	9	1	1	1	0	1	1
504	38	14	2	1	1	1	1	0
505	32	1	1	0	0	1	1	1
506	33	3	1	1	0	0	1	1
507	28	40	1	2	1	0	1	0
508	31	13	3	2	0	0	1	1
509	31	39	3	4	0	1	1	0
510	33	24	1	0	0	1	1	1
511	24	26	1	11	0	0	1	0
512	26	18	1	3	0	0	1	1
513	31	19	3	7	0	1	1	0
514	40	14.7	3	4	0	1	1	0
515	34	2	1	3	0	1	1	1
516	30	11	2	7	0	0	1	0
517	36	0	2	3	0	0	1	0
518	38	17	3	6	0	1	1	1
519	31	20	3	6	1	1	1	0
520	27	22	2	2	0	0	1	1
521	32	21	3	15	0	1	1	0
522	35	23	1	5	1	0	1	1
523	44	29	3	13	0	0	1	0
524	31	5	3	10	0	1	1	0
525	28	23	2	20	0	0	1	0
526	40	8	2	1	0	0	1	0
527	25	12	1	10	1	1	1	0
528	32	10	3	6	0	1	1	0
529	29	15.75	1	2	0	0	1	0
530	40	2	2	5	0	1	1	0
531	27	9	2	0	0	1	1	0
532	26	2	1	1	0	1	1	1
533	34	15	1	4	1	1	1	1
534	49	4	2	2	0	0	1	1
535	21	25	3	1	0	1	1	0
536	39	23	3	2	0	1	1	0
537	33	15	2	4	0	1	1	0
538	32	3	1	1	0	1	1	1
539	35	9	2	6	0	0	1	1
540	31	20	1	0	1	1	1	0
541	28	5	1	3	0	0	1	1
542	27	29	2	5	0	1	1	0
543	29	21	1	1	1	1	1	0
544	30	1	1	20	0	0	1	0
545	27	18	1	3	1	0	1	0
546	40	15	2	1	0	1	1	0
547	37	20	1	2	1	1	1	0
548	33	10	1	0	0	0	1	0
549	28	20	1	2	0	0	1	0
550	40	15	2	8	0	1	1	0

id	age	beck	ivhk	ndrugtx	race	treat	site	dfree
551	48	20	1	0	1	0	1	0
552	38	25	1	1	0	0	1	0
553	35	13	1	0	0	0	1	0
554	37	13	2	0	0	0	1	0
555	25	15	1	0	1	1	1	1
556	26	8	1	2	0	1	1	0
557	30	9	3	3	0	0	1	0
558	28	16	2	2	0	0	1	1
559	23	11	3	4	0	0	1	0
560	36	31	1	1	0	1	1	1
561	36	13	2	4	0	1	1	1
562	24	5	1	0	1	0	1	0
563	33	9	2	5	0	0	1	0
564	38	15	2	6	0	0	1	0
565	41	20	3	21	0	1	1	0
566	31	21	1	0	1	1	1	0
567	31	23	2	11	0	1	1	0
568	37	5	1	0	1	1	1	0
569	37	17	2	4	1	0	1	0
570	33	13	1	0	0	0	1	0
571	53	9	2	6	0	0	1	0
572	37	20	3	4	0	0	1	0
573	28	10	2	3	0	1	1	0
574	35	17	3	2	0	0	1	1
575	46	31.5	3	15	1	1	1	1

대통령 선거 자료

1. DATA NAME: VOTER DATA

2. SIZE: 1847 observations, 7 variables

3. SOURCE: Data were collected at General Social Survey, USA, during 1992.

4. TABLE: Code Sheet for the Variables in the Voter Data Set.

Name	Description	Codes/Values
ID	Identification Code	1-1847
대선92	92년 대선 후보	1 = 부시 2 = 패롯 3 = 클린턴
나이	나이	22-89
나이대	나이대	1 = 35세 미만 2 = 35-44세 3 = 45-64세 4 = 65세 이상
피교육	피 교육연수	3-20
학력	최종 학력	0 = 고등학교 미만 1 = 고등학교 2 = 초대학교 3 = 대학교 4 = 대학원
성별	성별	1 = 남자 2 = 여자

5. VOTER DATA

id	pc	age	gp	years	sch	sex	id	pc	age	gp	years	sch	sex
1	3	79	4	12	1	1	51	1	80	4	15	1	1
2	3	32	1	14	3	1	52	1	43	2	13	1	1
3	3	50	3	6	0	2	53	3	86	4	11	1	2
4	3	56	3	8	0	2	54	3	25	1	16	3	1
5	3	51	3	7	3	2	55	3	29	1	13	1	2
6	3	48	3	12	1	1	56	3	38	2	15	1	1
7	3	29	1	13	1	2	57	3	24	1	13	1	2
8	3	40	2	13	1	2	58	3	62	3	20	4	1
9	3	46	3	13	1	2	59	3	38	2	14	2	2
10	3	37	2	19	4	2	60	3	89	4	16	3	2
11	3	43	2	16	4	2	61	3	71	4	14	1	2
12	3	45	3	16	3	2	62	3	60	3	14	0	1
13	3	53	3	16	3	2	63	3	49	3	14	1	2
14	3	34	1	15	1	1	64	3	24	1	13	1	2
15	3	32	1	19	4	1	65	3	37	2	12	1	2
16	3	53	3	12	1	1	66	2	32	1	14	2	1
17	1	27	1	17	3	1	67	3	23	1	13	1	1
18	3	42	2	16	3	2	68	1	45	3	10	1	2
19	3	27	1	16	3	2	69	2	36	2	12	1	1
20	3	40	2	20	4	2	70	3	41	2	12	1	2
21	3	74	4	3	0	1	71	1	49	3	20	4	1
22	2	41	2	15	2	1	72	1	33	1	13	1	1
23	1	26	1	16	3	1	73	3	46	3	14	1	2
24	3	49	3	14	2	2	74	3	31	1	14	2	2
25	1	49	3	17	4	2	75	3	47	3	14	1	2
26	3	37	2	16	3	2	76	3	55	3	10	0	2
27	3	5	3	18	4	2	77	2	30	1	13	1	2
28	3	26	1	16	3	2	78	3	33	1	16	4	2
29	3	25	1	12	1	1	79	3	29	1	112	1	1
30	1	47	3	20	4	2	80	3	33	1	14	1	1
31	3	53	3	16	3	1	81	3	37	2	14	2	2
32	1	42	2	13	1	1	82	3	50	3	18	4	2
33	3	73	4	6	0	2	83	3	78	4	12	1	1
34	3	80	4	12	1	2	84	3	40	2	13	1	2
35	3	42	2	15	3	2	85	3	66	4	20	4	1
36	3	44	2	10	0	2	86	3	45	3	11	0	2
37	3	43	2	18	4	2	87	3	46	3	18	4	2
38	3	28	1	15	1	1	88	1	79	4	11	0	1
39	3	42	2	12	1	1	89	2	44	2	16	3	1
40	3	26	1	13	1	2	90	3	53	3	19	4	2
41	3	29	1	16	3	2	91	1	43	2	12	1	1
42	3	29	1	12	1	2	92	3	40	2	14	1	1
43	2	32	1	12	1	2	93	3	68	4	15	1	2
44	1	34	1	16	3	2	94	3	32	1	14	1	2
45	3	59	3	16	1	1	95	1	37	2	20	4	1
46	1	38	2	16	3	2	96	3	35	2	16	3	1
47	1	37	2	16	3	1	97	1	31	1	16	3	2
48	3	34	1	20	4	1	98	3	47	3	20	4	2
49	1	23	1	16	3	2	99	3	68	4	16	3	1
50	3	38	2	16	3	2	100	1	47	3	16	3	1

id	pc	age	gp	years	sch	sex	id	pc	age	gp	years	sch	sex
101	3	53	3	12	1	2	151	1	42	2	14	2	2
102	3	39	2	19	3	2	152	2	49	3	16	3	2
103	3	63	3	12	1	1	153	1	37	2	14	1	1
104	1	43	2	16	3	1	154	3	61	3	16	3	2
105	1	75	4	16	3	1	155	1	75	4	13	1	2
106	3	74	4	12	1	1	156	3	40	2	20	4	1
107	3	25	1	15	1	2	157	1	52	3	14	2	1
108	3	62	3	14	2	2	158	3	54	3	16	3	2
109	3	47	3	16	3	1	159	3	81	4	12	1	2
110	3	48	3	14	1	2	160	1	60	3	12	1	2
111	3	38	2	12	1	1	161	2	41	2	18	3	2
112	1	31	1	13	1	1	162	2	49	3	12	1	2
113	2	65	4	12	1	2	163	2	30	1	14	1	1
114	1	68	4	14	1	2	164	3	61	3	16	3	1
115	2	62	3	18	4	1	165	3	76	4	9	0	2
116	3	51	3	12	1	2	166	3	52	3	12	1	2
117	1	60	3	16	3	1	167	1	51	3	16	3	2
118	1	37	2	12	1	1	168	1	28	1	11	0	2
119	3	39	2	17	3	2	169	2	35	2	12	1	1
120	1	62	3	12	1	1	170	3	43	2	14	1	1
121	2	43	2	13	1	2	171	2	35	2	13	1	1
122	3	31	1	13	1	2	172	3	52	3	16	3	1
123	1	53	3	18	4	2	173	3	37	2	14	1	1
124	3	37	2	16	3	2	174	1	33	1	13	1	2
125	3	43	2	16	3	2	175	3	47	3	17	3	2
126	3	39	2	15	1	2	176	3	82	4	8	0	2
127	3	48	3	16	3	2	177	3	63	3	6	0	1
128	2	59	3	13	1	1	178	1	72	4	8	0	2
129	3	79	4	20	4	1	179	1	30	1	14	1	1
130	3	56	3	18	4	2	180	3	36	2	13	1	2
131	3	56	3	16	3	2	181	1	70	4	14	2	2
132	3	41	2	14	0	1	182	3	75	4	8	0	2
133	3	40	2	16	3	1	183	3	83	4	12	1	1
134	1	51	3	18	3	1	184	3	53	3	10	0	2
135	3	53	3	16	3	1	185	3	22	1	13	1	2
136	3	40	2	17	3	1	186	3	33	1	12	1	2
137	3	41	2	14	1	2	187	1	24	1	16	3	2
138	3	59	3	18	4	2	188	3	28	1	11	0	2
139	3	43	2	17	3	2	189	2	48	3	16	3	1
140	3	30	1	14	2	1	190	1	88	4	13	1	2
141	3	41	2	19	4	1	191	2	36	2	13	2	1
142	3	51	3	17	0	1	192	3	55	3	20	4	2
143	2	40	2	15	1	2	193	3	29	1	16	3	2
144	3	75	4	7	0	2	194	1	62	3	12	1	1
145	3	56	3	14	0	2	195	3	84	4	12	1	2
146	3	36	2	12	1	2	196	1	80	4	10	0	2
147	3	64	3	10	0	2	197	1	46	3	12	1	1
148	2	31	1	13	1	1	198	1	72	4	12	1	2
149	2	32	1	14	2	2	199	1	25	1	16	3	2
150	1	36	2	13	1	2	200	1	41	2	12	1	2

id	pc	age	gp	years	sch	sex
201	3	32	1	14	1	1
202	3	35	2	12	1	1
203	3	43	2	16	2	1
204	2	32	1	15	2	1
205	3	38	2	17	3	1
206	3	26	1	12	1	2
207	3	32	1	12	1	2
208	3	68	4	9	0	2
209	3	73	4	10	0	2
210	3	31	1	14	1	1
211	3	57	3	16	4	1
212	3	34	1	12	1	2
213	3	24	1	14	1	2
214	3	55	3	7	0	2
215	3	28	1	15	1	2
216	1	69	4	10	0	2
217	1	24	1	11	0	2
218	1	44	2	12	1	2
219	2	45	3	12	1	1
220	3	56	3	15	2	2
221	3	50	3	16	1	1
222	2	54	3	12	1	2
223	1	32	1	16	3	1
224	3	25	1	17	4	2
225	3	26	1	12	1	2
226	3	49	3	16	3	1
227	3	32	1	19	4	1
228	3	33	1	18	4	2
229	3	31	1	16	3	2
230	3	32	1	16	3	2
231	1	56	3	13	1	1
232	1	27	1	16	3	2
233	1	72	4	12	1	1
234	2	39	2	12	1	2
235	2	35	2	17	3	1
236	3	70	4	12	1	1
237	1	32	1	17	3	2
238	3	23	1	14	1	1
239	2	83	4	12	1	2
240	3	34	1	13	1	1
241	3	87	4	12	1	1
242	3	50	3	12	1	1
243	1	61	3	12	1	1
244	3	68	4	12	1	1
245	1	50	3	16	3	1
246	3	39	2	16	3	2
247	3	41	2	14	1	1
248	3	43	2	14	1	2
249	3	65	4	10	0	2
250	3	36	2	14	2	2

id	pc	age	gp	years	sch	sex
251	3	54	3	12	1	2
252	3	46	3	9	1	1
253	3	68	4	11	0	2
254	3	35	2	16	3	2
255	3	66	4	9	1	2
256	3	29	1	16	3	1
257	3	31	1	13	2	2
258	3	49	3	12	0	2
259	1	43	2	16	3	2
260	1	54	3	16	2	1
261	3	34	1	14	1	2
262	3	53	3	18	4	1
263	3	70	4	15	1	1
264	2	22	1	15	2	1
265	1	45	3	17	3	2
266	2	43	2	16	3	1
267	3	67	4	16	3	1
268	1	48	3	16	3	1
269	1	88	4	12	1	1
270	3	36	2	13	1	1
271	2	36	2	12	1	2
272	3	47	3	12	1	2
273	2	39	2	15	2	1
274	1	31	1	12	1	2
275	3	55	3	20	3	1
276	3	33	1	14	1	1
277	3	33	1	11	0	2
278	1	56	3	12	1	2
279	3	42	2	14	1	2
280	2	30	3	18	3	2
281	3	43	2	17	3	1
282	3	30	1	17	3	1
283	1	39	2	11	1	1
284	1	88	4	11	0	1
285	1	56	3	13	1	2
286	3	37	2	17	1	1
287	2	63	3	11	0	2
288	3	34	1	12	1	1
289	1	59	3	15	1	1
290	1	52	3	17	4	1
291	3	38	2	18	4	2
292	3	43	2	14	1	2
293	2	43	2	14	1	2
294	3	83	4	13	1	2
295	3	35	2	12	1	2
296	3	46	3	16	3	1
297	1	54	3	14	1	1
298	2	67	4	12	1	1
299	3	60	3	12	1	1
300	2	40	2	16	3	1

id	pc	age	gp	years	sch	sex	id	pc	age	gp	years	sch	sex
301	3	78	4	10	1	1	351	3	77	4	11	0	2
302	3	71	4	12	1	2	352	3	77	4	14	1	2
303	1	63	3	13	1	1	353	3	46	3	15	1	2
304	2	28	1	13	1	2	354	3	38	2	11	0	2
305	3	63	3	10	1	2	355	3	28	1	14	2	1
306	3	48	3	14	1	1	356	3	40	2	12	1	1
307	3	31	1	16	3	2	357	1	63	3	14	1	2
308	3	27	1	14	3	2	358	1	69	4	12	1	2
309	3	31	1	20	3	2	359	3	53	3	13	1	2
310	1	84	4	10	0	1	360	1	44	2	16	3	2
311	1	86	4	14	1	1	361	1	46	3	16	3	1
312	3	69	4	12	1	2	362	2	39	2	13	1	1
313	3	74	4	6	0	2	363	3	43	2	16	3	2
314	3	65	4	8	0	2	364	3	63	3	20	4	1
315	3	77	4	17	3	2	365	1	47	3	20	4	1
316	3	53	3	10	0	2	366	1	65	4	20	4	1
317	3	27	1	12	1	2	367	3	42	2	18	4	1
318	3	62	3	12	1	2	368	1	68	4	14	1	1
319	3	48	3	12	1	2	369	1	29	1	16	3	1
320	3	62	3	9	0	2	370	3	42	2	20	4	2
321	2	32	1	13	1	1	371	3	51	3	16	3	2
322	3	47	3	16	3	2	372	3	53	3	12	1	2
323	3	40	2	12	1	2	373	3	68	4	14	2	2
324	1	42	2	12	1	1	374	3	56	3	14	1	2
325	3	42	2	12	1	1	375	3	36	2	12	1	2
326	2	28	1	17	3	2	376	1	40	2	15	1	2
327	3	33	1	12	1	2	377	1	32	1	18	4	1
328	3	40	2	16	3	2	378	1	31	1	18	4	2
329	1	73	4	12	1	1	379	3	30	1	19	3	2
330	2	81	4	12	1	2	380	1	51	3	14	2	1
331	1	70	4	16	3	1	381	1	42	2	13	1	2
332	1	61	3	12	1	2	382	2	34	1	16	2	1
333	3	53	3	12	1	2	383	1	23	1	16	3	1
334	3	48	3	16	1	2	384	1	40	2	14	1	1
335	3	57	3	12	1	2	385	1	40	2	16	3	2
336	3	49	3	16	3	1	386	1	30	1	16	3	1
337	1	39	2	14	2	2	387	2	49	3	16	1	2
338	3	41	2	12	1	1	388	3	48	3	13	1	2
339	3	42	2	8	0	1	389	2	37	2	18	4	1
340	2	59	3	7	0	2	390	3	49	3	18	3	2
341	3	38	2	16	3	2	391	3	58	3	16	3	2
342	3	56	3	19	4	1	392	3	34	1	16	3	2
343	1	49	3	17	4	2	393	2	44	2	20	4	2
344	3	38	2	20	4	2	394	3	24	1	17	3	1
345	3	57	3	14	1	2	395	3	40	2	18	4	1
346	1	35	2	16	3	2	396	3	50	3	20	4	2
347	2	48	3	14	1	1	397	1	37	2	16	3	2
348	3	56	3	18	4	2	398	3	25	1	17	3	1
349	2	36	2	14	1	2	399	3	68	4	20	4	1
350	1	75	4	12	1	2	400	3	39	2	18	3	2

id	pc	age	gp	years	sch	sex
401	3	43	2	16	3	2
402	1	40	2	14	1	2
403	3	32	1	16	3	2
404	3	28	1	18	4	1
405	3	81	4	18	3	2
406	1	71	4	12	1	2
407	3	83	4	8	0	2
408	1	82	4	7	0	2
409	2	30	1	11	0	2
410	3	31	1	18	3	1
411	3	24	1	17	3	1
412	3	44	2	18	4	2
413	3	48	3	16	3	1
414	1	58	3	16	3	1
415	1	28	1	16	3	2
416	3	65	4	18	3	1
417	1	33	1	13	1	2
418	2	39	2	12	1	1
419	1	41	2	16	3	1
420	3	49	3	16	3	2
421	1	76	4	20	4	1
422	2	69	4	20	4	1
423	2	35	2	12	1	2
424	3	48	3	12	1	2
425	1	30	1	5	0	2
426	3	58	3	15	1	2
427	3	39	2	13	1	1
428	3	32	1	14	1	1
429	1	43	2	16	3	1
430	2	34	1	13	1	2
431	3	47	3	19	4	2
432	1	59	3	16	3	1
433	3	42	2	16	3	2
434	1	82	4	12	1	2
435	1	89	4	10	0	2
436	3	87	4	14	1	2
437	3	68	4	10	0	2
438	3	53	3	19	3	2
439	3	79	4	13	0	1
440	3	24	1	16	3	2
441	2	31	1	16	2	2
442	1	47	3	14	2	2
443	3	48	3	17	4	1
444	1	54	3	13	1	2
445	2	54	3	17	3	1
446	3	53	3	18	4	2
447	1	49	3	17	3	1
448	3	70	4	11	0	2
449	1	62	3	8	0	1
450	3	51	3	16	3	2
451	3	84	4	16	3	2
452	3	65	4	12	1	2
453	3	45	3	18	4	2
454	3	40	2	14	2	2
455	1	35	2	16	3	2
456	3	62	3	15	1	2
457	1	61	3	12	1	1
458	3	30	1	14	2	2
459	2	29	1	13	1	1
460	1	79	4	18	4	1
461	3	51	3	12	1	1
462	2	25	1	17	3	2
463	2	34	1	13	1	1
464	1	66	4	11	1	2
465	3	36	2	15	1	2
466	1	53	3	14	1	1
467	3	35	2	16	2	2
468	3	39	2	16	3	2
469	3	37	2	14	1	1
470	2	41	2	12	1	1
471	1	42	2	16	3	2
472	1	57	3	18	4	1
473	1	41	2	16	3	1
474	1	57	3	16	3	2
475	1	46	3	12	1	2
476	1	53	3	15	1	1
477	1	53	3	15	1	1
478	1	47	3	16	3	2
479	1	65	4	16	3	1
480	1	48	3	16	3	1
481	1	41	2	16	3	2
482	1	50	3	16	3	1
483	1	62	3	17	3	1
484	1	24	1	16	3	1
485	3	52	3	10	0	2
486	2	0	2	16	3	1
487	3	65	4	13	1	2
488	2	42	2	12	1	1
489	1	55	3	16	3	1
490	2	62	3	14	2	1
491	3	56	3	16	4	2
492	1	36	2	16	3	1
493	1	50	3	16	3	1
494	2	33	1	16	4	1
495	1	40	2	12	1	1
496	3	43	2	12	1	1
497	1	42	2	10	1	1
498	1	38	2	11	1	1
499	1	55	3	16	3	1
500	1	58	3	13	1	2

id	pc	age	gp	years	sch	sex
501	3	49	3	7	0	2
502	1	51	3	14	1	1
503	1	32	1	14	2	2
504	1	59	3	14	2	1
505	1	46	3	13	1	2
506	1	25	1	15	1	2
507	2	64	3	16	3	1
508	1	68	4	14	2	2
509	2	36	2	14	1	1
510	3	64	3	10	0	1
511	1	32	1	12	1	2
512	3	43	2	18	3	2
513	2	41	2	16	3	1
514	2	25	1	13	1	2
515	1	32	1	12	1	2
516	3	22	1	13	1	1
517	2	33	1	11	0	1
518	1	42	2	14	1	2
519	3	74	4	8	0	2
520	1	33	1	16	3	1
521	2	36	2	16	3	1
522	2	54	3	14	2	1
523	3	82	4	15	3	2
524	2	70	4	12	1	1
525	3	35	2	15	1	2
526	3	48	3	9	0	1
527	3	51	3	12	1	2
528	3	43	2	14	2	2
529	3	27	1	15	1	2
530	3	22	1	13	1	2
531	1	36	2	12	1	1
532	3	23	1	13	1	1
533	2	30	1	12	1	1
534	3	50	3	13	1	2
535	3	54	3	12	1	2
536	3	41	2	13	1	2
537	3	56	3	12	1	2
538	3	50	3	12	1	2
539	1	48	3	18	4	2
540	1	58	3	16	3	1
541	3	60	3	12	1	2
542	3	23	1	14	1	2
543	2	39	2	16	3	2
544	2	61	3	16	3	1
545	3	51	3	12	1	2
546	3	29	1	14	1	1
547	3	30	1	16	3	1
548	3	72	4	10	0	1
549	3	44	2	12	1	2
550	2	35	2	14	2	2
551	3	80	4	12	1	2
552	3	84	4	12	1	2
553	3	45	3	20	4	2
554	1	27	1	16	3	2
555	1	33	1	16	3	2
556	2	47	3	12	1	1
557	3	31	1	16	3	1
558	1	38	2	15	1	1
559	2	56	3	13	1	1
560	1	49	3	16	3	2
561	3	26	1	16	3	1
562	2	44	2	12	1	1
563	3	60	3	20	4	1
564	1	48	3	17	3	2
565	1	50	3	20	4	1
566	1	51	3	17	3	1
567	2	37	2	18	3	1
568	1	44	2	15	1	2
569	3	48	3	12	1	1
570	3	23	1	14	2	2
571	3	26	1	15	3	2
572	3	43	2	13	1	2
573	2	24	1	16	3	2
574	2	22	1	15	1	1
575	1	24	1	16	3	2
576	3	27	1	12	1	1
577	1	49	3	16	3	1
578	3	25	1	17	2	2
579	1	31	1	13	1	1
580	1	30	1	12	1	1
581	3	37	2	18	3	1
582	2	31	1	20	4	2
583	3	53	3	20	4	2
584	2	25	1	15	1	1
585	2	26	1	13	1	1
586	2	34	1	12	1	1
587	3	51	3	14	2	2
588	3	54	3	20	4	1
589	2	34	1	15	1	1
590	2	74	4	20	4	1
591	1	50	3	18	4	1
592	3	36	2	18	4	2
593	1	38	2	20	4	1
594	3	36	2	20	4	1
595	1	49	3	18	4	2
596	1	60	3	14	1	1
597	3	35	2	16	3	1
598	3	22	1	12	1	2
599	2	27	1	14	1	2
600	1	48	3	18	4	1

id	pc	age	gp	years	sch	sex	id	pc	age	gp	years	sch	sex
601	3	78	4	12	1	1	651	3	27	1	16	3	1
602	2	34	1	16	3	1	652	1	56	3	13	1	2
603	1	31	1	12	1	1	653	3	41	2	12	1	1
604	1	32	1	16	3	2	654	2	30	1	13	1	1
605	3	46	3	18	4	1	655	1	55	3	17	4	1
606	1	28	1	18	4	1	656	2	37	2	13	1	2
607	3	38	2	16	3	2	657	3	50	3	16	3	1
608	3	51	3	15	1	1	658	3	43	2	16	3	2
609	1	76	4	12	1	1	659	3	30	1	20	4	2
610	3	47	3	12	1	1	660	1	72	4	15	1	2
611	3	45	3	16	4	2	661	1	72	4	13	1	2
612	3	37	2	16	2	1	662	1	76	4	6	0	1
613	1	73	4	13	1	2	663	1	75	4	12	1	2
614	3	37	2	12	1	2	664	2	22	1	12	1	1
615	3	65	4	4	0	2	665	3	89	4	9	0	2
616	1	36	2	12	1	1	666	3	70	4	12	1	1
617	3	54	3	9	0	2	667	1	44	2	14	1	2
618	3	39	2	20	3	2	668	1	41	2	10	0	1
619	2	34	1	19	3	2	669	3	49	3	12	1	2
620	3	68	4	12	1	1	670	3	39	2	16	4	1
621	3	49	3	13	2	2	671	3	31	1	14	1	2
622	2	42	2	16	3	2	672	1	74	4	12	1	2
623	1	37	2	16	3	2	673	3	47	3	18	4	1
624	1	65	4	17	3	2	674	1	36	2	15	2	1
625	3	52	3	14	1	2	675	2	34	1	11	1	2
626	1	37	2	18	4	2	676	3	24	1	17	3	2
627	1	54	3	16	3	1	677	3	27	1	17	2	1
628	3	38	2	14	1	2	678	1	67	4	12	1	1
629	3	28	1	17	3	1	679	1	26	1	16	3	2
630	3	29	1	16	3	2	680	2	48	3	12	4	2
631	3	23	1	16	1	2	681	3	23	1	16	1	2
632	3	28	1	12	1	1	682	3	37	2	16	3	2
633	3	39	2	12	1	1	683	1	63	3	12	1	1
634	3	48	3	17	3	2	684	2	47	3	12	1	2
635	2	34	1	16	3	2	685	1	49	3	16	3	1
636	2	29	1	17	3	2	686	1	65	4	12	1	1
637	1	42	2	12	1	1	687	1	26	1	17	3	2
638	3	47	3	17	3	2	688	1	52	3	13	1	2
639	1	65	4	12	1	1	689	1	52	3	12	1	1
640	2	45	3	16	3	2	690	2	37	2	12	1	2
641	2	41	2	18	3	2	691	3	41	2	18	4	1
642	3	60	3	14	2	1	692	3	44	2	16	3	2
643	3	31	1	12	1	2	693	3	23	1	17	3	2
644	3	49	3	13	1	2	694	3	52	3	12	1	1
645	1	49	3	14	2	1	695	2	28	1	17	3	1
646	3	27	1	12	1	2	696	2	28	1	12	1	1
647	3	40	2	16	4	2	697	3	61	3	9	0	1
648	3	44	2	14	2	2	698	2	29	1	15	1	1
649	1	83	4	12	1	2	699	3	47	3	12	1	2
650	1	44	2	16	3	2	700	1	43	2	14	2	1

id	pc	age	gp	years	sch	sex	id	pc	age	gp	years	sch	sex
701	3	46	3	14	2	2	751	1	48	3	12	1	2
702	3	72	4	12	1	2	752	3	57	3	12	1	2
703	1	70	4	13	1	2	753	1	57	3	12	1	2
704	1	40	2	18	4	2	754	3	47	3	16	4	2
705	1	45	3	12	1	1	755	2	39	2	16	3	2
706	1	50	3	18	4	2	756	1	38	2	18	4	2
707	3	54	3	20	4	2	757	1	49	3	16	3	1
708	2	42	2	18	3	1	758	1	48	3	16	3	2
709	2	41	2	12	1	1	759	3	29	1	11	1	2
710	3	52	3	12	1	2	760	1	46	3	12	1	2
711	1	41	2	14	2	2	761	1	59	3	12	1	2
712	3	78	4	12	1	2	762	3	66	4	8	0	1
713	3	71	4	12	1	2	763	3	25	1	18	4	2
714	3	45	3	12	1	2	764	2	34	1	12	1	2
715	3	36	2	12	1	2	765	3	24	1	12	1	1
716	3	63	3	17	4	1	766	3	42	2	12	1	1
717	3	43	2	15	1	2	767	3	62	3	12	1	2
718	3	44	2	12	1	2	768	3	65	4	12	1	2
719	3	79	4	16	4	1	769	2	36	2	12	1	2
720	1	89	4	15	3	2	770	2	50	3	11	0	1
721	1	65	4	12	1	1	771	2	48	3	12	1	1
722	3	24	1	16	3	1	772	3	64	3	15	3	2
723	1	33	1	9	1	2	773	3	23	1	12	1	1
724	3	80	4	8	0	1	774	1	25	1	17	3	2
725	3	67	4	19	3	2	775	3	49	3	12	1	1
726	3	33	1	12	1	2	776	3	58	3	12	1	2
727	2	36	2	15	1	1	777	2	43	2	17	4	1
728	1	69	4	10	0	2	778	3	49	3	14	1	2
729	2	39	2	12	1	2	779	1	50	3	14	1	1
730	2	33	1	14	2	2	780	3	68	4	8	0	1
731	1	44	2	14	2	2	781	3	29	1	14	1	2
732	1	43	2	15	2	1	782	3	37	2	16	3	2
733	1	36	2	13	1	1	783	1	49	3	13	1	2
734	1	68	4	12	1	1	784	1	47	3	12	1	2
735	3	58	3	14	1	1	785	2	37	2	12	1	1
736	3	43	2	13	1	1	786	1	30	1	13	1	1
737	3	77	4	12	1	2	787	3	38	2	13	1	2
738	1	59	3	12	1	1	788	1	62	3	16	3	1
739	3	46	3	16	3	1	789	1	69	4	16	3	2
740	3	38	2	12	1	2	790	1	64	3	12	1	2
741	3	56	3	16	3	2	791	1	32	1	13	1	2
742	1	44	2	14	2	1	792	3	79	4	12	0	2
743	3	78	4	14	2	2	793	3	69	4	11	0	2
744	1	88	4	14	1	2	794	3	59	3	12	1	1
745	3	55	3	14	2	2	795	3	66	4	12	1	2
746	3	59	3	12	1	2	796	3	35	2	19	3	1
747	3	49	3	11	1	1	797	3	41	2	12	1	1
748	3	44	2	13	2	2	798	3	56	3	12	1	2
749	2	34	1	12	1	1	799	2	38	2	16	3	2
750	3	45	3	15	2	2	800	3	65	4	12	1	2

id	pc	age	gp	years	sch	sex
801	2	27	1	17	3	2
802	1	68	4	15	3	2
803	1	38	2	12	1	2
804	1	87	4	9	0	2
805	3	39	2	12	1	1
806	1	34	1	12	1	1
807	1	45	3	18	4	2
808	1	50	3	13	1	2
809	3	48	3	18	4	2
810	1	42	2	17	4	2
811	3	54	3	12	1	1
812	3	59	3	16	3	2
813	3	68	4	14	1	1
814	2	45	3	12	1	2
815	1	43	2	15	2	2
816	1	46	3	14	1	2
817	1	51	3	18	2	1
818	3	46	3	20	4	1
819	2	48	3	12	1	1
820	3	28	1	16	3	2
821	1	30	1	12	1	1
822	1	69	4	11	0	2
823	3	53	3	20	4	1
824	1	26	1	17	3	1
825	1	40	2	16	3	1
826	3	60	3	17	3	2
827	3	38	2	16	3	2
828	3	75	4	11	0	1
829	3	38	2	16	3	2
830	1	58	3	12	1	1
831	1	77	4	12	1	1
832	3	38	2	13	1	2
833	2	42	2	15	1	1
834	1	34	1	12	1	2
835	3	68	4	8	0	1
836	3	51	3	13	1	1
837	1	36	2	13	1	2
838	1	26	1	14	2	1
839	3	32	1	16	3	2
840	3	49	3	12	1	2
841	1	34	1	13	1	2
842	1	26	1	12	1	2
843	1	54	3	16	3	1
844	1	66	4	12	1	2
845	3	46	3	14	1	1
846	1	45	3	13	1	1
847	3	45	3	16	3	1
848	1	58	3	12	1	2
849	2	47	3	18	4	1
850	1	46	3	10	0	1
851	2	52	3	16	3	1
852	3	41	2	15	1	1
853	3	70	4	12	1	1
854	2	31	1	12	1	2
855	2	28	1	16	3	2
856	2	35	2	15	1	2
857	3	68	4	12	1	1
858	3	88	4	20	4	1
859	3	50	3	17	4	2
860	3	62	3	19	4	1
861	3	64	3	17	4	2
862	1	59	3	16	3	1
863	1	70	4	16	3	2
864	1	53	3	18	4	2
865	1	56	3	16	3	2
866	3	46	3	20	4	2
867	3	41	2	18	4	1
868	3	38	2	19	3	1
869	3	32	1	15	1	2
870	3	72	4	10	0	1
871	3	34	1	13	1	2
872	2	29	1	12	1	1
873	3	30	1	16	3	2
874	2	62	3	12	1	2
875	1	34	1	13	1	1
876	3	44	2	19	4	1
877	3	52	3	12	1	1
878	2	42	2	15	2	2
879	3	36	2	12	1	2
880	3	72	4	5	0	1
881	1	42	2	16	3	2
882	1	26	1	18	3	1
883	3	23	1	18	1	2
884	1	41	2	15	2	2
885	3	24	1	15	1	2
886	3	28	1	13	1	1
887	1	34	1	15	1	2
888	2	33	1	16	3	1
889	3	48	3	19	4	2
890	1	45	3	14	2	1
891	1	43	2	14	1	1
892	3	46	3	12	1	1
893	2	63	3	12	1	1
894	1	71	4	13	1	1
895	1	33	1	13	1	1
896	1	40	2	12	1	1
897	2	31	1	15	2	2
898	3	78	4	20	4	1
899	1	37	2	17	1	1
900	1	42	2	15	1	2

id	pc	age	gp	years	sch	sex	id	pc	age	gp	years	sch	sex
901	1	62	3	18	3	2	951	1	63	3	20	4	2
902	3	41	2	20	4	2	952	3	70	4	16	3	2
903	1	61	3	12	1	1	953	3	38	2	17	3	2
904	3	72	4	8	0	2	954	2	72	4	12	1	2
905	1	32	1	11	1	2	955	2	45	3	14	1	2
906	1	86	4	12	1	2	956	1	31	1	13	1	2
907	1	66	4	20	4	2	957	2	27	1	16	2	1
908	1	58	3	20	4	1	958	2	48	3	14	2	1
909	3	69	4	14	1	2	959	3	66	4	12	1	1
910	1	58	3	12	1	1	960	3	56	3	12	1	1
911	1	63	3	16	3	1	961	3	43	2	12	1	2
912	2	33	1	17	3	1	962	3	25	1	16	3	2
913	3	70	4	12	1	2	963	3	36	2	18	4	2
914	3	53	3	16	3	1	964	3	36	2	11	1	2
915	1	26	1	14	2	1	965	3	30	1	17	2	1
916	3	25	1	16	3	2	966	3	56	3	12	1	2
917	1	57	3	16	1	1	967	1	42	2	11	1	2
918	1	57	3	6	0	1	968	1	26	1	14	1	2
919	3	49	3	16	3	2	969	1	61	3	16	3	2
920	1	61	3	14	1	1	970	2	37	2	12	1	1
921	3	40	2	12	1	2	971	1	67	4	13	1	2
922	3	57	3	14	1	1	972	3	72	4	14	1	2
923	2	26	1	12	1	1	973	1	85	4	13	1	2
924	3	42	2	16	2	2	974	2	36	2	16	3	2
925	3	57	3	10	0	1	975	1	55	3	18	4	1
926	3	50	3	12	1	2	976	1	26	1	14	1	2
927	3	62	3	12	1	1	977	1	25	1	15	1	1
928	3	33	1	12	1	2	978	1	70	4	12	1	2
929	3	24	1	15	1	1	979	2	37	2	17	4	2
930	3	23	1	12	1	2	980	1	50	3	16	3	1
931	1	30	1	16	3	1	981	3	69	4	12	1	1
932	1	85	4	12	1	2	982	3	63	3	12	1	2
933	2	36	2	14	1	2	983	3	70	4	9	0	2
934	1	45	3	20	4	1	984	1	26	1	16	3	2
935	1	37	2	15	1	1	985	2	44	2	98	0	2
936	1	35	2	16	1	2	986	2	61	3	12	1	1
937	3	46	3	12	1	1	987	3	71	4	8	0	1
938	3	45	3	12	1	2	988	1	49	3	20	4	1
939	3	64	3	12	1	2	989	1	70	4	11	0	1
940	2	67	4	13	1	1	990	3	70	4	16	3	1
941	2	33	1	14	2	2	991	3	89	4	13	1	1
942	1	39	2	13	1	1	992	1	57	3	14	1	2
943	3	46	3	16	3	1	993	3	52	3	16	3	2
944	2	44	2	13	1	2	994	3	73	4	10	1	2
945	2	26	1	16	3	2	995	3	52	3	10	0	1
946	2	43	2	17	3	2	996	3	33	1	15	1	2
947	2	38	2	13	1	2	997	1	30	1	14	1	1
948	3	40	2	18	4	2	998	1	31	1	14	1	2
949	1	28	1	14	1	1	999	1	70	4	9	0	1
950	1	24	1	17	1	1	1000	3	70	4	12	1	2

id	pc	age	gp	years	sch	sex	id	pc	age	gp	years	sch	sex
1001	3	49	3	13	1	1	1051	3	31	1	17	4	1
1002	1	30	1	14	2	2	1052	3	53	3	12	1	1
1003	1	40	2	13	3	2	1053	3	50	3	12	1	2
1004	1	49	3	14	2	1	1054	3	26	1	19	4	2
1005	1	22	1	16	1	2	1055	1	26	1	16	3	1
1006	1	26	1	14	1	2	1056	3	29	1	16	3	1
1007	1	42	2	15	1	2	1057	3	26	1	18	4	2
1008	3	68	4	7	0	2	1058	3	89	4	16	3	2
1009	1	34	1	16	3	2	1059	2	38	2	12	1	1
1010	3	74	4	12	0	2	1060	3	38	2	18	4	1
1011	1	59	3	12	1	2	1061	1	28	1	14	2	2
1012	1	48	3	14	1	1	1062	3	85	4	9	0	2
1013	3	89	4	13	1	2	1063	1	32	1	15	1	1
1014	2	53	3	13	1	1	1064	1	72	4	12	1	2
1015	3	47	3	9	0	1	1065	1	51	3	14	1	1
1016	1	42	2	16	3	1	1066	3	75	4	16	1	1
1017	2	56	3	18	4	1	1067	2	31	1	14	1	2
1018	2	53	3	20	4	1	1068	3	48	3	13	1	2
1019	1	74	4	17	3	1	1069	3	25	1	13	1	1
1020	3	70	4	18	3	2	1070	3	62	3	10	0	2
1021	1	62	3	14	1	1	1071	3	59	3	9	0	2
1022	1	45	3	12	1	2	1072	3	80	4	18	4	1
1023	3	74	4	17	3	2	1073	3	60	3	18	4	2
1024	1	76	4	20	1	1	1074	1	41	2	13	0	1
1025	1	38	2	13	1	2	1075	3	44	2	11	0	2
1026	1	45	3	16	3	2	1076	3	30	1	16	3	2
1027	1	64	3	16	3	2	1077	3	60	3	15	1	1
1028	1	28	1	14	1	1	1078	3	51	3	11	1	1
1029	1	42	2	17	3	1	1079	3	49	3	16	3	2
1030	3	37	2	12	1	1	1080	1	47	3	12	1	2
1031	3	58	3	11	0	1	1081	3	24	1	18	3	2
1032	3	37	2	14	1	2	1082	1	28	1	14	1	2
1033	3	42	2	16	3	1	1083	3	41	2	14	1	1
1034	1	31	1	12	1	2	1084	3	74	4	10	0	2
1035	1	69	4	20	4	1	1085	3	76	4	8	0	2
1036	1	50	3	14	1	2	1086	3	51	3	13	1	1
1037	1	22	1	14	1	1	1087	3	39	2	13	1	2
1038	3	48	3	16	3	1	1088	3	30	1	13	1	2
1039	1	66	4	14	1	1	1089	3	59	3	11	1	1
1040	1	60	3	16	3	2	1090	3	50	3	16	4	2
1041	1	73	4	14	1	2	1091	3	42	2	12	1	2
1042	1	69	4	14	1	2	1092	3	86	4	13	1	1
1043	1	41	2	20	4	1	1093	3	80	4	9	0	2
1044	2	45	3	12	1	2	1094	3	53	3	10	0	2
1045	1	25	1	12	1	2	1095	2	40	2	17	3	1
1046	3	55	3	14	1	2	1096	1	83	4	11	0	2
1047	1	46	3	15	2	2	1097	3	40	2	12	1	2
1048	1	36	2	12	0	2	1098	3	78	4	14	1	2
1049	3	44	2	14	2	1	1099	3	74	4	12	1	2
1050	3	36	2	13	1	2	1100	3	22	1	13	1	2

id	pc	age	gp	years	sch	sex	id	pc	age	gp	years	sch	sex
1101	1	77	4	13	2	2	1151	3	28	1	16	3	1
1102	1	39	2	12	1	1	1152	1	31	1	15	1	1
1103	1	49	3	14	2	1	1153	3	51	3	12	1	1
1104	3	37	2	14	1	2	1154	1	81	4	12	1	2
1105	2	45	3	15	2	2	1155	3	62	3	7	0	1
1106	1	46	3	14	1	2	1156	1	38	2	12	1	1
1107	1	27	1	14	2	1	1157	2	31	1	13	1	2
1108	1	29	1	13	1	2	1158	3	52	3	14	1	2
1109	1	77	4	14	1	1	1159	3	40	2	13	1	2
1110	1	66	4	12	1	1	1160	3	64	3	12	1	2
1111	3	38	2	12	1	1	1161	1	47	3	16	3	2
1112	3	72	4	5	0	2	1162	3	77	4	8	0	2
1113	2	48	3	12	1	1	1163	3	28	1	12	1	1
1114	1	30	1	13	1	1	1164	1	40	2	13	1	1
1115	1	60	3	12	1	2	1165	2	30	1	12	1	2
1116	3	36	2	14	2	1	1166	1	60	3	18	4	1
1117	3	64	3	12	1	2	1167	3	28	1	12	1	1
1118	3	37	2	12	1	1	1168	2	47	3	15	1	1
1119	3	70	4	9	0	2	1169	3	51	3	12	1	2
1120	1	32	1	16	3	2	1170	3	62	3	12	1	1
1121	1	57	3	12	1	1	1171	1	48	3	12	1	2
1122	3	37	2	17	3	1	1172	3	74	4	12	1	1
1123	3	61	3	14	1	2	1173	3	28	1	16	3	2
1124	1	87	4	13	1	2	1174	3	47	3	18	4	1
1125	3	34	1	12	1	2	1175	3	66	4	18	3	2
1126	3	31	1	14	1	2	1176	3	55	3	12	1	1
1127	1	34	1	12	1	1	1177	2	64	3	12	1	2
1128	1	37	2	12	1	1	1178	3	69	4	14	1	2
1129	2	34	1	12	1	1	1179	3	80	4	12	1	2
1130	1	63	3	12	1	1	1180	1	43	2	16	3	1
1131	1	23	1	13	1	1	1181	1	25	1	15	1	2
1132	2	50	3	13	1	2	1182	2	50	3	14	1	1
1133	3	38	2	10	0	1	1183	1	62	3	18	4	1
1134	3	23	1	14	2	2	1184	3	48	3	8	0	1
1135	3	25	1	98	1	2	1185	3	37	2	18	4	2
1136	1	40	2	13	1	1	1186	3	30	1	14	2	2
1137	3	27	1	12	1	1	1187	1	67	4	12	1	1
1138	1	81	4	12	1	2	1188	1	51	3	15	1	1
1139	1	34	1	16	3	2	1189	2	52	3	11	1	2
1140	3	30	1	16	3	2	1190	2	45	3	16	3	2
1141	3	43	2	12	1	2	1191	3	52	3	15	2	1
1142	1	38	2	18	4	2	1192	1	47	3	15	1	2
1143	1	53	3	15	1	1	1193	1	39	2	16	2	2
1144	1	51	3	15	1	1	1194	1	51	3	13	1	2
1145	3	35	2	16	3	2	1195	3	65	4	12	1	1
1146	1	29	1	18	4	2	1196	1	35	2	12	1	2
1147	3	32	1	12	1	2	1197	1	56	3	10	1	1
1148	2	25	1	12	1	1	1198	1	36	2	18	4	2
1149	3	40	2	14	2	1	1199	1	44	2	15	1	1
1150	3	34	1	18	4	2	1200	2	53	3	11	0	1

id	pc	age	gp	years	sch	sex
1201	2	23	1	9	1	2
1202	1	48	3	12	1	1
1203	2	33	1	12	1	2
1204	1	27	1	16	3	2
1205	3	62	3	12	1	2
1206	3	45	3	12	1	2
1207	3	50	3	12	1	2
1208	1	37	2	14	1	1
1209	1	52	3	12	1	2
1210	1	22	1	15	1	2
1211	3	74	4	12	1	2
1212	3	82	4	16	1	2
1213	3	34	1	11	1	2
1214	2	33	1	16	3	1
1215	3	56	3	20	4	1
1216	3	57	3	12	1	2
1217	1	39	2	17	4	1
1218	3	36	2	12	1	2
1219	3	29	1	12	1	2
1220	3	37	2	14	1	2
1221	2	32	1	14	1	2
1222	3	75	4	8	0	2
1223	1	79	4	10	0	2
1224	1	33	1	14	2	2
1225	3	82	4	12	1	1
1226	3	62	3	7	0	1
1227	3	46	3	17	3	1
1228	1	86	4	11	0	2
1229	2	57	3	16	1	1
1230	3	72	4	11	0	1
1231	3	46	3	19	3	1
1232	3	33	1	16	3	2
1233	1	40	2	16	2	2
1234	2	32	1	14	2	1
1235	3	26	1	19	3	2
1236	3	43	2	18	4	1
1237	1	68	4	12	1	2
1238	2	48	3	16	3	1
1239	2	34	1	14	1	2
1240	1	49	3	16	3	2
1241	1	33	1	14	1	1
1242	2	35	2	12	1	1
1243	2	46	3	12	1	2
1244	2	31	1	16	3	1
1245	1	35	2	13	1	2
1246	3	39	2	16	3	1
1247	2	52	3	13	1	1
1248	3	76	4	14	1	2
1249	3	49	3	19	3	1
1250	1	31	1	14	1	1
1251	1	26	1	11	0	2
1252	3	22	1	16	1	2
1253	3	24	1	15	1	2
1254	1	28	1	18	4	1
1255	3	65	4	8	0	1
1256	3	29	1	13	1	1
1257	2	23	1	16	3	2
1258	1	25	1	14	1	2
1259	1	26	1	14	1	2
1260	3	23	1	15	1	2
1261	3	41	2	19	1	1
1262	1	23	1	12	0	1
1263	3	40	2	13	1	1
1264	3	67	4	12	1	2
1265	3	42	2	15	2	2
1266	3	23	1	12	1	2
1267	3	52	3	12	1	2
1268	3	41	2	15	2	2
1269	1	60	3	12	1	2
1270	1	38	2	9	0	2
1271	1	27	1	13	1	2
1272	1	51	3	14	2	2
1273	1	70	4	12	1	2
1274	1	61	3	19	4	2
1275	1	54	3	14	1	1
1276	1	38	2	16	3	2
1277	2	34	1	18	4	1
1278	3	37	2	17	3	1
1279	3	54	3	12	1	1
1280	2	46	3	20	4	2
1281	3	46	3	18	4	2
1282	2	23	1	15	1	1
1283	3	50	3	15	1	1
1284	1	35	2	12	1	1
1285	2	27	1	16	3	2
1286	3	41	2	13	1	1
1287	3	45	3	14	1	2
1288	3	26	1	10	1	2
1289	3	69	4	8	0	1
1290	1	22	1	16	3	1
1291	1	73	4	12	1	2
1292	3	47	3	17	3	2
1293	3	54	3	12	1	2
1294	1	55	3	12	1	2
1295	3	28	1	16	3	2
1296	1	56	3	17	4	2
1297	3	27	1	17	3	2
1298	3	89	4	13	1	2
1299	3	47	3	20	4	1
1300	3	27	1	16	3	2

id	pc	age	gp	years	sch	sex
1301	2	25	1	17	3	2
1302	3	44	2	16	3	1
1303	3	53	3	12	1	2
1304	1	80	4	12	1	2
1305	2	51	3	12	1	1
1306	1	78	4	11	0	2
1307	2	24	1	13	1	1
1308	2	69	4	12	1	2
1309	2	35	2	10	1	2
1310	1	23	1	15	1	1
1311	2	32	1	16	3	1
1312	2	29	1	16	1	1
1313	1	48	3	14	1	1
1314	3	61	3	20	4	2
1315	2	32	1	17	3	2
1316	1	35	2	16	3	1
1317	1	60	3	12	1	2
1318	1	58	3	20	4	2
1319	3	62	3	20	4	2
1320	2	36	2	15	2	1
1321	1	77	4	11	0	2
1322	2	49	3	13	1	1
1323	1	28	1	15	1	1
1324	3	23	1	12	1	1
1325	1	38	2	13	1	2
1326	3	56	3	12	1	2
1327	2	32	1	13	1	1
1328	3	48	3	12	1	2
1329	3	45	3	12	1	1
1330	2	33	1	15	1	2
1331	3	52	3	16	3	1
1332	3	31	1	14	2	2
1333	3	48	3	18	3	2
1334	1	57	3	14	1	2
1335	1	48	3	17	1	2
1336	3	45	3	18	4	2
1337	3	50	3	16	3	2
1338	2	46	3	8	0	2
1339	1	35	2	18	4	1
1340	3	44	2	20	4	2
1341	3	34	1	14	1	2
1342	3	45	3	16	3	1
1343	2	31	1	19	4	2
1344	1	51	3	18	3	1
1345	2	40	2	16	3	2
1346	3	50	3	18	4	2
1347	2	38	2	12	1	1
1348	1	33	1	19	4	1
1349	1	35	2	16	3	2
1350	1	38	2	18	4	1
1351	3	47	3	20	3	2
1352	3	53	3	14	2	2
1353	2	68	4	13	1	1
1354	1	28	1	13	1	2
1355	3	34	1	17	2	2
1356	2	61	3	12	1	1
1357	1	49	3	16	3	2
1358	3	64	3	15	2	1
1359	1	62	3	20	4	1
1360	3	32	1	14	1	1
1361	3	53	3	20	4	1
1362	3	41	2	16	3	1
1363	2	29	1	12	1	2
1364	2	48	3	13	1	2
1365	1	23	1	12	1	1
1366	2	49	3	18	2	2
1367	1	40	2	12	1	1
1368	2	54	3	14	2	1
1369	3	45	3	18	3	2
1370	2	56	3	14	1	2
1371	1	39	2	16	3	1
1372	1	60	3	15	1	1
1373	1	73	4	12	1	1
1374	2	53	3	13	1	2
1375	1	38	2	12	1	2
1376	1	33	1	12	1	2
1377	1	58	3	15	1	1
1378	1	75	4	14	1	1
1379	1	43	2	12	1	2
1380	1	42	2	16	3	1
1381	3	71	4	13	1	1
1382	2	40	2	12	1	1
1383	2	53	3	12	1	1
1384	1	45	3	13	1	2
1385	1	41	2	13	1	1
1386	2	37	2	11	1	1
1387	1	50	3	18	3	2
1388	3	35	2	19	4	2
1389	1	46	3	12	1	2
1390	3	66	4	10	0	2
1391	3	32	1	15	1	1
1392	3	38	2	20	4	2
1393	2	42	2	14	1	1
1394	3	29	1	15	2	2
1395	3	35	2	14	2	1
1396	3	23	1	14	1	2
1397	3	72	4	9	0	1
1398	1	40	2	13	1	1
1399	3	25	1	12	1	2
1400	3	32	1	15	2	2

id	pc	age	gp	years	sch	sex	id	pc	age	gp	years	sch	sex
1401	1	54	3	13	1	1	1451	1	48	3	18	4	1
1402	3	48	3	17	1	2	1452	3	84	4	8	0	2
1403	3	44	2	12	1	2	1453	1	65	4	12	1	1
1404	1	41	2	14	1	2	1454	3	83	4	11	0	2
1405	3	23	1	16	1	2	1455	1	37	2	17	3	1
1406	1	26	1	14	2	1	1456	1	25	1	12	1	2
1407	1	43	2	18	4	1	1457	1	44	2	12	1	2
1408	1	54	3	14	2	1	1458	3	46	3	20	4	2
1409	3	59	3	20	4	1	1459	3	69	4	10	0	1
1410	1	51	3	16	3	2	1460	1	66	4	16	3	2
1411	2	38	2	18	4	1	1461	1	66	4	20	4	1
1412	2	33	1	15	1	2	1462	1	37	2	12	1	2
1413	3	56	3	18	4	1	1463	1	41	2	12	1	2
1414	1	37	2	12	1	2	1464	3	72	4	12	1	2
1415	3	28	1	17	3	2	1465	3	50	3	11	0	1
1416	3	30	1	20	3	1	1466	1	43	2	14	2	1
1417	3	33	1	12	1	2	1467	1	65	4	12	1	2
1418	1	48	3	17	3	1	1468	1	29	1	12	1	1
1419	3	49	3	15	1	1	1469	3	77	4	16	4	2
1420	2	45	3	10	0	1	1470	2	33	1	12	1	2
1421	1	58	3	12	1	1	1471	3	78	4	11	0	1
1422	3	59	3	12	1	2	1472	3	58	3	15	1	2
1423	2	55	3	15	1	1	1473	3	24	1	12	1	1
1424	3	88	4	9	0	2	1474	1	49	3	14	1	1
1425	3	23	1	16	3	2	1475	2	33	1	12	1	2
1426	2	47	3	15	1	1	1476	3	49	3	13	1	1
1427	1	53	3	16	3	2	1477	1	86	4	10	0	2
1428	2	46	3	16	3	2	1478	1	49	3	14	2	2
1429	3	46	3	14	2	1	1479	3	61	3	14	1	2
1430	3	27	1	16	3	2	1480	1	72	4	12	1	2
1431	1	89	4	10	0	2	1481	3	67	4	12	1	2
1432	1	87	4	12	1	2	1482	1	28	1	13	1	2
1433	3	53	3	12	1	1	1483	1	27	1	12	1	2
1434	3	43	2	14	1	1	1484	2	37	2	13	1	1
1435	2	35	2	14	2	1	1485	1	73	4	12	1	1
1436	1	35	2	12	1	2	1486	1	72	4	14	1	1
1437	1	26	1	13	1	1	1487	3	39	2	14	1	1
1438	1	35	2	15	2	2	1488	1	53	3	12	1	1
1439	2	55	3	13	1	2	1489	3	48	3	14	2	2
1440	3	73	4	12	1	1	1490	3	60	3	14	1	2
1441	1	63	3	12	1	2	1491	3	38	2	12	1	2
1442	1	87	4	15	1	2	1492	1	67	4	12	1	1
1443	1	60	3	12	4	1	1493	2	50	3	17	4	1
1444	1	83	4	14	1	2	1494	3	77	4	8	0	1
1445	2	46	3	13	1	1	1495	1	33	1	12	1	2
1446	2	48	3	16	3	2	1496	1	77	4	12	1	2
1447	1	64	3	11	1	1	1497	3	71	4	12	1	2
1448	3	73	4	18	4	1	1498	3	55	3	16	3	2
1449	3	66	4	12	1	2	1499	2	25	1	13	1	2
1450	1	63	3	13	1	2	1500	2	54	3	13	1	1

id	pc	age	gp	years	sch	sex	id	pc	age	gp	years	sch	sex
1501	1	75	4	12	1	2	1551	1	59	3	13	2	2
1502	3	37	2	8	0	1	1552	1	37	2	18	3	1
1503	3	67	4	12	1	2	1553	3	59	3	15	1	2
1504	3	62	3	12	1	1	1554	1	85	4	8	0	2
1505	1	23	1	16	3	1	1555	2	44	2	13	1	1
1506	3	34	1	18	4	1	1556	1	63	3	12	1	2
1507	1	38	2	16	3	1	1557	3	72	4	13	1	2
1508	2	37	2	16	3	2	1558	3	89	4	8	0	1
1509	3	38	2	20	4	2	1559	3	69	4	6	0	2
1510	1	56	3	19	4	2	1560	2	55	3	12	1	1
1511	2	33	1	17	3	1	1561	1	42	2	14	2	1
1512	3	57	3	14	2	2	1562	3	84	4	12	1	2
1513	3	32	1	19	4	1	1563	2	66	4	13	1	1
1514	1	45	3	12	1	2	1564	1	43	2	20	4	1
1515	3	38	2	12	1	2	1565	3	25	1	16	3	2
1516	3	27	1	16	3	2	1566	2	25	1	16	3	2
1517	2	25	1	17	2	1	1567	2	25	1	16	3	2
1518	3	45	3	14	1	2	1568	1	61	3	15	1	1
1519	1	34	1	14	1	2	1569	1	31	1	17	3	1
1520	2	24	1	14	1	2	1570	1	35	2	17	3	1
1521	3	33	1	14	1	1	1571	1	28	1	16	3	2
1522	3	28	1	14	1	2	1572	1	33	1	20	4	1
1523	3	38	2	13	1	2	1573	1	41	2	16	3	2
1524	2	25	1	12	1	2	1574	1	30	1	17	3	1
1525	1	77	4	18	4	2	1575	2	41	2	12	1	1
1526	3	70	4	12	1	2	1576	1	42	2	14	2	2
1527	1	41	2	13	1	2	1577	1	33	1	13	1	1
1528	3	73	4	12	1	2	1578	1	24	1	12	1	2
1529	3	50	3	12	1	1	1579	3	52	3	15	1	2
1530	3	76	4	12	1	2	1580	3	47	3	16	3	1
1531	3	31	1	16	2	2	1581	3	43	2	12	1	2
1532	3	72	4	10	0	2	1582	3	46	3	14	2	1
1533	3	69	4	11	0	1	1583	1	76	4	10	0	2
1534	1	46	3	16	3	2	1584	3	79	4	12	1	1
1535	1	60	3	16	3	2	1585	3	35	2	14	2	2
1536	1	35	2	12	1	1	1586	1	24	1	12	1	1
1537	1	67	4	15	1	2	1587	3	68	4	12	1	2
1538	1	82	4	12	1	1	1588	1	36	2	14	2	2
1539	3	54	3	12	1	2	1589	1	89	4	14	1	2
1540	1	67	4	14	1	2	1590	3	76	4	9	0	1
1541	1	66	4	12	1	1	1591	2	63	3	13	1	1
1542	2	43	2	15	1	1	1592	1	37	2	17	3	1
1543	3	74	4	12	1	1	1593	1	36	2	12	1	2
1544	2	50	3	12	1	1	1594	2	46	3	15	2	1
1545	1	45	3	12	1	1	1595	2	40	2	11	0	1
1546	3	78	4	18	3	2	1596	3	67	4	12	1	2
1547	2	79	4	14	1	1	1597	3	76	4	12	1	1
1548	1	28	1	16	3	1	1598	1	31	1	12	1	1
1549	3	43	2	12	1	2	1599	3	47	3	12	1	2
1550	3	70	4	12	1	1	1600	1	66	4	10	0	2

id	pc	age	gp	years	sch	sex
1601	1	55	3	12	1	2
1602	1	44	2	12	1	2
1603	3	57	3	12	1	1
1604	3	54	3	12	1	2
1605	3	49	3	12	1	2
1606	3	53	3	16	3	2
1607	3	28	1	13	1	1
1608	3	57	3	9	0	1
1609	3	44	2	11	0	2
1610	3	86	4	3	0	2
1611	3	72	4	5	0	2
1612	1	80	4	8	0	1
1613	3	73	4	10	0	2
1614	3	53	3	14	1	2
1615	3	47	3	11	0	1
1616	1	48	3	18	4	1
1617	1	49	3	12	1	2
1618	1	37	2	12	1	2
1619	3	60	3	10	1	2
1620	2	64	3	12	1	1
1621	3	72	4	12	1	2
1622	3	68	4	11	1	1
1623	1	87	4	8	0	2
1624	3	55	3	12	1	1
1625	1	56	3	12	1	1
1626	1	75	4	11	0	1
1627	1	52	3	12	1	1
1628	3	33	1	12	1	2
1629	3	82	4	11	1	2
1630	1	29	1	12	1	1
1631	1	59	3	17	4	2
1632	3	54	3	16	1	2
1633	3	71	4	12	1	2
1634	2	40	2	14	1	2
1635	1	45	3	10	0	1
1636	3	39	2	12	1	1
1637	1	28	1	10	0	1
1638	3	43	2	12	1	2
1639	1	30	1	9	1	2
1640	1	43	2	12	1	2
1641	1	42	2	8	0	1
1642	1	33	1	18	3	2
1643	3	36	2	10	1	2
1644	3	67	4	8	0	1
1645	3	67	4	12	1	2
1646	3	56	3	3	0	2
1647	1	74	4	5	0	2
1648	1	35	2	7	0	1
1649	1	68	4	12	1	2
1650	1	72	4	8	0	1
1651	2	43	2	16	3	2
1652	3	35	2	12	1	1
1653	1	74	4	11	1	2
1654	1	37	2	14	2	2
1655	3	76	4	8	0	2
1656	1	54	3	12	1	2
1657	1	25	1	10	1	2
1658	1	33	1	12	1	1
1659	1	54	3	16	1	1
1660	1	48	3	13	1	2
1661	3	35	2	12	1	2
1662	3	49	3	12	1	2
1663	3	43	2	12	1	2
1664	3	53	3	13	1	2
1665	1	35	2	14	2	1
1666	1	71	4	12	1	2
1667	1	39	2	19	3	2
1668	3	37	2	13	1	2
1669	1	73	4	14	0	1
1670	1	33	1	13	1	1
1671	2	56	3	16	3	1
1672	1	72	4	13	1	2
1673	1	61	3	16	2	1
1674	1	62	3	12	1	2
1675	3	40	2	17	3	2
1676	1	50	3	12	1	2
1677	1	55	3	12	1	1
1678	1	49	3	12	1	2
1679	3	82	4	12	1	2
1680	3	50	3	16	3	1
1681	1	53	3	7	0	1
1682	3	57	3	14	1	2
1683	2	36	2	15	1	2
1684	3	43	2	12	1	2
1685	3	47	3	12	1	2
1686	3	38	2	18	3	2
1687	3	61	3	12	1	2
1688	3	34	1	12	1	2
1689	3	40	1	12	1	2
1690	1	44	2	14	1	2
1691	2	59	2	16	3	1
1692	3	49	3	12	1	1
1693	2	31	3	12	1	2
1694	1	33	1	8	0	1
1695	1	25	1	12	1	2
1696	1	34	1	9	1	1
1697	2	29	1	11	0	1
1698	1	65	4	8	0	1
1699	3	70	4	8	0	2
1700	1	26	1	16	1	2

id	pc	age	gp	years	sch	sex	id	pc	age	gp	years	sch	sex
1701	1	39	2	12	1	2	1751	1	70	4	16	3	2
1702	2	76	4	10	0	2	1752	2	46	3	13	1	2
1703	3	84	4	7	0	1	1753	1	25	1	12	1	2
1704	3	74	4	15	1	2	1754	3	58	3	12	1	2
1705	1	52	3	20	4	1	1755	1	25	1	15	1	2
1706	1	51	3	18	4	2	1756	1	34	1	17	3	2
1707	1	43	2	13	1	2	1757	3	23	1	13	1	2
1708	3	64	3	8	0	2	1758	2	64	3	16	1	1
1709	1	41	2	12	1	1	1759	1	51	3	16	3	1
1710	1	53	3	12	1	1	1760	3	77	4	10	0	2
1711	3	46	3	16	3	2	1761	3	36	2	16	3	1
1712	1	37	2	12	1	1	1762	1	54	3	12	1	2
1713	3	84	4	10	0	1	1763	3	54	3	11	0	2
1714	3	69	4	14	1	1	1764	3	56	3	12	1	1
1715	1	24	1	8	0	1	1765	3	50	3	12	0	2
1716	1	56	3	15	1	1	1766	3	77	4	7	0	1
1717	3	66	4	12	1	1	1767	3	58	3	12	1	1
1718	3	68	4	17	4	1	1768	3	53	3	13	1	2
1719	3	54	3	12	1	1	1769	1	22	1	16	1	1
1720	1	48	3	14	2	2	1770	3	30	1	16	3	2
1721	2	40	2	18	4	1	1771	1	22	1	12	1	2
1722	1	61	3	12	1	2	1772	2	25	1	14	1	2
1723	1	39	2	16	3	2	1773	2	25	1	15	1	1
1724	1	35	2	12	1	1	1774	3	36	2	14	2	1
1725	2	34	1	16	3	2	1775	3	52	3	16	3	2
1726	3	59	3	12	1	2	1776	2	29	1	12	1	1
1727	3	63	3	12	1	1	1777	3	27	1	11	1	1
1728	2	52	3	11	1	1	1778	2	43	2	16	3	2
1729	1	51	3	10	0	1	1779	1	43	2	16	3	2
1730	3	26	1	16	2	2	1780	3	44	2	16	2	2
1731	3	33	1	12	1	2	1781	3	49	3	12	1	1
1732	1	36	2	16	2	2	1782	3	38	2	16	3	2
1733	3	65	4	8	0	1	1783	1	59	3	14	1	2
1734	1	70	4	10	0	1	1784	1	70	4	13	1	2
1735	1	25	1	10	0	2	1785	1	30	1	17	3	2
1736	1	39	2	17	3	1	1786	3	48	3	15	1	2
1737	3	69	4	12	1	2	1787	1	37	2	16	3	2
1738	1	74	4	12	1	2	1788	3	48	3	15	1	1
1739	3	40	2	12	1	2	1789	3	42	2	17	4	2
1740	2	60	3	12	1	2	1790	3	69	4	15	3	1
1741	3	78	4	11	1	1	1791	2	78	4	16	3	1
1742	2	30	1	13	1	2	1792	3	45	3	20	4	1
1743	3	54	3	15	1	2	1793	1	28	1	17	1	2
1744	3	67	4	12	1	2	1794	1	40	2	14	1	1
1745	1	26	1	12	1	2	1795	1	48	3	16	3	1
1746	2	40	2	18	3	2	1796	2	65	4	12	1	1
1747	3	30	1	14	1	1	1797	3	44	2	12	1	2
1748	2	34	1	12	1	2	1798	2	41	2	14	1	1
1749	3	48	3	12	1	2	1799	1	42	2	12	1	1
1750	3	75	4	16	3	2	1800	3	39	2	12	0	2

id	pc	age	gp	years	sch	sex	id	pc	age	gp	years	sch	sex
1801	3	38	2	12	1	2	1825	2	56	3	13	1	2
1802	3	36	2	12	1	2	1826	3	54	3	20	4	1
1803	1	31	1	12	1	1	1827	3	47	3	18	4	2
1804	1	38	2	12	1	1	1828	3	36	2	13	1	2
1805	3	77	4	12	1	2	1829	3	74	4	10	0	1
1806	3	77	4	12	1	2	1830	3	49	3	12	1	2
1807	1	45	3	19	3	2	1831	3	38	2	12	1	2
1808	1	78	4	8	0	1	1832	1	30	1	14	2	1
1809	1	28	1	12	1	2	1833	3	29	1	16	1	1
1810	1	74	4	12	1	2	1834	1	31	1	14	1	2
1811	3	89	4	8	0	1	1835	1	25	1	16	3	1
1812	1	39	2	14	1	2	1836	3	52	3	12	1	2
1813	3	67	4	9	0	1	1837	2	30	1	13	1	1
1814	3	37	2	15	1	1	1838	2	24	1	12	1	1
1815	1	51	3	14	1	2	1839	3	40	2	16	3	2
1816	1	50	3	16	3	2	1840	1	62	3	12	1	2
1817	3	66	4	12	1	1	1841	3	43	2	14	1	2
1818	3	75	4	11	0	1	1842	1	62	3	12	1	1
1819	1	75	4	12	1	2	1843	3	35	2	16	3	1
1820	3	76	4	12	1	2	1844	1	42	2	12	1	2
1821	3	48	3	17	2	2	1845	1	40	2	12	1	1
1822	1	70	4	12	0	2	1846	3	36	2	9	1	1
1823	3	46	3	15	2	2	1847	1	33	1	12	1	2
1824	3	38	2	19	4	1							

소비자 신용 자료

1. DATA NAME: GERMAN CREDIT DATA

2. SIZE: 1000 observations, 21 variables

3. SOURCE: Dr. Hans Hofmann

4. TABLE: Code Sheet for the Variables in the German Credit Data Set.

Name	Description	Codes/Values
ID	Identification Code	1–1000
A1	Status of existing checking account	1 = le 0 DM 2 = ge 0 & lt 200 DM 3 = ge 200 DM 4 = no checking account
A2	Duration in month	
A3	Credit history, Account Status	0 = No debt history 1 = No current debt 2 = Payments current 3 = Payments delayed 4 = Critical account
A4	Purpose	0 = car (new) 1 = car (used) 2 = furniture/equipment 3 = radio/television 4 = domestic appliances 5 = repairs 6 = education 7 = (vacation) 8 = retraining 9 = business 10 = others
A5	Credit amount	

Name	Description	Codes/Values
A6	Savings account/bonds	1 = lt 100 DM 2 = ge 100 & lt 500 DM 3 = ge 500 & lt 1000 DM 4 = ge 1000 DM 5 = unknown, no savings account
A7	Present employment since	1 = unemployed 2 = lt 1 year 3 = ge 1 & lt 4 years 4 = ge 4 & lt 7 years 5 = ge 7 years
A8	Installment rate in percentage of disposable income	
A9	Personal status and sex	1 = male(divorced/separated) 2 = female(divorced/separated/married) 3 = male(single) 4 = male(married/widowed) 5 = female(single)
A10	Other debtors / guarantors	1 = none 2 = co-applicant 3 = guarantor
A11	Present residence since	
A12	Property	1 = real estate 2 = if not 1:building society savings agreement/ life insurance 3 = if not 1/ 2 : car or other, not in A6 4 = unknown/ no property
A13	Age in years	
A14	Other installment plans	1 = bank 2 = stores 3 = none
A15	Housing	1 = rent 2 = own 3 = for free
A16	Number of existing credits at this bank	
A17	Job	1 = unemployed/unskilled 2 = unskilled – resident 3 = skilled employee/official 4 = highly qualified employee
A18	Number of people being liable to provide maintenance for	
A19	Telephone	1 = none 2 = yes
A20	foreign worker	1 = yes 2 = no

5. LOW BIRTH WEIGHT DATA

id	A 1	A 2	A 3	A 4	A 5	A 6	A 7	A 8	A 9	A 10	A 11	A 12	A 13	A 14	A 15	A 16	A 17	A 18	A 19	A 20
1	1	6	4	3	1169	5	5	4	3	1	4	1	67	3	2	2	3	1	2	1
2	2	48	2	3	5951	1	3	2	2	1	2	1	22	3	2	1	3	1	1	1
3	4	12	4	6	2096	1	4	2	3	1	3	1	49	3	2	1	2	2	1	1
4	1	42	2	2	7882	1	4	2	3	3	4	2	45	3	3	1	3	2	1	1
5	1	24	3	0	4870	1	3	3	3	1	4	4	53	3	3	2	3	2	1	1
6	4	36	2	6	9055	5	3	2	3	1	4	4	35	3	3	1	2	2	2	1
7	4	24	2	2	2835	3	5	3	3	1	4	2	53	3	2	1	3	1	1	1
8	2	36	2	1	6948	1	3	2	3	1	2	3	35	3	1	1	4	1	2	1
9	4	12	2	3	3059	4	4	2	1	1	4	1	61	3	2	1	2	1	1	1
10	2	30	4	0	5234	1	1	4	4	1	2	3	28	3	2	2	4	1	1	1
11	2	2	2	0	1295	1	2	3	2	1	1	3	25	3	1	1	3	1	1	1
12	1	48	2	9	4308	1	2	3	2	1	4	2	24	3	1	1	3	1	1	1
13	2	12	2	3	1567	1	3	1	2	1	1	3	22	3	2	1	3	1	2	1
14	1	24	4	0	1199	1	5	4	3	1	4	3	60	3	2	2	2	1	1	1
15	1	15	2	0	1403	1	3	2	2	1	4	3	28	3	1	1	3	1	1	1
16	1	24	2	3	1282	2	3	4	2	1	2	3	32	3	2	1	2	1	1	1
17	4	24	4	3	2424	5	5	4	3	1	4	2	53	3	2	2	3	1	1	1
18	1	30	0	9	8072	5	2	2	3	1	3	3	25	1	2	3	3	1	1	1
19	2	24	2	1	12579	1	5	4	2	1	2	4	44	3	3	1	4	1	2	1
20	4	24	2	3	3430	3	5	3	3	1	2	3	31	3	2	1	3	2	2	1
21	4	9	4	0	2134	1	3	4	3	1	4	3	48	3	2	3	3	1	2	1
22	1	6	2	3	2647	3	3	2	3	1	3	1	44	3	1	1	3	2	1	1
23	1	10	4	0	2241	1	2	1	3	1	3	1	48	3	1	2	2	2	1	2
24	2	12	4	1	1804	2	2	3	3	1	4	2	44	3	2	1	3	1	1	1
25	4	10	4	2	2069	5	3	2	4	1	1	3	26	3	2	2	3	1	1	2
26	1	6	2	2	1374	1	3	1	3	1	2	1	36	1	2	1	2	1	2	1
27	4	6	0	3	426	1	5	4	4	1	4	3	39	3	2	1	2	1	1	1
28	3	12	1	3	409	4	3	3	2	1	3	1	42	3	1	2	3	1	1	1
29	2	7	2	3	2415	1	3	3	3	3	2	1	34	3	2	1	3	1	1	1
30	1	60	3	9	6836	1	5	3	3	1	4	4	63	3	2	2	3	1	2	1
31	2	18	2	9	1913	4	2	3	4	1	3	1	36	1	2	1	3	1	2	1
32	1	24	2	2	4020	1	3	2	3	1	2	3	27	2	2	1	3	1	1	1
33	2	18	2	0	5866	2	3	2	3	1	2	3	30	3	2	2	3	1	2	1
34	4	12	4	9	1264	5	5	4	3	1	4	4	57	3	1	1	2	1	1	1
35	3	12	2	2	1474	1	2	4	2	1	1	2	33	1	2	1	4	1	2	1
36	2	45	4	3	4746	1	2	4	3	1	2	2	25	3	2	2	2	1	1	1
37	4	48	4	6	6110	1	3	1	3	1	3	4	31	1	3	1	3	1	2	1
38	3	18	2	3	2100	1	3	4	3	2	2	1	37	2	2	1	3	1	1	1
39	3	10	2	4	1225	1	3	2	3	1	2	3	37	3	2	1	3	1	2	1
40	2	9	2	3	458	1	3	4	3	1	3	1	24	3	2	1	3	1	1	1
41	4	30	2	3	2333	3	5	4	3	1	2	3	30	1	2	1	4	1	1	1
42	2	12	2	3	1158	3	3	3	1	1	1	3	26	3	2	1	3	1	2	1
43	2	18	3	5	4204	1	3	2	3	1	4	1	44	3	2	1	2	2	2	1
44	1	30	4	1	6187	2	4	1	4	1	4	3	24	3	1	2	3	1	1	1
45	1	48	4	1	6143	1	5	4	2	1	4	4	58	2	3	2	2	1	1	1
46	4	11	4	0	1393	1	2	4	2	1	4	3	35	3	2	2	4	1	1	1
47	4	36	2	3	2299	3	5	4	3	1	4	3	39	3	2	1	3	1	1	1
48	1	6	2	1	1352	3	1	1	2	1	2	2	23	3	1	1	1	1	2	1
49	4	11	4	0	7228	1	3	1	3	1	4	2	39	3	2	2	2	1	1	1
50	4	12	2	3	2073	2	3	4	2	2	2	1	28	3	2	1	3	1	1	1

id	A 1	A 2	A 3	A 4	A 5	A 6	A 7	A 8	A 9	A 10	A 11	A 12	A 13	A 14	A 15	A 16	A 17	A 18	A 19	A 20
51	2	24	3	2	2333	5	2	4	3	1	2	2	29	1	2	1	2	1	1	1
52	2	27	3	1	5965	1	5	1	3	1	2	3	30	3	2	2	4	1	2	1
53	4	12	2	3	1262	1	3	3	3	1	2	3	25	3	2	1	3	1	1	1
54	4	18	2	1	3378	5	3	2	3	1	1	2	31	3	2	1	3	1	2	1
55	2	36	3	0	2225	1	5	4	3	1	4	4	57	1	3	2	3	1	2	1
56	4	6	1	0	783	5	3	1	3	3	2	1	26	2	2	1	2	2	1	1
57	2	12	2	3	6468	5	1	2	3	1	1	4	52	3	2	1	4	1	2	1
58	4	36	4	3	9566	1	3	2	2	1	2	3	31	2	2	2	3	1	1	1
59	3	18	2	0	1961	1	5	3	2	1	2	3	23	3	2	1	4	1	1	1
60	1	36	4	2	6229	1	2	4	2	2	4	4	23	3	1	2	2	1	2	1
61	2	9	2	9	1391	1	3	2	4	1	1	1	27	1	2	1	3	1	2	1
62	2	15	4	3	1537	5	5	4	3	3	4	1	50	3	2	2	3	1	2	1
63	2	36	0	9	1953	1	5	4	3	1	4	4	61	3	3	1	4	1	2	1
64	2	48	0	9	14421	1	3	2	3	1	2	3	25	3	2	1	3	1	2	1
65	4	24	2	3	3181	1	2	4	2	1	4	2	26	3	2	1	3	1	2	1
66	4	27	2	5	5190	5	5	4	3	1	4	2	48	3	2	4	3	2	2	1
67	4	12	2	3	2171	1	2	2	2	1	2	3	29	1	2	1	3	1	1	1
68	2	12	2	0	1007	4	3	4	4	1	1	1	22	3	2	1	3	1	1	1
69	4	36	2	6	1819	1	3	4	3	1	4	4	37	2	3	1	3	1	2	1
70	4	36	2	3	2394	5	3	4	2	1	4	3	25	3	2	1	3	1	1	1
71	4	36	2	1	8133	1	3	1	2	1	2	2	30	1	2	1	3	1	1	1
72	4	7	4	3	730	5	5	4	3	1	2	2	46	3	1	2	2	1	2	1
73	1	8	4	1	1164	1	5	3	3	1	4	4	51	1	3	2	4	2	2	1
74	2	42	4	9	5954	1	4	2	2	1	1	1	41	1	2	2	2	1	1	1
75	1	36	2	6	1977	5	5	4	3	1	4	4	40	3	2	1	4	1	2	1
76	1	12	4	1	1526	1	5	4	3	1	4	4	66	3	3	2	4	1	1	1
77	1	42	2	3	3965	1	2	4	3	1	3	3	34	3	2	1	3	1	1	1
78	2	11	3	3	4771	1	4	2	3	1	4	2	51	3	2	1	3	1	1	1
79	4	54	0	1	9436	5	3	2	3	1	2	2	39	3	2	1	2	2	1	1
80	2	30	2	2	3832	1	2	2	4	1	1	2	22	3	2	1	3	1	1	1
81	4	24	2	3	5943	5	2	1	2	1	1	3	44	3	2	2	3	1	2	1
82	4	15	2	3	1213	3	5	4	3	1	3	2	47	2	2	1	3	1	2	1
83	4	18	2	9	1568	2	3	3	2	1	4	2	24	3	1	1	2	1	1	1
84	1	24	2	1	1755	1	5	4	2	3	4	1	58	3	2	1	2	1	2	1
85	1	10	2	3	2315	1	5	3	3	1	4	1	52	3	2	1	2	1	1	1
86	4	12	4	9	1412	1	3	4	2	3	2	1	29	3	2	2	4	1	2	1
87	2	18	4	2	1295	1	2	4	2	1	1	2	27	3	2	2	3	1	1	1
88	2	36	2	6	12612	2	3	1	3	1	4	4	47	3	3	1	3	2	2	1
89	1	18	2	0	2249	2	4	4	3	1	3	3	30	3	2	1	4	2	2	1
90	1	12	0	5	1108	1	4	4	3	1	3	1	28	3	2	2	3	1	1	1
91	4	12	4	3	618	1	5	4	3	1	4	1	56	3	2	1	3	1	1	1
92	1	12	4	1	1409	1	5	4	3	1	3	1	54	3	2	1	3	1	1	1
93	4	12	4	3	797	5	5	4	2	1	3	2	33	1	2	1	2	2	1	1
94	3	24	4	2	3617	5	5	4	3	2	4	4	20	3	1	2	3	1	1	1
95	2	12	2	0	1318	4	5	4	3	1	4	1	54	3	2	1	3	1	2	1
96	2	54	0	9	15945	1	2	3	3	1	4	4	58	3	1	1	3	1	2	1
97	4	12	4	6	2012	5	4	4	2	1	2	3	61	3	2	1	3	1	1	1
98	2	18	2	9	2622	2	3	4	3	1	4	3	34	3	2	1	3	1	1	1
99	2	36	4	3	2337	1	5	4	3	1	4	1	36	3	2	1	3	1	1	1
100	2	20	3	1	7057	5	4	3	3	1	4	2	36	1	1	2	4	2	2	1

id	A 1	A 2	A 3	A 4	A 5	A 6	A 7	A 8	A 9	A 10	A 11	A 12	A 13	A 14	A 15	A 16	A 17	A 18	A 19	A 20
101	4	24	2	0	1469	2	5	4	4	1	4	1	41	3	1	1	2	1	1	1
102	2	36	2	3	2323	1	4	4	3	1	4	3	24	3	1	1	3	1	1	1
103	4	6	3	3	932	1	3	3	2	1	2	1	24	3	2	1	3	1	1	1
104	2	9	4	2	1919	1	4	4	3	1	3	3	35	3	1	1	3	1	2	1
105	4	12	2	1	2445	5	2	2	4	1	4	3	26	3	1	1	3	1	2	1
106	2	24	4	1	11938	1	3	2	3	2	3	3	39	3	2	2	4	2	2	1
107	4	18	1	0	6458	1	5	2	3	1	4	4	39	1	2	2	4	2	2	1
108	2	12	2	0	6078	1	4	2	3	1	2	3	32	3	2	1	3	1	1	1
109	1	24	1	2	7721	5	2	1	2	1	2	2	30	3	2	1	3	1	2	2
110	2	14	1	9	1410	3	5	1	4	1	2	1	35	3	2	1	3	1	2	1
111	2	6	3	9	1449	2	5	1	1	1	2	3	31	1	2	2	3	2	1	1
112	3	15	2	6	392	1	2	4	2	1	4	2	23	3	1	1	3	1	2	1
113	2	18	2	0	6260	1	4	3	3	1	3	1	28	3	1	1	2	1	1	1
114	4	36	4	0	7855	1	3	4	2	1	2	1	25	2	2	2	3	1	2	1
115	1	12	2	3	1680	3	5	3	4	1	1	1	35	3	2	1	3	1	1	1
116	4	48	4	3	3578	5	5	4	3	1	1	1	47	3	2	1	3	1	2	1
117	1	42	2	3	7174	5	4	4	2	1	3	3	30	3	2	1	4	1	2	1
118	1	10	4	2	2132	5	2	2	2	2	3	1	27	3	1	2	3	1	1	2
119	1	33	4	2	4281	3	3	1	2	1	4	3	23	3	2	2	3	1	1	1
120	2	12	4	0	2366	3	4	3	1	1	3	3	36	3	2	1	4	1	2	1
121	1	21	2	3	1835	1	3	3	2	1	2	1	25	3	2	2	3	1	2	1
122	4	24	4	1	3868	1	5	4	2	1	2	3	41	3	1	2	4	1	2	1
123	4	12	2	2	1768	1	3	3	3	1	2	1	24	3	1	1	2	1	1	1
124	3	10	4	0	781	1	5	4	3	1	4	4	63	3	3	2	3	1	2	1
125	2	18	2	2	1924	5	2	4	2	1	3	1	27	3	1	1	3	1	1	1
126	1	12	4	0	2121	1	3	4	3	1	2	2	30	3	2	2	3	1	1	1
127	1	12	2	3	701	1	3	4	4	1	2	1	40	3	2	1	2	1	1	1
128	2	12	2	5	639	1	3	4	3	1	2	3	30	3	2	1	3	1	1	1
129	2	12	4	1	1860	1	1	4	3	1	2	3	34	3	2	2	4	1	2	1
130	1	12	4	0	3499	1	3	3	2	2	2	1	29	3	2	2	3	1	1	1
131	2	48	2	0	8487	5	4	1	2	1	2	3	24	3	2	1	3	1	1	1
132	1	36	3	6	6887	1	3	4	3	1	3	2	29	2	2	1	3	1	2	1
133	4	15	2	2	2707	1	2	2	3	1	3	2	27	1	2	2	2	1	1	1
134	4	18	2	2	1984	1	3	4	3	1	4	4	47	1	3	2	3	1	1	1
135	4	60	2	3	10144	2	4	2	2	1	4	1	21	3	2	1	3	1	2	1
136	4	12	4	3	1240	5	5	4	2	1	2	1	38	3	2	2	3	1	2	1
137	4	27	3	1	8613	4	3	2	3	1	2	3	27	3	2	2	3	1	1	1
138	2	12	2	3	766	3	3	4	3	1	3	1	66	3	2	1	2	1	1	1
139	2	15	4	3	2728	5	4	4	3	3	2	1	35	1	2	3	3	1	2	1
140	3	12	2	3	1881	1	3	2	2	1	2	3	44	3	1	1	2	1	2	1
141	3	6	2	0	709	4	2	2	4	1	2	1	27	3	2	1	1	1	1	2
142	2	36	2	3	4795	1	2	4	2	1	1	4	30	3	2	1	4	1	2	1
143	1	27	2	3	3416	1	3	3	3	1	2	3	27	3	2	1	4	1	1	1
144	1	18	2	2	2462	1	3	2	3	1	2	3	22	3	2	1	3	1	1	1
145	4	21	4	2	2288	1	2	4	2	1	4	2	23	3	2	1	3	1	2	1
146	2	48	1	9	3566	2	4	4	3	1	2	3	30	3	2	1	3	1	1	1
147	1	6	4	0	860	1	5	1	2	1	4	4	39	3	2	2	3	1	2	1
148	4	12	4	0	682	2	4	4	2	1	3	3	51	3	2	2	3	1	2	1
149	1	36	4	2	5371	1	3	3	3	3	2	2	28	3	2	2	3	1	1	1
150	4	18	4	3	1582	4	5	4	3	1	4	3	46	3	2	2	3	1	1	1

id	A 1	A 2	A 3	A 4	A 5	A 6	A 7	A 8	A 9	A 10	A 11	A 12	A 13	A 14	A 15	A 16	A 17	A 18	A 19	A 20
151	4	6	2	3	1346	2	5	2	3	1	4	4	42	1	3	1	3	2	2	1
152	4	10	2	3	1924	1	3	1	3	1	4	2	38	3	2	1	3	1	2	2
153	3	36	2	3	5848	1	3	4	3	1	1	3	24	3	2	1	3	1	1	1
154	2	24	4	1	7758	4	5	2	2	1	4	4	29	3	1	1	3	1	1	1
155	2	24	3	9	6967	2	4	4	3	1	4	3	36	3	1	1	4	1	2	1
156	1	12	2	2	1282	1	3	2	2	1	4	3	20	3	1	1	3	1	1	1
157	1	9	4	5	1288	2	5	3	3	3	4	1	48	3	2	2	3	2	1	2
158	1	12	1	8	339	1	5	4	4	1	1	3	45	1	2	1	2	1	1	1
159	2	24	2	0	3512	2	4	2	3	1	3	3	38	1	2	2	3	1	2	1
160	4	6	4	3	1898	5	3	1	3	1	2	1	34	3	2	2	2	2	1	1
161	4	24	4	3	2872	2	5	3	3	1	4	1	36	3	2	1	3	2	2	1
162	4	18	4	0	1055	1	2	4	2	1	1	2	30	3	2	2	3	1	1	1
163	4	15	2	4	1262	3	4	4	3	1	3	2	36	3	2	2	3	1	2	1
164	2	10	2	0	7308	1	1	2	3	1	4	4	70	1	3	1	4	1	2	1
165	4	36	2	0	909	3	5	4	3	1	4	2	36	3	2	1	3	1	1	1
166	4	6	2	2	2978	3	3	1	3	1	2	3	32	3	2	1	3	1	2	1
167	1	18	2	2	1131	1	1	4	2	1	2	3	33	3	2	1	3	1	1	1
168	2	11	2	2	1577	4	2	4	2	1	1	1	20	3	2	1	3	1	1	1
169	4	24	2	2	3972	1	4	2	2	1	4	2	25	3	1	1	3	1	2	1
170	2	24	4	9	1935	1	5	4	1	1	4	1	31	3	2	2	3	1	2	1
171	1	15	0	0	950	1	5	4	3	1	3	3	33	3	1	2	3	2	1	1
172	4	12	2	2	763	1	3	4	2	1	1	1	26	3	2	1	3	1	2	1
173	2	24	3	2	2064	1	1	3	2	1	2	2	34	3	2	1	4	1	2	1
174	2	8	2	3	1414	1	3	4	3	3	2	1	33	3	2	1	3	1	1	2
175	1	21	3	6	3414	1	2	2	3	1	1	2	26	3	2	2	3	1	1	1
176	4	30	1	1	7485	5	1	4	2	1	1	1	53	1	2	1	4	1	2	1
177	1	12	2	2	2577	1	3	2	1	1	1	3	42	3	2	1	3	1	1	1
178	1	6	4	3	338	3	5	4	3	1	4	3	52	3	2	2	3	1	1	1
179	4	12	2	3	1963	1	4	4	3	1	2	3	31	3	1	2	4	2	2	1
180	1	21	4	0	571	1	5	4	3	1	4	1	65	3	2	2	3	1	1	1
181	4	36	3	9	9572	1	2	1	1	1	1	3	28	3	2	2	3	1	1	1
182	2	36	3	9	4455	1	3	2	1	1	2	1	30	2	2	2	4	1	2	1
183	1	21	1	0	1647	5	3	4	3	1	2	2	40	3	2	2	2	2	1	1
184	4	24	4	2	3777	4	3	4	3	1	4	1	50	3	2	1	3	1	2	1
185	2	18	4	0	884	1	5	4	3	1	4	3	36	1	2	1	3	2	2	1
186	4	15	4	3	1360	1	3	4	3	1	2	2	31	3	2	2	3	1	1	1
187	2	9	1	1	5129	1	5	2	2	1	4	4	74	1	3	1	4	2	2	1
188	2	16	4	0	1175	1	1	2	3	1	3	3	68	3	3	3	1	1	2	1
189	1	12	2	3	674	2	4	4	4	1	1	2	20	3	2	1	3	1	1	1
190	2	18	0	2	3244	1	3	1	2	1	4	3	33	1	2	2	3	1	2	1
191	4	24	2	9	4591	4	3	2	3	1	3	2	54	3	2	3	4	1	2	1
192	2	48	0	9	3844	2	4	4	3	1	4	4	34	3	3	1	2	2	1	1
193	2	27	2	9	3915	1	3	4	3	1	2	3	36	3	2	1	3	2	2	1
194	4	6	2	3	2108	1	4	2	4	1	2	1	29	3	1	1	3	1	1	1
195	2	45	2	3	3031	2	3	4	3	3	4	2	21	3	1	1	3	1	1	1
196	2	9	4	6	1501	1	5	2	2	1	3	3	34	3	2	2	4	1	2	1
197	4	6	4	3	1382	1	3	1	2	1	1	3	28	3	2	2	3	1	2	1
198	2	12	2	2	951	2	2	4	2	1	4	3	27	1	1	4	3	1	1	1
199	2	24	2	1	2760	5	5	4	3	1	4	4	36	1	3	1	3	1	2	1
200	2	18	3	2	4297	1	5	4	1	1	3	4	40	3	2	1	4	1	2	1

id	A1	A2	A3	A4	A5	A6	A7	A8	A9	A10	A11	A12	A13	A14	A15	A16	A17	A18	A19	A20
201	4	9	4	6	936	3	5	4	3	1	2	3	52	3	2	2	3	1	2	1
202	1	12	2	0	1168	1	3	4	4	1	3	1	27	3	2	1	2	1	1	1
203	4	27	3	9	5117	1	4	3	3	1	4	3	26	3	2	2	3	1	1	1
204	1	12	2	8	902	1	4	4	4	1	4	2	21	3	1	1	3	1	1	1
205	4	12	4	0	1495	1	5	4	3	1	1	1	38	3	2	2	2	2	1	1
206	1	30	4	1	10623	1	5	3	3	1	4	4	38	3	3	3	4	2	2	1
207	4	12	4	2	1935	1	5	4	3	1	4	1	43	3	2	3	3	1	2	1
208	2	12	4	4	1424	1	4	4	3	1	3	2	26	3	2	1	3	1	1	1
209	1	24	2	9	6568	1	3	2	4	1	2	3	21	2	2	1	2	1	1	1
210	4	12	2	1	1413	4	4	3	3	1	2	2	55	3	2	1	3	1	1	2
211	4	9	4	3	3074	5	3	1	3	1	2	1	33	3	2	2	3	2	1	1
212	4	36	2	3	3835	5	5	2	2	1	4	1	45	3	2	1	2	1	2	1
213	1	27	0	9	5293	1	1	2	3	1	4	2	50	2	2	2	3	1	2	1
214	3	30	3	9	1908	1	5	4	3	1	4	1	66	3	2	1	4	1	2	1
215	4	36	4	3	3342	5	5	4	3	1	2	3	51	3	2	1	3	1	2	1
216	2	6	4	8	932	5	4	1	2	1	3	2	37	3	2	2	2	1	1	1
217	1	18	0	9	3104	1	4	3	3	1	1	2	31	1	2	1	3	1	2	1
218	3	36	2	3	3913	1	3	2	3	1	2	1	23	3	2	1	3	1	2	1
219	1	24	2	2	3021	1	3	2	1	1	2	1	24	3	1	1	2	1	1	1
220	4	10	2	0	1364	1	3	2	2	1	4	3	64	3	2	1	3	1	2	1
221	2	12	2	3	625	1	2	4	4	3	1	1	26	1	2	1	2	1	1	1
222	1	12	2	6	1200	5	3	4	2	1	4	2	23	1	1	1	3	1	2	1
223	4	12	2	3	707	1	3	4	3	1	2	1	30	1	2	2	3	1	1	1
224	4	24	3	9	2978	5	3	4	3	1	4	1	32	3	2	2	3	2	2	1
225	4	15	2	1	4657	1	3	3	3	1	2	3	30	3	2	1	3	1	2	1
226	4	36	0	5	2613	1	3	4	3	1	2	3	27	3	2	2	3	1	1	1
227	2	48	2	3	10961	4	4	1	3	2	2	4	27	1	2	2	3	1	2	1
228	1	12	2	2	7865	1	5	4	3	1	4	4	53	3	3	1	4	1	2	1
229	4	9	2	3	1478	1	4	4	3	1	2	3	22	3	2	1	3	1	1	1
230	1	24	2	2	3149	1	2	4	3	1	1	4	22	1	3	1	3	1	1	1
231	3	36	2	3	4210	1	3	4	3	1	2	3	26	3	2	1	3	1	1	1
232	4	9	2	0	2507	3	5	2	3	1	4	4	51	3	3	1	2	1	1	1
233	4	12	2	3	2141	2	4	3	3	1	1	4	35	3	2	1	3	1	1	1
234	2	18	2	3	866	1	3	4	4	3	2	1	25	3	2	1	2	1	1	1
235	4	4	4	3	1544	1	4	2	3	1	1	1	42	3	2	3	2	2	1	1
236	1	24	2	3	1823	1	1	4	3	1	2	3	30	2	2	1	4	2	1	1
237	2	6	2	0	14555	5	1	1	3	1	2	2	23	3	2	1	1	1	2	1
238	2	21	2	9	2767	2	5	4	1	1	2	3	61	1	1	2	2	1	1	1
239	4	12	4	3	1291	1	3	4	2	1	2	2	35	3	2	2	3	1	1	1
240	1	30	2	3	2522	1	5	1	3	3	3	2	39	3	2	1	3	2	1	1
241	1	24	2	0	915	5	5	4	2	1	2	3	29	1	2	1	3	1	1	1
242	4	6	2	3	1595	1	4	3	3	1	2	2	51	3	2	1	3	2	1	1
243	1	48	0	1	4605	1	5	3	3	1	4	4	24	3	3	2	3	2	1	1
244	4	12	4	9	1185	1	3	3	2	1	2	1	27	3	2	2	3	1	1	1
245	4	12	1	8	3447	3	3	4	2	1	3	1	35	3	2	1	2	2	1	1
246	4	24	2	9	1258	1	4	4	3	1	1	1	25	3	2	1	3	1	2	1
247	4	12	4	3	717	1	5	4	3	1	4	1	52	3	2	3	3	1	1	1
248	4	6	0	0	1204	2	3	4	3	1	1	4	35	1	1	1	3	1	1	2
249	3	24	2	2	1925	1	3	2	3	1	2	1	26	3	2	1	3	1	1	1
250	4	18	2	3	433	1	1	3	2	2	4	1	22	3	1	1	3	1	1	1

id	A 1	A 2	A 3	A 4	A 5	A 6	A 7	A 8	A 9	A 10	A 11	A 12	A 13	A 14	A 15	A 16	A 17	A 18	A 19	A 20
251	1	6	4	0	666	4	4	3	2	1	4	1	39	3	2	2	2	1	2	1
252	3	12	2	2	2251	1	3	1	2	1	2	3	46	3	2	1	2	1	1	1
253	2	30	2	0	2150	1	3	4	2	3	2	4	24	1	2	1	3	1	1	1
254	4	24	3	2	4151	2	3	2	3	1	3	2	35	3	2	2	3	1	1	1
255	2	9	2	2	2030	5	4	2	3	1	1	3	24	3	2	1	3	1	2	1
256	2	60	3	3	7418	5	3	1	3	1	1	1	27	3	2	1	2	1	1	1
257	4	24	4	3	2684	1	3	4	3	1	2	1	35	3	2	2	2	1	1	1
258	1	12	1	3	2149	1	3	4	1	1	1	4	29	3	3	1	3	1	1	1
259	4	15	2	1	3412	2	2	1	2	1	4	3	23	3	2	1	3	1	2	1
260	4	11	4	3	1154	2	1	4	2	1	4	1	57	3	2	3	2	1	1	1
261	1	12	2	2	1657	1	3	2	3	1	2	1	27	3	2	1	3	1	1	1
262	1	24	2	3	1603	1	5	4	2	1	4	3	55	3	2	1	3	1	1	1
263	1	18	4	0	5302	1	5	2	3	1	4	4	36	3	3	3	4	1	2	1
264	4	12	4	6	2748	1	5	2	2	1	4	4	57	1	3	3	2	1	1	1
265	4	10	4	0	1231	1	5	3	3	1	4	1	32	3	2	2	2	2	1	2
266	2	15	2	3	802	1	5	4	3	1	3	3	37	3	2	1	3	2	1	1
267	4	36	4	9	6304	5	5	4	3	1	4	1	36	3	2	2	3	1	1	1
268	4	24	2	3	1533	1	2	4	2	1	3	3	38	2	2	1	3	1	2	1
269	1	14	2	0	8978	1	5	1	1	1	4	2	45	3	2	1	4	1	2	2
270	4	24	2	3	999	5	5	4	3	1	2	3	25	3	2	2	3	1	1	1
271	4	18	4	0	2662	5	4	4	3	1	3	2	32	3	2	1	3	1	1	2
272	4	12	1	2	1402	3	4	3	2	1	4	3	37	3	1	1	3	1	2	1
273	2	48	2	0	12169	5	1	4	3	2	4	4	36	3	3	1	4	1	2	1
274	2	48	2	3	3060	1	4	4	3	1	4	1	28	3	2	2	3	1	1	1
275	1	30	2	5	11998	1	2	1	1	1	1	4	34	3	2	1	2	1	2	1
276	4	9	2	3	2697	1	3	1	3	1	2	1	32	3	2	1	3	2	1	1
277	4	18	4	3	2404	1	3	2	2	1	2	3	26	3	2	2	3	1	1	1
278	1	12	2	2	1262	5	5	2	1	1	4	2	49	3	2	1	2	1	2	1
279	4	6	2	2	4611	1	2	1	2	1	4	2	32	3	2	1	3	1	1	1
280	4	24	2	3	1901	2	3	4	3	1	4	3	29	3	1	1	4	1	2	1
281	4	15	4	1	3368	4	5	3	3	1	4	4	23	3	1	2	3	1	2	1
282	4	12	2	2	1574	1	3	4	3	1	2	1	50	3	2	1	3	1	1	1
283	3	18	1	3	1445	5	4	4	3	1	4	3	49	1	2	1	2	1	1	1
284	4	15	4	2	1520	5	5	4	3	1	4	2	63	3	2	1	3	1	1	1
285	2	24	4	0	3878	2	2	4	1	1	2	3	37	3	2	1	3	1	2	1
286	1	47	2	0	10722	1	2	1	2	1	1	1	35	3	2	1	2	1	2	1
287	1	48	2	1	4788	1	4	4	3	1	3	2	26	3	2	1	3	2	1	1
288	2	48	3	1	7582	2	1	2	3	1	4	4	31	3	3	1	4	1	2	1
289	2	12	2	3	1092	1	3	4	2	3	4	1	49	3	2	2	3	1	2	1
290	1	24	3	3	1024	1	2	4	4	1	4	1	48	2	2	1	3	1	1	1
291	4	12	2	9	1076	1	3	2	4	1	2	1	26	3	2	1	3	1	2	2
292	2	36	2	1	9398	1	2	1	4	1	4	3	28	3	1	1	4	1	2	1
293	1	24	4	1	6419	1	5	2	2	1	4	4	44	3	3	2	4	2	2	1
294	3	42	4	1	4796	1	5	4	3	1	4	4	56	3	3	1	3	1	1	1
295	4	48	4	9	7629	5	5	4	1	1	2	3	46	1	2	2	4	2	1	1
296	2	48	2	2	9960	1	2	1	2	1	2	3	26	3	2	1	3	1	2	1
297	4	12	2	1	4675	5	2	1	2	1	4	3	20	3	1	1	3	1	1	1
298	4	10	2	0	1287	5	5	4	3	2	2	2	45	3	2	1	2	1	1	2
299	4	18	2	2	2515	1	3	3	3	1	4	1	43	3	2	1	3	1	2	1
300	2	21	4	2	2745	4	4	3	3	1	2	3	32	3	2	2	3	1	2	1

id	A1	A2	A3	A4	A5	A6	A7	A8	A9	A10	A11	A12	A13	A14	A15	A16	A17	A18	A19	A20
301	4	6	2	0	672	1	1	1	2	1	4	1	54	3	2	1	1	1	2	1
302	2	36	0	3	3804	1	3	4	2	1	1	3	42	3	2	1	3	1	2	1
303	3	24	4	0	1344	5	4	4	3	1	2	1	37	1	2	2	2	2	1	1
304	1	10	4	0	1038	1	4	4	3	2	3	2	49	3	2	2	3	1	2	1
305	4	48	4	0	10127	3	3	2	3	1	2	4	44	1	3	1	3	1	1	1
306	4	6	2	2	1543	4	3	4	1	1	2	1	33	3	2	1	3	1	1	1
307	4	30	2	1	4811	5	4	2	2	1	4	2	24	2	1	1	2	1	1	1
308	1	12	2	3	727	2	2	4	4	1	3	4	33	3	2	1	2	1	2	1
309	2	8	2	2	1237	1	3	3	2	1	4	1	24	3	2	1	3	1	1	1
310	2	9	2	0	276	1	3	4	4	1	4	1	22	3	1	1	2	1	1	1
311	2	48	2	1	5381	5	1	3	3	1	4	4	40	1	3	1	1	1	2	1
312	4	24	2	2	5511	2	3	4	3	1	1	3	25	2	2	1	3	1	1	1
313	3	24	2	2	3749	1	2	2	2	1	4	3	26	3	2	1	3	1	1	1
314	2	12	2	0	685	1	4	2	4	1	3	3	25	1	2	1	2	1	1	1
315	3	4	2	0	1494	5	2	1	3	1	2	1	29	3	2	1	2	2	1	2
316	1	36	1	2	2746	1	5	4	3	1	4	3	31	1	2	1	3	1	1	1
317	1	12	2	2	708	1	3	2	3	3	3	2	38	3	2	1	2	2	1	1
318	2	24	2	2	4351	5	3	1	2	1	4	2	48	3	2	1	2	1	2	1
319	4	12	4	6	701	1	3	4	3	1	2	3	32	3	2	2	3	1	1	1
320	1	15	3	2	3643	1	5	1	2	1	4	2	27	3	2	2	2	1	1	1
321	2	30	4	0	4249	1	1	4	4	1	2	3	28	3	2	2	4	1	1	1
322	1	24	2	3	1938	1	2	4	1	1	3	2	32	3	2	1	3	1	1	1
323	1	24	2	1	2910	1	4	2	3	1	1	4	34	3	3	1	4	1	2	1
324	1	18	2	2	2659	4	3	4	3	1	2	3	28	3	2	1	3	1	1	1
325	4	18	4	0	1028	1	3	4	2	1	3	1	36	3	2	2	3	1	1	1
326	1	8	4	0	3398	1	4	1	3	1	4	1	39	3	2	2	2	1	1	2
327	4	12	4	2	5801	5	5	2	3	1	4	2	49	3	1	1	3	1	2	1
328	4	24	2	0	1525	4	4	4	2	1	3	3	34	3	2	1	3	2	2	1
329	3	36	2	3	4473	1	5	4	3	1	2	3	31	3	2	1	3	1	1	1
330	2	6	2	3	1068	1	5	4	3	1	4	3	28	3	2	1	3	2	1	1
331	1	24	4	1	6615	1	1	2	3	1	4	4	75	3	3	2	4	1	2	1
332	4	18	4	6	1864	2	3	4	2	1	2	1	30	3	2	2	3	1	1	1
333	2	60	2	0	7608	2	2	4	2	1	2	2	24	3	2	1	4	1	1	1
334	4	48	4	1	11590	2	3	2	2	1	4	3	24	1	1	2	2	1	1	1
335	1	24	0	2	4110	1	5	3	3	1	4	4	23	1	1	2	3	2	1	1
336	1	6	4	2	3384	1	3	1	1	1	4	1	44	3	1	1	4	1	2	1
337	2	13	2	3	2101	1	2	2	2	3	4	2	23	3	2	1	2	1	1	1
338	1	15	2	4	1275	5	3	4	2	1	2	3	24	3	1	1	3	1	1	1
339	1	24	2	2	4169	1	3	4	3	1	4	2	28	3	2	1	3	1	1	1
340	2	10	2	2	1521	1	3	4	1	1	2	3	31	3	2	1	2	1	1	1
341	2	24	4	6	5743	1	2	2	2	1	4	4	24	3	3	2	3	1	2	1
342	1	21	2	2	3599	1	4	1	2	1	4	3	26	3	1	1	2	1	1	1
343	2	18	2	3	3213	3	2	1	4	1	3	1	25	3	1	1	3	1	1	1
344	2	18	2	9	4439	1	5	1	3	2	1	1	33	1	2	1	4	1	2	1
345	3	10	2	0	3949	1	2	1	3	3	1	2	37	3	2	1	2	2	1	1
346	4	15	4	3	1459	1	3	4	2	1	2	3	43	3	2	1	2	1	1	1
347	2	13	4	3	882	1	2	4	3	3	4	1	23	3	2	2	3	1	1	1
348	2	24	2	3	3758	3	1	1	2	1	4	4	23	3	1	1	1	1	1	1
349	4	6	3	9	1743	2	3	1	3	1	2	1	34	3	2	2	2	1	1	1
350	2	9	4	6	1136	4	5	4	3	1	3	4	32	3	3	2	3	2	1	1

id	A 1	A 2	A 3	A 4	A 5	A 6	A 7	A 8	A 9	A 10	A 11	A 12	A 13	A 14	A 15	A 16	A 17	A 18	A 19	A 20
351	4	9	2	4	1236	1	2	1	2	1	4	1	23	3	1	1	3	1	2	1
352	2	9	2	2	959	1	3	1	2	1	2	3	29	3	2	1	3	1	1	2
353	4	18	4	1	3229	5	1	2	3	1	4	4	38	3	2	1	4	1	2	1
354	1	12	0	3	6199	1	3	4	3	1	2	2	28	3	1	2	3	1	2	1
355	4	10	2	6	727	3	5	4	3	1	4	4	46	3	3	1	3	1	2	1
356	2	24	2	0	1246	1	2	4	3	1	2	1	23	2	2	1	2	1	1	1
357	4	12	4	3	2331	5	5	1	3	2	4	1	49	3	2	1	3	1	2	1
358	4	36	3	3	4463	1	3	4	3	1	2	3	26	3	2	2	4	1	2	1
359	4	12	2	3	776	1	3	4	4	1	2	1	28	3	2	1	3	1	1	1
360	1	30	2	2	2406	1	4	4	2	1	4	1	23	3	1	1	3	1	1	1
361	2	18	2	6	1237	5	3	4	3	1	4	4	61	3	3	1	3	1	1	1
362	3	12	2	3	3399	5	5	2	3	1	3	3	37	3	2	1	4	1	1	1
363	3	12	3	0	2247	1	3	2	2	1	2	3	36	2	2	2	3	1	2	1
364	4	6	2	2	1766	1	3	1	4	1	2	2	21	3	1	1	3	1	1	1
365	1	18	2	2	2473	1	1	4	3	1	1	3	25	3	2	1	1	1	1	1
366	4	12	2	9	1542	1	4	2	3	1	4	3	36	3	2	1	3	1	2	1
367	4	18	4	1	3850	1	4	3	3	1	1	3	27	3	2	2	3	1	1	1
368	1	18	2	2	3650	1	2	1	2	1	4	3	22	3	1	1	3	1	1	1
369	1	36	2	2	3446	1	5	4	3	1	2	3	42	3	2	1	3	2	1	1
370	2	18	2	2	3001	1	4	2	2	1	4	1	40	3	1	1	3	1	1	1
371	4	36	2	0	3079	5	3	4	3	1	4	1	36	3	2	1	3	1	1	1
372	4	18	4	3	6070	1	5	3	3	1	4	3	33	3	2	2	3	1	2	1
373	4	10	4	2	2146	1	2	1	2	1	3	1	23	3	1	2	3	1	1	1
374	4	60	4	0	13756	5	5	2	3	1	4	4	63	1	3	1	4	1	2	1
375	2	60	1	1	14782	2	5	3	2	1	4	4	60	1	3	2	4	1	2	1
376	1	48	1	9	7685	1	4	2	2	3	4	3	37	3	1	1	3	1	1	1
377	4	18	3	3	2320	1	1	2	4	1	3	1	34	3	2	2	3	1	1	1
378	4	7	3	3	846	5	5	3	3	1	4	4	36	3	3	1	3	1	1	1
379	2	36	2	0	14318	1	5	4	3	1	2	4	57	3	3	1	4	1	2	1
380	4	6	4	0	362	2	3	4	2	1	4	3	52	3	2	2	2	1	1	1
381	1	20	2	2	2212	5	4	4	3	1	4	3	39	3	2	1	3	1	2	1
382	2	18	2	1	12976	1	1	3	2	1	4	4	38	3	3	1	4	1	2	1
383	4	22	2	0	1283	5	4	4	2	1	4	2	25	3	1	1	3	1	1	1
384	3	12	2	0	1330	1	2	4	3	1	1	1	26	3	2	1	3	1	1	1
385	4	30	3	9	4272	2	3	2	3	1	2	2	26	3	2	2	2	1	1	1
386	4	18	4	3	2238	1	3	2	2	1	1	3	25	3	2	2	3	1	1	1
387	4	18	2	3	1126	5	2	4	2	1	2	1	21	3	1	1	3	1	2	1
388	2	18	4	2	7374	1	1	4	3	1	4	2	40	2	2	2	4	1	2	1
389	2	15	4	9	2326	3	3	2	3	1	4	3	27	1	2	1	3	1	1	1
390	4	9	2	9	1449	1	4	3	2	1	2	3	27	3	2	2	3	1	1	1
391	4	18	2	0	1820	1	3	2	4	1	2	2	30	3	2	1	4	1	2	1
392	2	12	2	2	983	4	2	1	2	1	4	1	19	3	1	1	2	1	1	1
393	1	36	2	0	3249	1	4	2	3	1	4	4	39	1	3	1	4	2	2	1
394	1	6	4	3	1957	1	4	1	2	1	4	3	31	3	2	1	3	1	1	1
395	4	9	4	2	2406	1	1	2	3	1	3	3	31	3	2	1	4	1	1	1
396	2	39	3	6	11760	2	4	2	3	1	3	4	32	3	1	1	3	1	2	1
397	1	12	2	2	2578	1	1	3	2	1	4	4	55	3	3	1	4	1	1	1
398	1	36	4	2	2348	1	3	3	4	1	2	2	46	3	2	2	3	1	2	1
399	2	12	2	0	1223	1	5	1	1	1	1	1	46	3	1	2	3	1	1	1
400	4	24	4	3	1516	4	3	4	2	1	1	1	43	3	2	2	2	1	1	1

id	A 1	A 2	A 3	A 4	A 5	A 6	A 7	A 8	A 9	A 10	A 11	A 12	A 13	A 14	A 15	A 16	A 17	A 18	A 19	A 20
401	4	18	2	3	1473	1	2	3	4	1	4	1	39	3	2	1	3	1	2	1
402	2	18	4	9	1887	5	3	4	4	1	4	1	28	1	2	2	3	1	1	1
403	4	24	3	9	8648	1	2	2	3	1	2	3	27	1	2	2	3	1	2	1
404	4	24	3	0	802	1	3	4	3	1	2	3	27	3	2	2	2	1	1	1
405	2	18	3	0	2899	5	5	4	3	1	4	3	43	3	2	1	3	2	1	1
406	2	24	2	3	2039	1	2	1	4	1	1	2	22	3	2	1	3	1	2	1
407	4	24	4	1	2197	5	4	4	3	1	4	3	43	3	2	2	3	2	2	1
408	1	15	2	3	1053	1	2	4	4	1	2	1	27	3	2	1	3	1	1	2
409	4	24	2	3	3235	3	5	3	1	1	2	3	26	3	2	1	4	1	2	1
410	3	12	4	0	939	3	4	4	4	1	2	1	28	3	2	3	3	1	2	1
411	2	24	2	3	1967	1	5	4	2	1	4	3	20	3	2	1	3	1	2	1
412	4	33	4	1	7253	1	4	3	3	1	2	3	34	3	2	2	4	1	2	1
413	4	12	4	9	2292	1	1	4	3	1	2	3	42	2	2	2	4	1	2	1
414	4	10	2	0	1597	3	3	3	3	1	2	4	40	3	1	1	2	2	1	2
415	1	24	2	0	1381	5	3	4	2	1	2	2	35	3	2	1	3	1	1	1
416	4	36	4	1	5842	1	5	2	3	1	2	2	35	3	2	2	3	2	2	1
417	1	12	2	0	2579	1	2	4	3	1	1	1	33	3	2	1	2	2	1	1
418	1	18	3	6	4871	5	3	1	2	1	2	3	23	3	1	2	3	1	2	1
419	4	21	2	0	2782	3	4	1	2	1	2	3	31	1	2	1	4	1	1	1
420	2	18	2	0	1042	5	3	4	2	1	2	2	33	3	2	1	3	1	1	1
421	4	15	2	0	3186	4	4	2	2	1	3	3	20	3	1	1	3	1	1	1
422	2	12	2	1	2028	5	3	4	3	1	2	3	30	3	2	1	3	1	1	1
423	2	12	4	0	958	1	4	2	3	1	3	1	47	3	2	2	2	2	1	1
424	4	21	3	2	1591	2	4	4	3	1	3	1	34	3	2	2	4	1	1	1
425	2	12	2	2	2762	5	5	1	2	1	2	2	25	1	2	1	3	1	2	1
426	2	18	2	1	2779	1	3	1	4	1	3	3	21	3	1	1	3	1	2	1
427	4	28	4	3	2743	1	5	4	3	1	2	3	29	3	2	2	3	1	1	1
428	4	18	4	3	1149	4	3	4	3	1	3	1	46	3	2	2	3	1	1	1
429	4	9	2	2	1313	1	5	1	3	1	4	3	20	3	2	1	3	1	1	1
430	1	18	4	5	1190	1	1	2	2	1	4	4	55	3	3	3	1	2	1	1
431	4	5	2	9	3448	1	4	1	3	1	4	1	74	3	2	1	2	1	1	1
432	2	24	2	1	11328	1	3	2	3	2	3	3	29	1	2	2	4	1	2	1
433	1	6	4	2	1872	1	1	4	3	1	4	4	36	3	3	3	4	1	2	1
434	4	24	4	5	2058	1	3	4	1	1	2	1	33	3	2	2	3	1	2	1
435	1	9	2	2	2136	1	3	3	3	1	2	1	25	3	2	1	3	1	1	1
436	2	12	2	3	1484	5	3	2	4	1	1	1	25	3	2	1	3	1	2	1
437	4	6	2	5	660	3	4	2	4	1	4	1	23	3	1	1	2	1	1	1
438	4	24	4	0	1287	4	5	4	2	1	4	1	37	3	2	2	3	1	2	1
439	1	42	4	5	3394	1	1	4	3	2	4	3	65	3	2	2	1	1	1	1
440	3	12	1	9	609	1	2	4	2	1	1	1	26	3	2	1	1	1	1	1
441	4	12	2	0	1884	1	5	4	3	1	4	3	39	3	2	1	4	1	2	1
442	1	12	2	2	1620	1	3	2	2	2	3	2	30	3	2	1	3	1	1	1
443	2	20	3	1	2629	1	3	2	3	1	3	3	29	1	2	2	3	1	2	1
444	4	12	2	6	719	1	5	4	3	1	4	3	41	1	2	1	2	2	1	1
445	2	48	4	2	5096	1	3	2	2	1	3	3	30	3	2	1	4	1	2	1
446	4	9	4	6	1244	5	5	4	2	1	4	2	41	3	1	2	2	1	1	1
447	1	36	2	0	1842	1	2	4	2	1	4	3	34	3	2	1	3	1	2	1
448	2	7	2	3	2576	1	3	2	3	3	2	1	35	3	2	1	3	1	1	1
449	3	12	2	2	1424	5	5	3	2	1	4	1	55	3	2	1	4	1	2	1
450	2	15	3	5	1512	4	3	3	4	1	3	2	61	2	2	2	3	1	1	1

id	A 1	A 2	A 3	A 4	A 5	A 6	A 7	A 8	A 9	A 10	A 11	A 12	A 13	A 14	A 15	A 16	A 17	A 18	A 19	A 20
451	4	36	4	1	11054	5	3	4	3	1	2	3	30	3	2	1	4	1	2	1
452	4	6	2	3	518	1	3	3	2	1	1	1	29	3	2	1	3	1	1	1
453	4	12	0	2	2759	1	5	2	3	1	4	2	34	3	2	2	3	1	1	1
454	4	24	2	1	2670	1	5	4	3	1	4	3	35	3	2	1	4	1	2	1
455	1	24	2	0	4817	1	4	2	3	2	3	2	31	3	2	1	3	1	2	1
456	4	24	2	1	2679	1	2	4	2	1	1	4	29	3	2	1	4	1	2	1
457	1	11	4	0	3905	1	3	2	3	1	2	1	36	3	1	2	3	2	1	1
458	1	12	2	1	3386	1	5	3	3	1	4	4	35	3	3	1	3	1	2	1
459	1	6	2	4	343	1	2	4	2	1	1	1	27	3	2	1	3	1	1	1
460	4	18	2	3	4594	1	2	3	3	1	2	3	32	3	2	1	3	1	2	1
461	1	36	2	2	362	1	3	1	3	3	2	2	37	3	2	1	3	2	1	1
462	1	15	2	0	1721	1	2	2	3	1	3	1	36	3	2	1	3	1	1	1
463	2	12	2	2	3017	1	2	3	2	1	1	1	34	3	1	1	4	1	1	1
464	2	12	2	8	754	5	5	4	3	1	4	2	38	3	2	2	3	1	1	1
465	4	18	2	9	1950	1	4	4	3	1	1	3	34	2	2	2	3	1	2	1
466	1	24	2	1	2924	1	3	3	3	3	4	4	63	1	2	1	3	2	2	1
467	1	24	3	3	1659	1	2	4	2	1	2	3	29	3	1	1	2	1	2	1
468	4	48	3	3	7238	5	5	3	3	1	3	3	32	1	2	2	3	2	1	1
469	4	33	3	9	2764	1	3	2	2	1	2	3	26	3	2	2	3	1	2	1
470	4	24	3	1	4679	1	4	3	3	1	3	3	35	3	2	2	2	1	2	1
471	2	24	2	3	3092	2	2	3	4	1	2	3	22	3	1	1	3	1	2	1
472	1	6	2	6	448	1	2	4	2	1	4	2	23	3	2	1	3	1	1	1
473	1	9	2	0	654	1	3	4	3	1	3	3	28	3	2	1	2	1	1	1
474	4	6	2	8	1238	5	1	4	3	1	4	2	36	3	2	1	4	2	2	1
475	2	18	4	3	1245	1	3	4	4	1	2	3	33	3	2	1	3	1	1	1
476	1	18	0	2	3114	1	2	1	2	1	4	2	26	3	1	1	3	1	1	1
477	4	39	2	1	2569	3	3	4	3	1	4	3	24	3	2	1	3	1	1	1
478	3	24	2	3	5152	1	4	4	3	1	2	3	25	1	2	1	3	1	1	1
479	2	12	2	9	1037	2	4	3	3	1	4	1	39	3	2	1	2	1	1	1
480	1	15	4	2	1478	1	5	4	3	1	4	3	44	3	2	2	3	2	2	1
481	2	12	4	3	3573	1	3	1	2	1	1	1	23	3	2	1	2	1	1	1
482	2	24	2	0	1201	1	2	4	3	1	1	2	26	3	2	1	3	1	1	1
483	1	30	2	2	3622	4	5	4	2	1	4	2	59	3	1	2	3	1	2	1
484	4	15	3	2	960	4	4	3	2	1	2	2	30	3	2	2	3	1	1	1
485	4	12	4	0	1163	3	3	4	3	1	4	1	44	3	2	1	3	1	2	1
486	2	6	3	0	1209	1	1	4	3	1	4	2	47	3	2	1	4	1	2	1
487	4	12	2	3	3077	1	3	2	3	1	4	3	52	3	2	1	3	1	2	1
488	4	24	2	0	3757	1	5	4	2	2	4	4	62	3	3	1	3	1	2	1
489	4	10	2	0	1418	2	3	3	3	1	2	1	35	3	1	1	2	1	1	2
490	4	6	2	0	3518	1	3	2	3	3	3	2	26	3	1	1	3	1	1	1
491	4	12	4	3	1934	1	5	2	3	1	2	4	26	3	2	2	3	1	1	1
492	2	27	0	9	8318	1	5	2	2	1	4	4	42	3	3	2	4	1	2	1
493	4	6	4	3	1237	2	3	1	2	1	1	2	27	3	2	2	3	1	1	1
494	2	6	2	3	368	5	5	4	3	1	4	2	38	3	2	1	3	1	1	1
495	1	12	4	0	2122	1	3	3	3	1	2	1	39	3	1	2	2	2	1	2
496	1	24	2	2	2996	5	3	2	4	1	4	3	20	3	2	1	3	1	1	1
497	2	36	2	2	9034	2	2	4	3	2	1	4	29	3	1	1	4	1	2	1
498	4	24	4	2	1585	1	4	4	3	1	3	2	40	3	2	2	3	1	1	1
499	2	18	2	3	1301	1	5	4	4	3	2	1	32	3	2	1	2	1	1	1
500	3	6	4	0	1323	2	5	2	1	1	4	3	28	3	2	2	3	2	2	1

id	A1	A2	A3	A4	A5	A6	A7	A8	A9	A10	A11	A12	A13	A14	A15	A16	A17	A18	A19	A20
501	1	24	2	0	3123	1	2	4	2	1	1	2	27	3	2	1	3	1	1	1
502	1	36	2	1	5493	1	5	2	3	1	4	4	42	3	3	1	3	2	1	1
503	3	9	2	3	1126	2	5	2	1	1	4	1	49	3	2	1	3	1	1	1
504	2	24	4	3	1216	2	2	4	3	1	4	4	38	1	2	2	3	2	1	1
505	1	24	2	0	1207	1	2	4	2	1	4	2	24	3	1	1	3	1	1	1
506	4	10	2	0	1309	5	3	4	3	3	4	2	27	3	2	1	2	1	1	1
507	3	15	4	1	2360	3	3	2	3	1	2	3	36	3	2	1	3	1	2	1
508	2	15	1	0	6850	2	1	1	3	1	2	2	34	3	2	1	4	2	2	1
509	4	24	2	3	1413	1	3	4	4	1	2	2	28	3	2	1	3	1	1	1
510	4	39	2	1	8588	2	5	4	3	1	2	3	45	3	2	1	4	1	2	1
511	1	12	2	0	759	1	4	4	3	1	2	1	26	3	2	1	3	1	1	1
512	4	36	2	1	4686	1	3	2	3	1	2	4	32	3	3	1	4	1	2	1
513	3	15	2	9	2687	1	4	2	3	1	4	2	26	3	1	1	3	1	2	1
514	2	12	3	3	585	1	3	4	4	2	4	1	20	3	1	2	3	1	1	1
515	4	24	2	0	2255	5	2	4	3	1	1	2	54	3	2	1	3	1	1	1
516	1	6	4	0	609	1	4	4	2	1	3	2	37	3	2	2	3	1	1	2
517	1	6	4	0	1361	1	2	2	3	1	4	1	40	3	2	1	2	2	1	2
518	4	36	4	2	7127	1	2	2	2	1	4	2	23	3	1	2	3	1	2	1
519	1	6	2	0	1203	2	5	3	3	1	2	2	43	3	2	1	3	1	2	1
520	4	6	4	3	700	5	5	4	3	1	4	4	36	3	3	2	3	1	1	1
521	4	24	4	5	5507	1	5	3	3	1	4	4	44	3	3	2	3	1	1	1
522	1	18	2	3	3190	1	3	2	2	1	2	1	24	3	2	1	3	1	1	1
523	1	48	0	2	7119	1	3	3	3	1	4	4	53	3	3	2	3	2	1	1
524	4	24	2	1	3488	2	4	3	2	1	4	3	23	3	2	1	3	1	1	1
525	2	18	2	3	1113	1	3	4	2	3	4	1	26	3	2	1	2	2	1	1
526	2	26	2	1	7966	1	2	2	3	1	3	3	30	3	2	2	3	1	1	1
527	4	15	4	6	1532	2	3	4	2	1	3	3	31	3	2	1	3	1	1	1
528	4	4	4	3	1503	1	4	2	3	1	1	1	42	3	2	2	2	2	1	1
529	1	36	2	3	2302	1	3	4	1	1	4	3	31	3	1	1	3	1	1	1
530	1	6	2	0	662	1	2	3	3	1	4	1	41	3	2	1	2	2	2	1
531	2	36	2	6	2273	1	4	3	3	1	1	3	32	3	2	2	3	2	1	1
532	2	15	2	0	2631	2	3	2	2	1	4	3	28	3	1	2	3	1	2	1
533	4	12	3	1	1503	1	3	4	4	1	4	1	41	3	1	1	3	1	1	1
534	4	24	2	3	1311	2	4	4	4	1	3	2	26	3	2	1	3	1	2	1
535	4	24	2	3	3105	5	2	4	3	1	2	3	25	3	2	2	3	1	1	1
536	3	21	4	6	2319	1	2	2	1	1	1	3	33	3	1	1	3	1	1	1
537	1	6	2	0	1374	5	1	4	2	1	3	2	75	3	2	1	4	1	2	1
538	2	18	4	2	3612	1	5	3	2	1	4	2	37	3	2	1	3	1	2	1
539	1	48	2	0	7763	1	5	4	3	1	4	4	42	1	3	1	4	1	1	1
540	3	18	2	2	3049	1	2	1	2	1	1	2	45	2	2	1	2	1	1	1
541	2	12	2	3	1534	1	2	1	4	1	1	1	23	3	1	1	3	1	1	1
542	4	24	3	0	2032	1	5	4	3	1	4	4	60	3	3	2	3	1	2	1
543	1	30	2	2	6350	5	5	4	3	1	4	2	31	3	2	1	3	1	1	1
544	3	18	2	2	2864	1	3	2	3	1	1	1	34	3	2	1	2	2	1	1
545	4	12	4	0	1255	1	5	4	3	1	4	1	61	3	2	2	2	1	1	1
546	1	24	3	0	1333	1	1	4	3	1	2	1	43	3	3	2	3	2	1	1
547	4	24	4	0	2022	1	3	4	2	1	4	3	37	3	2	1	3	1	2	1
548	4	24	2	3	1552	1	4	3	3	1	1	3	32	1	2	1	3	2	1	1
549	1	12	1	3	626	1	3	4	2	1	4	1	24	1	2	1	2	1	1	1
550	4	48	4	1	8858	5	4	2	3	1	1	4	35	3	3	2	3	1	2	1

id	A1	A2	A3	A4	A5	A6	A7	A8	A9	A10	A11	A12	A13	A14	A15	A16	A17	A18	A19	A20
551	4	12	4	5	996	5	4	4	2	1	4	1	23	3	2	2	3	1	1	1
552	4	6	1	3	1750	3	5	2	3	1	4	2	45	1	2	1	2	2	1	1
553	1	48	2	3	6999	1	4	1	4	3	1	1	34	3	2	2	3	1	2	1
554	2	12	4	0	1995	2	2	4	3	1	1	3	27	3	2	1	3	1	1	1
555	2	9	2	6	1199	1	4	4	2	1	4	2	67	3	2	2	4	1	2	1
556	2	12	2	3	1331	1	2	2	3	1	1	3	22	2	2	1	3	1	1	1
557	2	18	0	0	2278	2	2	3	2	1	3	3	28	3	2	2	3	1	1	1
558	4	21	0	0	5003	5	3	1	2	1	4	2	29	1	2	2	3	1	2	1
559	1	24	1	2	3552	1	4	3	3	1	4	3	27	1	2	1	3	1	1	1
560	2	18	4	2	1928	1	2	2	3	1	2	1	31	3	2	2	2	1	1	1
561	1	24	2	1	296	5	5	4	3	1	4	4	49	1	3	1	3	2	2	1
562	1	24	1	3	1546	1	4	4	3	3	4	3	24	1	1	1	2	1	1	1
563	3	6	3	3	683	1	2	2	2	1	1	2	29	1	2	1	3	1	1	1
564	2	36	2	0	12389	5	3	1	3	1	4	4	37	3	3	1	3	1	2	1
565	2	24	3	9	4712	5	3	4	3	1	2	2	37	1	2	2	4	1	2	1
566	2	24	3	3	1553	2	4	3	2	1	2	2	23	3	1	2	3	1	2	1
567	1	12	2	0	1372	1	4	2	1	1	3	3	36	3	2	1	3	1	1	1
568	4	24	4	3	2578	4	5	2	3	1	2	3	34	3	2	1	3	1	1	1
569	2	48	2	3	3979	5	4	4	3	1	1	3	41	3	2	2	3	2	2	1
570	1	48	2	3	6758	1	3	3	2	1	2	3	31	3	2	1	3	1	2	1
571	1	24	2	2	3234	1	2	4	2	1	4	1	23	3	1	1	2	1	2	1
572	4	30	4	3	5954	1	4	3	3	2	2	3	38	3	2	1	3	1	1	1
573	4	24	2	1	5433	5	1	2	2	1	4	2	26	3	1	1	4	1	2	1
574	1	15	2	9	806	1	3	4	2	1	4	2	22	3	2	1	2	1	1	1
575	2	9	2	3	1082	1	5	4	3	1	4	3	27	3	2	2	2	1	1	1
576	4	15	4	2	2788	1	4	2	2	2	3	3	24	1	2	2	3	1	1	1
577	2	12	2	3	2930	1	4	2	2	1	1	1	27	3	2	1	3	1	1	1
578	4	24	4	6	1927	5	3	3	2	1	2	3	33	3	2	2	3	1	2	1
579	2	36	4	0	2820	1	2	4	1	1	4	3	27	3	2	2	3	1	1	1
580	4	24	2	8	937	1	2	4	4	1	3	3	27	3	2	2	2	1	1	1
581	2	18	4	0	1056	1	5	3	3	3	3	1	30	1	2	2	3	1	1	1
582	2	12	4	0	3124	1	2	1	3	1	3	1	49	1	2	2	2	2	1	1
583	4	9	2	2	1388	1	3	4	2	1	2	1	26	3	1	1	3	1	1	1
584	2	36	2	5	2384	1	2	4	3	1	1	4	33	3	1	1	2	1	1	1
585	4	12	2	0	2133	5	5	4	2	1	4	4	52	3	3	1	4	1	2	1
586	1	18	2	2	2039	1	3	1	2	1	4	1	20	1	1	1	3	1	1	1
587	1	9	4	0	2799	1	3	2	3	1	2	1	36	3	1	2	3	2	1	1
588	1	12	2	2	1289	1	3	4	3	3	1	2	21	3	2	1	2	1	1	1
589	1	18	2	4	1217	1	3	4	4	1	3	1	47	3	2	1	2	1	2	1
590	1	12	4	2	2246	1	5	3	3	1	3	2	60	3	2	2	3	1	1	1
591	1	12	4	3	385	1	4	4	2	1	3	1	58	3	2	4	2	1	2	1
592	2	24	3	0	1965	5	3	4	2	1	4	3	42	3	1	2	3	1	2	1
593	4	21	2	9	1572	4	5	4	2	1	4	1	36	1	2	1	2	1	1	1
594	2	24	2	0	2718	1	3	3	2	1	4	2	20	3	1	1	2	1	2	1
595	1	24	1	1	1358	5	5	4	3	1	3	3	40	2	2	1	4	1	2	1
596	2	6	1	0	931	2	2	1	2	1	1	2	32	2	2	1	2	1	1	1
597	1	24	2	0	1442	1	4	4	2	1	4	3	23	3	1	2	3	1	1	1
598	2	24	0	9	4241	1	3	1	3	1	4	1	36	3	2	3	2	1	2	1
599	4	18	4	0	2775	1	4	2	3	1	2	2	31	1	2	2	3	1	1	1
600	4	24	3	9	3863	1	3	1	3	1	2	4	32	3	3	1	3	1	1	1

id	A 1	A 2	A 3	A 4	A 5	A 6	A 7	A 8	A 9	A 10	A 11	A 12	A 13	A 14	A 15	A 16	A 17	A 18	A 19	A 20
601	2	7	2	3	2329	1	2	1	2	3	1	1	45	3	2	1	3	1	1	1
602	2	9	2	2	918	1	3	4	2	1	1	2	30	3	2	1	3	1	1	1
603	2	24	1	6	1837	1	4	4	2	1	4	4	34	1	3	1	2	1	1	1
604	4	36	2	2	3349	1	3	4	2	1	2	3	28	3	2	1	4	1	2	1
605	3	10	2	2	1275	1	2	4	2	1	2	2	23	3	2	1	3	1	1	1
606	1	24	1	2	2828	3	3	4	3	1	4	1	22	2	2	1	3	1	2	1
607	4	24	4	9	4526	1	3	3	3	1	2	1	74	3	2	1	4	1	2	1
608	2	36	2	3	2671	2	3	4	2	2	4	4	50	3	3	1	3	1	1	1
609	4	18	2	3	2051	1	2	4	3	1	1	1	33	3	2	1	3	1	1	1
610	4	15	2	1	1300	5	5	4	3	1	4	4	45	1	3	1	3	2	1	1
611	1	12	2	4	741	2	1	4	2	1	3	2	22	3	2	1	3	1	1	1
612	3	10	2	0	1240	2	5	1	2	1	4	4	48	3	3	1	2	2	1	1
613	1	21	2	3	3357	4	2	4	2	1	2	3	29	1	2	1	3	1	1	1
614	1	24	1	1	3632	1	3	1	2	3	4	3	22	1	1	1	3	1	1	2
615	4	18	3	2	1808	1	4	4	2	1	1	1	22	3	2	1	3	1	1	1
616	2	48	0	9	12204	5	3	2	3	1	2	3	48	1	2	1	4	1	2	1
617	2	60	3	3	9157	5	3	2	3	1	2	4	27	3	3	1	4	1	1	1
618	1	6	4	0	3676	1	3	1	3	1	3	1	37	3	1	3	3	2	1	1
619	2	30	2	2	3441	2	3	2	2	2	4	3	21	3	1	1	3	1	1	1
620	4	12	2	0	640	1	3	4	1	1	2	1	49	3	2	1	2	1	1	1
621	2	21	4	9	3652	1	4	2	3	1	3	2	27	3	2	2	3	1	1	1
622	4	18	4	0	1530	1	3	3	3	1	2	2	32	1	2	2	3	1	1	1
623	4	48	2	9	3914	5	3	4	1	1	2	1	38	1	2	1	3	1	1	1
624	1	12	2	2	1858	1	2	4	2	1	1	3	22	3	1	1	3	1	1	1
625	1	18	2	3	2600	1	3	4	3	1	4	4	65	3	3	2	3	1	1	1
626	4	15	2	3	1979	5	5	4	3	1	2	3	35	3	2	1	3	1	1	1
627	3	6	2	2	2116	1	3	2	3	1	2	1	41	3	2	1	3	1	2	1
628	2	9	1	0	1437	2	4	2	3	1	3	4	29	3	2	1	3	1	1	1
629	4	42	4	2	4042	3	3	4	3	1	4	1	36	3	2	2	3	1	2	1
630	4	9	2	6	3832	5	5	1	3	1	4	1	64	3	2	1	2	1	1	1
631	1	24	2	3	3660	1	3	2	2	1	4	3	28	3	2	1	3	1	1	1
632	1	18	1	2	1553	1	3	4	3	1	3	3	44	1	2	1	3	1	1	1
633	2	15	2	3	1444	5	2	4	3	1	1	2	23	3	2	1	3	1	1	1
634	4	9	2	2	1980	1	2	2	2	2	2	3	19	3	1	2	3	1	1	1
635	2	24	2	0	1355	1	2	3	2	1	4	3	25	3	2	1	2	1	2	1
636	4	12	2	6	1393	1	5	4	3	1	4	2	47	1	2	3	3	2	2	1
637	4	24	2	3	1376	3	4	4	2	1	1	3	28	3	2	1	3	1	1	1
638	4	60	3	3	15653	1	4	2	3	1	4	3	21	3	2	2	3	1	2	1
639	4	12	2	3	1493	1	2	4	2	1	3	3	34	3	2	1	3	2	1	1
640	1	42	3	3	4370	1	4	3	3	1	2	2	26	1	2	2	3	2	2	1
641	1	18	2	6	750	1	1	4	2	1	1	1	27	3	2	1	1	1	1	1
642	2	15	2	5	1308	1	5	4	3	1	4	3	38	3	2	2	2	1	1	1
643	4	15	2	6	4623	2	3	3	3	1	2	2	40	3	2	1	4	1	2	1
644	4	24	4	3	1851	1	4	4	4	3	2	3	33	3	2	2	3	1	2	1
645	1	18	4	3	1880	1	4	4	4	1	1	2	32	3	2	2	4	1	2	1
646	4	36	3	9	7980	5	2	4	3	1	4	3	27	3	1	2	3	1	2	1
647	1	30	0	2	4583	1	3	2	1	3	2	1	32	3	2	2	3	1	1	1
648	4	12	2	0	1386	3	3	2	2	1	2	2	26	3	2	1	3	1	1	1
649	3	24	2	0	947	1	4	4	3	1	3	4	37	1	3	1	3	2	1	1
650	1	12	2	6	684	1	3	4	3	1	4	3	40	3	1	1	2	2	1	1

id	A 1	A 2	A 3	A 4	A 5	A 6	A 7	A 8	A 9	A 10	A 11	A 12	A 13	A 14	A 15	A 16	A 17	A 18	A 19	A 20
651	1	48	2	6	7476	1	4	4	3	1	1	4	50	3	3	1	4	1	2	1
652	2	12	2	2	1922	1	3	4	3	1	2	2	37	3	2	1	2	1	1	1
653	1	24	2	0	2303	1	5	4	3	2	1	1	45	3	2	1	3	1	1	1
654	2	36	3	0	8086	2	5	2	3	1	4	3	42	3	2	4	4	1	2	1
655	4	24	4	1	2346	1	4	4	3	1	3	3	35	3	2	2	3	1	2	1
656	1	14	2	0	3973	1	1	1	3	1	4	4	22	3	3	1	3	1	1	1
657	2	12	2	0	888	1	5	4	3	1	4	3	41	1	2	1	2	2	1	1
658	4	48	2	3	10222	5	4	4	3	1	3	3	37	2	2	1	3	1	2	1
659	2	30	0	9	4221	1	3	2	2	1	1	3	28	3	2	2	3	1	1	1
660	2	18	4	2	6361	1	5	2	3	1	1	4	41	3	2	1	3	1	2	1
661	3	12	2	3	1297	1	3	3	4	1	4	1	23	3	1	1	3	1	1	1
662	1	12	2	0	900	5	3	4	4	1	2	3	23	3	2	1	3	1	1	1
663	4	21	2	2	2241	1	5	4	3	1	2	1	50	3	2	2	3	1	1	1
664	2	6	3	2	1050	1	1	4	3	1	1	2	35	2	2	2	4	1	2	1
665	3	6	4	6	1047	1	3	2	2	1	4	2	50	3	2	1	2	1	1	1
666	4	24	4	1	6314	1	1	4	3	2	2	4	27	1	2	2	4	1	2	1
667	2	30	1	2	3496	4	3	4	3	1	2	3	34	2	2	1	3	2	2	1
668	4	48	1	9	3609	1	3	1	2	1	1	1	27	2	2	1	3	1	1	1
669	1	12	4	0	4843	1	5	3	3	2	4	2	43	3	1	2	3	1	2	1
670	3	30	4	3	3017	1	5	4	3	1	4	2	47	3	2	1	3	1	1	1
671	4	24	4	9	4139	2	3	3	3	1	3	2	27	3	2	2	2	1	2	1
672	4	36	2	9	5742	2	4	2	3	1	2	3	31	3	2	2	3	1	2	1
673	4	60	2	0	10366	1	5	2	3	1	4	2	42	3	2	1	4	1	2	1
674	4	6	4	0	2080	3	3	1	4	1	2	3	24	3	2	1	3	1	1	1
675	4	21	3	9	2580	3	2	4	3	1	2	1	41	1	2	1	2	2	1	1
676	4	30	4	3	4530	1	4	4	2	1	4	3	26	3	1	1	4	1	2	1
677	4	24	4	2	5150	1	5	4	3	1	4	3	33	3	2	1	3	1	2	1
678	2	72	2	3	5595	2	3	2	4	1	2	3	24	3	2	1	3	1	1	1
679	1	24	2	3	2384	1	5	4	3	1	4	1	64	1	1	1	2	1	1	1
680	4	18	2	3	1453	1	2	3	2	1	1	1	26	3	2	1	3	1	1	1
681	4	6	2	6	1538	1	2	1	2	1	2	4	56	3	2	1	3	1	1	1
682	4	12	2	3	2279	5	3	4	3	1	4	4	37	3	3	1	3	1	2	1
683	4	15	3	3	1478	1	3	4	4	1	3	1	33	1	2	2	3	1	1	1
684	4	24	4	3	5103	1	2	3	4	1	3	4	47	3	3	3	3	1	2	1
685	2	36	3	9	9857	2	4	1	3	1	3	2	31	3	2	2	2	2	2	1
686	4	60	2	0	6527	5	3	4	3	1	4	4	34	3	3	1	3	2	2	1
687	3	10	4	3	1347	5	4	4	3	1	2	2	27	3	2	2	3	1	2	1
688	2	36	3	0	2862	2	5	4	3	1	3	4	30	3	3	1	3	1	1	1
689	4	9	2	3	2753	2	5	3	3	2	4	3	35	3	2	1	3	1	2	1
690	1	12	2	0	3651	4	3	1	3	1	3	2	31	3	2	1	3	2	1	1
691	1	15	4	2	975	1	3	2	1	1	3	2	25	3	2	2	3	1	1	1
692	2	15	2	5	2631	2	3	3	2	1	2	1	25	3	2	1	2	1	1	1
693	2	24	2	3	2896	2	2	2	3	1	1	3	29	3	2	1	3	1	1	1
694	1	6	4	0	4716	5	2	1	3	1	3	1	44	3	2	2	2	2	1	1
695	4	24	2	3	2284	1	4	4	3	1	2	3	28	3	2	1	3	1	2	1
696	4	6	2	1	1236	3	3	2	3	1	4	2	50	3	1	1	3	1	1	1
697	2	12	2	3	1103	1	4	4	3	3	3	1	29	3	2	2	3	1	1	2
698	4	12	4	0	926	1	1	1	2	1	2	2	38	3	2	1	1	1	1	1
699	4	18	4	3	1800	1	3	4	3	1	2	3	26	3	2	2	3	1	1	1
700	3	15	2	6	1905	1	5	4	3	1	4	3	40	3	1	1	4	1	2	1

id	A 1	A 2	A 3	A 4	A 5	A 6	A 7	A 8	A 9	A 10	A 11	A 12	A 13	A 14	A 15	A 16	A 17	A 18	A 19	A 20
701	4	12	2	2	1123	3	3	4	2	1	4	3	29	3	1	1	2	1	1	1
702	1	48	4	1	6331	1	5	4	3	1	4	4	46	3	3	2	3	1	2	1
703	3	24	2	3	1377	2	5	4	2	1	2	4	47	3	3	1	3	1	2	1
704	2	30	3	9	2503	2	5	4	3	1	2	2	41	2	2	2	3	1	1	1
705	2	27	2	9	2528	1	2	4	2	1	1	2	32	3	2	1	3	2	2	1
706	4	15	2	0	5324	3	5	1	2	1	4	4	35	3	3	1	3	1	1	1
707	2	48	2	0	6560	2	4	3	3	1	2	2	24	3	2	1	3	1	1	1
708	2	12	0	2	2969	1	2	4	2	1	3	2	25	3	1	2	3	1	1	1
709	2	9	2	3	1206	1	5	4	2	1	4	1	25	3	2	1	3	1	1	1
710	2	9	2	3	2118	1	3	2	3	1	2	1	37	3	2	1	2	2	1	1
711	4	18	4	3	629	3	5	4	3	1	3	2	32	1	2	2	4	1	2	1
712	1	6	1	6	1198	1	5	4	2	1	4	4	35	3	3	1	3	1	1	1
713	4	21	2	1	2476	5	5	4	3	1	4	1	46	3	2	1	4	1	2	1
714	1	9	4	3	1138	1	3	4	3	1	4	1	25	3	2	2	2	1	1	1
715	2	60	2	0	14027	1	4	4	3	1	2	4	27	3	2	1	4	1	2	1
716	4	30	4	1	7596	5	5	1	3	1	4	3	63	3	2	2	3	1	1	1
717	4	30	4	3	3077	5	5	3	3	1	2	3	40	3	2	2	3	2	2	1
718	4	18	2	3	1505	1	3	4	3	1	2	4	32	3	3	1	4	1	2	1
719	3	24	4	3	3148	5	3	3	3	1	2	3	31	3	2	2	3	1	2	1
720	2	20	0	1	6148	2	5	3	4	1	4	3	31	1	2	2	3	1	2	1
721	3	9	0	3	1337	1	2	4	3	1	2	3	34	3	2	2	4	1	2	1
722	2	6	1	6	433	4	2	4	2	1	2	2	24	1	1	1	3	2	1	1
723	1	12	2	0	1228	1	3	4	2	1	2	1	24	3	2	1	2	1	1	1
724	2	9	2	3	790	3	3	4	2	1	3	1	66	3	2	1	2	1	1	1
725	4	27	2	0	2570	1	3	3	2	1	3	1	21	3	1	1	3	1	1	1
726	4	6	4	0	250	4	3	2	2	1	2	1	41	1	2	2	2	1	1	1
727	4	15	4	3	1316	3	3	2	4	1	2	2	47	3	2	2	2	1	1	1
728	1	18	2	3	1882	1	3	4	2	1	4	3	25	1	1	2	3	1	1	1
729	2	48	1	9	6416	1	5	4	2	1	3	4	59	3	1	1	3	1	1	1
730	3	24	4	9	1275	4	3	2	1	1	4	1	36	3	2	2	3	1	2	1
731	2	24	3	3	6403	1	2	1	3	1	2	3	33	3	2	1	3	1	1	1
732	1	24	2	3	1987	1	3	2	3	1	4	1	21	3	1	1	2	2	1	1
733	2	8	2	3	760	1	4	4	2	3	2	1	44	3	2	1	2	1	1	1
734	4	24	2	1	2603	4	3	2	2	1	4	3	28	3	1	1	3	1	2	1
735	4	4	4	0	3380	1	4	1	2	1	1	1	37	3	2	1	3	2	1	1
736	2	36	1	4	3990	5	2	3	2	1	2	4	29	1	2	1	1	1	1	1
737	2	24	2	1	11560	1	3	1	2	1	4	3	23	3	1	2	4	1	1	1
738	1	18	2	0	4380	2	3	3	3	1	4	3	35	3	2	1	2	2	2	1
739	4	6	4	0	6761	1	4	1	3	1	3	4	45	3	2	2	4	2	2	1
740	2	30	0	9	4280	2	3	4	2	1	4	3	26	3	1	2	2	1	1	1
741	1	24	1	0	2325	2	4	2	3	1	3	3	32	1	2	1	3	1	1	1
742	2	10	1	3	1048	1	3	4	3	1	4	1	23	2	2	1	2	1	1	1
743	4	21	2	3	3160	5	5	4	3	1	3	2	41	3	2	1	3	1	2	1
744	1	24	1	2	2483	3	3	4	3	1	4	1	22	2	2	1	3	1	2	1
745	1	39	4	2	14179	5	4	4	3	1	4	2	30	3	2	2	4	1	2	1
746	1	13	4	9	1797	1	2	3	3	1	1	2	28	1	2	2	2	1	1	1
747	1	15	2	0	2511	1	1	1	2	1	4	3	23	3	1	1	3	1	1	1
748	1	12	2	0	1274	1	2	3	2	1	1	1	37	3	2	1	2	1	1	1
749	4	21	2	1	5248	5	3	1	3	1	3	3	26	3	2	1	3	1	1	1
750	4	15	2	1	3029	1	4	2	3	1	2	3	33	3	2	1	3	1	1	1

id	A1	A2	A3	A4	A5	A6	A7	A8	A9	A10	A11	A12	A13	A14	A15	A16	A17	A18	A19	A20
751	1	6	2	2	428	1	5	2	2	1	1	2	49	1	2	1	3	1	2	1
752	1	18	2	0	976	1	2	1	2	1	2	3	23	3	2	1	2	1	1	1
753	2	12	2	9	841	2	4	2	2	1	4	1	23	3	1	1	2	1	1	1
754	4	30	4	3	5771	1	4	4	2	1	2	3	25	3	2	2	3	1	1	1
755	4	12	3	5	1555	4	5	4	3	1	4	4	55	3	3	2	3	2	1	1
756	1	24	2	0	1285	5	4	4	2	1	4	4	32	3	1	1	3	1	1	1
757	3	6	4	0	1299	1	3	1	3	1	1	1	74	3	2	3	1	2	1	2
758	3	15	4	3	1271	5	3	3	3	1	4	4	39	3	3	2	3	1	2	1
759	4	24	2	0	1393	1	3	2	3	3	2	1	31	3	2	1	3	1	2	1
760	1	12	4	0	691	1	5	4	3	1	3	2	35	3	2	2	3	1	1	1
761	4	15	4	0	5045	5	5	1	2	1	4	3	59	3	2	1	3	1	2	1
762	1	18	4	2	2124	1	3	4	2	1	4	1	24	3	1	2	3	1	1	1
763	1	12	2	3	2214	1	3	4	3	1	3	2	24	3	2	1	2	1	1	1
764	4	21	4	0	12680	5	5	4	3	1	4	4	30	3	3	1	4	1	2	1
765	4	24	4	0	2463	2	4	4	4	1	3	2	27	3	2	2	3	1	2	1
766	2	12	2	3	1155	1	5	3	4	3	3	1	40	1	2	2	2	1	1	1
767	1	30	2	2	3108	1	2	2	1	1	4	2	31	3	2	1	2	1	1	1
768	4	10	2	1	2901	5	2	1	2	1	4	1	31	3	1	1	3	1	1	1
769	2	12	4	2	3617	1	5	1	3	1	4	3	28	3	1	3	3	1	2	1
770	4	12	4	3	1655	1	5	2	3	1	4	1	63	3	2	2	2	1	2	1
771	1	24	2	1	2812	5	5	2	2	1	4	1	26	3	1	1	3	1	1	1
772	1	36	4	6	8065	1	3	3	2	1	2	4	25	3	2	2	4	1	2	1
773	4	21	4	1	3275	1	5	1	3	1	4	3	36	3	2	1	4	1	2	1
774	4	24	4	3	2223	2	5	4	3	1	4	2	52	1	2	2	3	1	1	1
775	3	12	4	0	1470	3	1	2	3	1	4	4	66	1	3	3	1	1	1	1
776	1	24	2	0	1371	5	3	4	2	1	4	1	25	3	1	1	3	1	1	1
777	4	36	4	0	3535	1	4	4	3	1	4	3	37	3	2	2	3	1	2	1
778	1	18	2	3	3509	1	4	4	2	3	1	1	25	3	2	1	3	1	1	1
779	4	36	4	1	5711	4	5	4	3	1	2	3	38	3	2	2	4	1	2	1
780	2	18	2	5	3872	1	1	2	2	1	4	3	67	3	2	1	3	1	2	1
781	2	39	4	3	4933	1	4	2	3	3	2	1	25	3	2	2	3	1	1	1
782	4	24	4	0	1940	4	5	4	3	1	4	1	60	3	2	1	3	1	2	1
783	2	12	0	8	1410	1	3	2	3	1	2	1	31	3	2	1	2	1	2	1
784	2	12	2	0	836	2	2	4	2	1	2	2	23	1	2	1	2	1	1	1
785	2	20	2	1	6468	5	1	1	1	1	4	1	60	3	2	1	4	1	2	1
786	2	18	2	9	1941	4	3	4	3	1	2	2	35	3	2	1	2	1	2	1
787	4	22	2	3	2675	3	5	3	3	1	4	3	40	3	2	1	3	1	1	1
788	4	48	4	1	2751	5	5	4	3	1	3	3	38	3	2	2	3	2	2	1
789	2	48	3	6	6224	1	5	4	3	1	4	4	50	3	3	1	3	1	1	1
790	1	40	4	6	5998	1	3	4	3	1	3	4	27	1	2	1	3	1	2	1
791	2	21	2	9	1188	1	5	2	2	1	4	2	39	3	2	1	3	2	1	1
792	4	24	2	1	6313	5	5	3	3	1	4	3	41	3	2	1	4	2	2	1
793	4	6	4	2	1221	5	3	1	4	1	2	2	27	3	2	2	3	1	1	1
794	3	24	2	2	2892	1	5	3	1	1	4	4	51	3	3	1	3	1	1	1
795	4	24	2	2	3062	3	5	4	3	1	3	4	32	3	1	1	3	1	2	1
796	4	9	2	2	2301	2	2	2	2	1	4	2	22	3	1	1	3	1	1	1
797	1	18	2	1	7511	5	5	1	3	1	4	2	51	3	3	1	3	2	2	1
798	4	12	4	2	1258	1	2	2	2	1	4	2	22	3	1	2	2	1	1	1
799	4	24	3	0	717	5	5	4	4	1	4	3	54	3	2	2	3	1	2	1
800	2	9	2	0	1549	5	2	4	3	1	2	1	35	3	2	1	1	1	1	1

id	A1	A2	A3	A4	A5	A6	A7	A8	A9	A10	A11	A12	A13	A14	A15	A16	A17	A18	A19	A20
801	4	24	4	6	1597	1	5	4	3	1	4	4	54	3	3	2	3	2	1	1
802	2	18	4	3	1795	1	5	3	2	3	4	1	48	1	1	2	2	1	2	1
803	1	20	4	2	4272	1	5	1	2	1	4	2	24	3	2	2	3	1	1	1
804	4	12	4	3	976	5	5	4	3	1	4	3	35	3	2	2	3	1	1	1
805	2	12	2	0	7472	5	1	1	2	1	2	1	24	3	1	1	1	1	1	1
806	1	36	2	0	9271	1	4	2	3	1	1	3	24	3	2	1	3	1	2	1
807	2	6	2	3	590	1	2	3	4	1	3	1	26	3	2	1	2	1	1	2
808	4	12	4	3	930	5	5	4	3	1	4	1	65	3	2	4	3	1	1	1
809	2	42	1	1	9283	1	1	1	3	1	2	4	55	1	3	1	4	1	2	1
810	2	15	0	0	1778	1	2	2	2	1	1	1	26	3	1	2	1	1	1	1
811	2	8	2	9	907	1	2	3	4	1	2	1	26	3	2	1	3	1	2	1
812	2	6	2	3	484	1	4	3	4	3	3	1	28	1	2	1	2	1	1	1
813	1	36	4	1	9629	1	4	4	3	1	4	3	24	3	2	2	3	1	2	1
814	1	48	2	4	3051	1	3	3	3	1	4	3	54	3	2	1	3	1	1	1
815	1	48	2	0	3931	1	4	4	3	1	4	4	46	3	3	1	3	2	1	1
816	2	36	3	0	7432	1	3	2	2	1	2	2	54	3	1	1	3	1	1	1
817	4	6	2	4	1338	3	3	1	1	1	4	1	62	3	2	1	3	1	1	1
818	4	6	4	3	1554	1	4	1	2	1	2	3	24	3	1	2	3	1	2	1
819	1	36	2	1	15857	1	1	2	1	2	3	3	43	3	2	1	4	1	1	1
820	1	18	2	3	1345	1	3	4	4	1	3	1	26	1	2	1	3	1	1	1
821	4	12	2	0	1101	1	3	3	4	1	2	1	27	3	2	2	3	1	2	1
822	3	12	2	3	3016	1	3	3	4	1	1	3	24	3	2	1	3	1	1	1
823	1	36	2	2	2712	1	5	2	3	1	2	2	41	1	2	1	3	2	1	1
824	1	8	4	0	731	1	5	4	3	1	4	1	47	3	2	2	2	1	1	1
825	4	18	4	2	3780	1	2	3	1	1	2	3	35	3	2	2	4	1	2	1
826	1	21	4	0	1602	1	5	4	4	1	3	3	30	3	2	2	3	1	2	1
827	1	18	4	0	3966	1	5	1	2	1	4	1	33	1	1	3	3	1	2	1
828	4	18	0	9	4165	1	3	2	3	1	2	3	36	2	2	2	3	2	1	1
829	1	36	2	1	8335	5	5	3	3	1	4	4	47	3	3	1	3	1	1	1
830	2	48	3	9	6681	5	3	4	3	1	4	4	38	3	3	1	3	2	2	1
831	4	24	3	9	2375	3	3	4	3	1	2	3	44	3	2	2	3	2	2	1
832	1	18	2	0	1216	1	2	4	2	1	3	3	23	3	1	1	3	1	2	1
833	1	45	0	9	11816	1	5	2	3	1	4	3	29	3	1	2	3	1	1	1
834	2	24	2	3	5084	5	5	2	2	1	4	3	42	3	2	1	3	1	2	1
835	3	15	2	3	2327	1	2	2	2	1	3	1	25	3	2	1	2	1	1	1
836	1	12	0	0	1082	1	3	4	3	1	4	3	48	1	2	2	3	1	1	1
837	4	12	2	3	886	5	3	4	2	1	2	3	21	3	2	1	3	1	1	1
838	4	4	2	2	601	1	2	1	2	1	3	1	23	3	1	1	2	2	1	1
839	1	24	4	1	2957	1	5	4	3	1	4	2	63	3	2	2	3	1	2	1
840	4	24	4	3	2611	1	5	4	4	2	3	1	46	3	2	2	3	1	1	1
841	1	36	2	2	5179	1	4	4	3	1	2	2	29	3	2	1	3	1	1	1
842	4	21	3	1	2993	1	3	3	3	1	2	1	28	2	2	2	2	1	1	1
843	4	18	2	5	1943	1	2	4	2	1	4	1	23	3	2	1	3	1	1	1
844	4	24	1	9	1559	1	4	4	3	1	4	3	50	1	2	1	3	1	2	1
845	4	18	2	2	3422	1	5	4	3	1	4	2	47	1	2	3	3	2	2	1
846	2	21	2	2	3976	5	4	2	3	1	3	3	35	3	2	1	3	1	2	1
847	4	18	2	0	6761	5	3	2	3	1	4	3	68	3	1	2	3	1	1	1
848	4	24	2	0	1249	1	2	4	4	1	2	1	28	3	2	1	3	1	1	1
849	1	9	2	3	1364	1	4	3	3	1	4	1	59	3	2	1	3	1	1	1
850	1	12	2	3	709	1	5	4	3	1	4	1	57	2	2	1	2	1	1	1

id	A 1	A 2	A 3	A 4	A 5	A 6	A 7	A 8	A 9	A 10	A 11	A 12	A 13	A 14	A 15	A 16	A 17	A 18	A 19	A 20
851	1	20	4	0	2235	1	3	4	4	3	2	2	33	1	1	2	3	1	1	2
852	4	24	4	1	4042	5	4	3	3	1	4	2	43	3	2	2	3	1	2	1
853	4	15	4	3	1471	1	3	4	3	1	4	4	35	3	3	2	3	1	2	1
854	1	18	1	0	1442	1	4	4	3	1	4	4	32	3	3	2	2	2	1	1
855	4	36	3	0	10875	1	5	2	3	1	2	3	45	3	2	2	3	2	2	1
856	4	24	2	0	1474	2	2	4	4	1	3	1	33	3	2	1	3	1	2	1
857	4	10	2	8	894	5	4	4	2	1	3	2	40	3	2	1	3	1	2	1
858	4	15	4	2	3343	1	3	4	3	1	2	4	28	3	3	1	3	1	2	1
859	1	15	2	0	3959	1	3	3	2	1	2	2	29	3	2	1	3	1	2	1
860	4	9	2	0	3577	2	3	1	3	3	2	1	26	3	1	1	3	2	1	2
861	4	24	4	1	5804	4	3	4	3	1	2	1	27	3	2	2	3	1	1	1
862	4	18	3	9	2169	1	3	4	4	1	2	3	28	3	2	1	3	1	2	1
863	1	24	2	3	2439	1	2	4	2	1	4	1	35	3	2	1	3	1	2	1
864	4	27	4	2	4526	4	2	4	3	1	2	1	32	2	2	2	2	2	2	1
865	4	10	2	2	2210	1	3	2	3	1	2	1	25	1	1	1	2	1	1	1
866	4	15	2	2	2221	3	3	2	2	1	4	3	20	3	1	1	3	1	1	1
867	1	18	2	3	2389	1	2	4	2	1	1	3	27	2	2	1	3	1	1	1
868	4	12	4	2	3331	1	5	2	3	1	4	2	42	2	2	1	3	1	1	1
869	4	36	2	9	7409	5	5	3	3	1	2	2	37	3	2	2	3	1	1	1
870	1	12	2	2	652	1	5	4	2	1	4	2	24	3	1	1	3	1	1	1
871	4	36	3	2	7678	3	4	2	2	1	4	3	40	3	2	2	3	1	2	1
872	3	6	4	0	1343	1	5	1	3	1	4	1	46	3	2	2	3	2	1	2
873	1	24	4	9	1382	2	4	4	3	1	1	1	26	3	2	2	3	1	2	1
874	4	15	2	4	874	5	2	4	2	1	1	1	24	3	2	1	3	1	1	1
875	1	12	2	2	3590	1	3	2	3	2	2	2	29	3	2	1	2	2	1	1
876	2	11	4	0	1322	4	3	4	2	1	4	3	40	3	2	2	3	1	1	1
877	1	18	1	3	1940	1	2	3	3	2	4	4	36	1	3	1	4	1	2	1
878	4	36	2	3	3595	1	5	4	3	1	2	3	28	3	2	1	3	1	1	1
879	1	9	2	0	1422	1	2	3	3	1	2	4	27	3	3	1	4	1	2	1
880	4	30	4	3	6742	5	4	2	3	1	3	2	36	3	2	2	3	1	1	1
881	4	24	2	1	7814	1	4	3	3	1	3	3	38	3	2	1	4	1	2	1
882	4	24	2	1	9277	5	3	2	1	1	4	4	48	3	3	1	3	1	2	1
883	2	30	4	0	2181	5	5	4	3	1	4	1	36	3	2	2	3	1	1	1
884	4	18	4	3	1098	1	1	4	2	1	4	3	65	3	2	2	1	1	1	1
885	2	24	2	2	4057	1	4	3	1	1	3	3	43	3	2	1	3	1	2	1
886	1	12	2	6	795	1	2	4	2	1	4	2	53	3	2	1	3	1	1	1
887	2	24	4	9	2825	5	4	4	3	1	3	4	34	3	2	2	3	2	2	1
888	2	48	2	9	15672	1	3	2	3	1	2	3	23	3	2	1	3	1	2	1
889	4	36	4	0	6614	1	5	4	3	1	4	3	34	3	2	2	4	1	2	1
890	4	28	1	1	7824	5	2	3	3	3	4	1	40	1	1	2	3	2	2	1
891	1	27	4	9	2442	1	5	4	3	1	4	3	43	2	2	4	4	2	2	1
892	4	15	4	3	1829	1	5	4	3	1	4	3	46	3	2	2	3	1	2	1
893	1	12	4	0	2171	1	3	4	3	1	4	2	38	1	2	2	2	1	1	2
894	2	36	4	1	5800	1	3	3	3	1	4	3	34	3	2	2	3	1	2	1
895	4	18	4	3	1169	5	3	4	3	1	3	2	29	3	2	2	3	1	2	1
896	4	36	3	1	8947	5	4	3	3	1	2	3	31	2	2	1	4	2	2	1
897	1	21	2	3	2606	1	2	4	2	1	4	2	28	3	1	1	4	1	2	1
898	4	12	4	2	1592	4	4	3	2	1	2	2	35	3	2	1	3	1	1	2
899	4	15	2	2	2186	5	4	1	2	1	4	1	33	1	1	1	2	1	1	1
900	1	18	2	2	4153	1	3	2	3	2	3	3	42	3	2	1	3	1	1	1

id	A1	A2	A3	A4	A5	A6	A7	A8	A9	A10	A11	A12	A13	A14	A15	A16	A17	A18	A19	A20
901	1	16	4	0	2625	1	5	2	3	3	4	2	43	1	1	1	3	1	2	1
902	4	20	4	0	3485	5	2	2	1	1	4	1	44	3	2	2	3	1	2	1
903	4	36	4	1	10477	5	5	2	3	1	4	4	42	3	3	2	3	1	1	1
904	4	15	2	3	1386	5	3	4	4	1	2	1	40	3	1	1	3	1	2	1
905	4	24	2	3	1278	1	5	4	3	1	1	1	36	3	2	1	4	1	2	1
906	1	12	2	3	1107	1	3	2	3	1	2	1	20	3	1	1	4	2	2	1
907	1	21	2	0	3763	5	4	2	3	2	2	1	24	3	2	1	2	1	1	2
908	2	36	2	6	3711	5	3	2	4	1	2	3	27	3	2	1	3	1	1	1
909	4	15	3	1	3594	1	2	1	2	1	2	2	46	3	2	2	2	1	1	1
910	2	9	2	0	3195	5	3	1	2	1	2	1	33	3	2	1	2	1	1	1
911	4	36	3	3	4454	1	3	4	2	1	4	1	34	3	2	2	3	1	1	1
912	2	24	4	2	4736	1	2	2	2	1	4	3	25	1	2	1	2	1	1	1
913	2	30	2	3	2991	5	5	2	2	1	4	3	25	3	2	1	3	1	1	1
914	4	11	2	9	2142	4	5	1	1	1	2	1	28	3	2	1	3	1	2	1
915	1	24	1	9	3161	1	3	4	3	1	2	2	31	3	1	1	3	1	2	1
916	2	48	0	1	18424	1	3	1	2	1	2	2	32	1	2	1	4	1	2	2
917	4	10	2	1	2848	2	3	1	3	2	2	1	32	3	2	1	3	2	1	1
918	1	6	2	0	14896	1	5	1	3	1	4	4	68	1	2	1	4	1	2	1
919	1	24	2	2	2359	2	1	1	1	1	1	2	33	3	2	1	3	1	1	1
920	1	24	2	2	3345	1	5	4	3	1	2	2	39	3	1	1	4	1	2	1
921	4	18	4	2	1817	1	3	4	2	1	2	4	28	3	2	2	3	1	1	1
922	4	48	3	3	12749	3	4	4	3	1	1	3	37	3	2	1	4	1	2	1
923	1	9	2	3	1366	1	2	3	2	1	4	2	22	3	1	1	3	1	1	1
924	2	12	2	0	2002	1	4	3	3	1	4	2	30	3	1	1	3	2	2	1
925	1	24	1	2	6872	1	2	2	1	1	1	2	55	1	2	1	3	1	2	1
926	1	12	1	0	697	1	2	4	3	1	2	3	46	1	2	2	3	1	2	1
927	1	18	4	2	1049	1	2	4	2	1	4	2	21	3	1	1	3	1	1	1
928	1	48	2	1	10297	1	4	4	3	1	4	4	39	2	3	3	3	2	2	1
929	4	30	2	3	1867	5	5	4	3	1	4	3	58	3	2	1	3	1	2	1
930	1	12	3	0	1344	1	3	4	3	1	2	1	43	3	2	2	2	2	1	1
931	1	24	2	2	1747	1	2	4	3	2	1	2	24	3	2	1	2	1	1	2
932	2	9	2	3	1670	1	2	4	2	1	2	3	22	3	2	1	3	1	2	1
933	4	9	4	0	1224	1	3	3	3	1	1	1	30	3	2	2	3	1	1	1
934	4	12	4	3	522	3	5	4	3	1	4	2	42	3	2	2	3	2	2	1
935	1	12	2	3	1498	1	3	4	2	1	1	3	23	1	2	1	3	1	1	1
936	2	30	3	3	1919	2	2	4	3	1	3	4	30	2	2	2	4	1	1	1
937	3	9	2	3	745	1	3	3	2	1	2	1	28	3	2	1	2	1	1	1
938	2	6	2	3	2063	1	2	4	4	1	3	3	30	3	1	1	4	1	2	1
939	2	60	2	6	6288	1	3	4	3	1	4	4	42	3	3	1	3	1	1	1
940	4	24	4	1	6842	5	3	2	3	1	4	2	46	3	2	2	4	2	2	1
941	4	12	2	0	3527	5	2	2	3	1	3	2	45	3	2	1	4	2	2	1
942	4	10	2	0	1546	1	3	3	3	1	2	1	31	3	2	1	2	2	1	2
943	4	24	2	2	929	5	4	4	3	1	2	3	31	2	2	1	3	1	2	1
944	4	4	4	0	1455	1	4	2	3	1	1	1	42	3	2	3	2	2	1	1
945	1	15	2	2	1845	1	2	4	2	3	1	2	46	3	1	1	3	1	1	1
946	2	48	0	0	8358	3	2	1	2	1	1	3	30	3	2	2	3	1	1	1
947	1	24	1	2	3349	3	2	4	3	1	4	4	30	3	3	1	3	2	2	1
948	4	12	2	0	2859	5	1	4	3	1	4	4	38	3	2	1	4	1	2	1
949	4	18	2	2	1533	1	2	4	4	2	1	2	43	3	2	1	2	2	1	1
950	4	24	2	3	3621	2	5	2	3	1	4	3	31	3	2	2	3	1	1	1

id	A1	A2	A3	A4	A5	A6	A7	A8	A9	A10	A11	A12	A13	A14	A15	A16	A17	A18	A19	A20
951	2	18	4	9	3590	1	1	3	4	1	3	3	40	3	2	3	1	2	2	1
952	1	36	3	9	2145	1	4	2	3	1	1	3	24	3	2	2	3	1	2	1
953	2	24	2	1	4113	3	2	3	2	1	4	3	28	3	1	1	3	1	1	1
954	4	36	2	2	10974	1	1	4	2	1	2	3	26	3	2	2	4	1	2	1
955	1	12	2	0	1893	1	3	4	2	3	4	2	29	3	2	1	3	1	2	1
956	1	24	4	3	1231	4	5	4	2	1	4	2	57	3	1	2	4	1	2	1
957	3	30	4	3	3656	5	5	4	3	1	4	2	49	2	2	2	2	1	1	1
958	2	9	4	3	1154	1	5	2	3	1	4	1	37	3	2	3	2	1	1	1
959	1	28	2	0	4006	1	3	3	3	1	2	3	45	3	2	1	2	1	1	1
960	2	24	2	2	3069	2	5	4	3	1	4	4	30	3	3	1	3	1	1	1
961	4	6	4	3	1740	1	5	2	4	1	2	1	30	3	1	2	3	1	1	1
962	2	21	3	0	2353	1	3	1	1	1	4	2	47	3	2	2	3	1	1	1
963	4	15	2	0	3556	5	3	3	3	1	2	4	29	3	2	1	3	1	1	1
964	4	24	2	3	2397	3	5	3	3	1	2	3	35	1	2	2	3	1	2	1
965	2	6	2	5	454	1	2	3	4	1	1	2	22	3	2	1	2	1	1	1
966	2	30	2	3	1715	5	3	4	2	1	1	3	26	3	2	1	3	1	1	1
967	2	27	4	3	2520	3	3	4	3	1	2	2	23	3	2	2	2	1	1	1
968	4	15	2	3	3568	1	5	4	2	1	2	3	54	1	1	1	4	1	2	1
969	4	42	2	3	7166	5	4	2	4	1	4	2	29	3	1	1	3	1	2	1
970	1	11	4	0	3939	1	3	1	3	1	2	1	40	3	2	2	2	2	1	1
971	2	15	2	5	1514	2	3	4	3	3	2	1	22	3	2	1	3	1	1	1
972	4	24	2	0	7393	1	3	1	3	1	4	2	43	3	2	1	2	2	1	1
973	1	24	1	0	1193	1	1	1	2	2	4	4	29	3	1	2	1	1	1	1
974	1	60	2	9	7297	1	5	4	3	2	4	4	36	3	1	1	3	1	1	1
975	4	30	4	3	2831	1	3	4	2	1	2	3	33	3	2	1	3	1	2	1
976	3	24	2	3	1258	3	3	3	2	1	3	3	57	3	2	1	2	1	1	1
977	2	6	2	3	753	1	3	2	2	3	3	1	64	3	2	1	3	1	1	1
978	2	18	3	9	2427	5	5	4	3	1	2	2	42	3	2	2	3	1	1	1
979	4	24	3	0	2538	1	5	4	3	1	4	3	47	3	2	2	2	2	1	1
980	2	15	1	0	1264	2	3	2	4	1	2	2	25	3	1	1	3	1	1	1
981	2	30	4	2	8386	1	4	2	3	1	2	2	49	3	2	1	3	1	1	1
982	4	48	2	9	4844	1	1	3	3	1	2	3	33	1	1	1	4	1	2	1
983	3	21	2	0	2923	2	3	1	2	1	1	3	28	1	2	1	4	1	2	1
984	1	36	2	1	8229	1	3	2	3	1	2	2	26	3	2	1	3	2	1	1
985	4	24	4	2	2028	1	4	2	3	1	2	2	30	3	2	2	2	1	1	1
986	1	15	4	2	1433	1	3	4	2	1	3	2	25	3	1	2	3	1	1	1
987	3	42	0	9	6289	1	2	2	1	1	1	2	33	3	2	2	3	1	1	1
988	4	13	2	3	1409	2	1	2	2	1	4	1	64	3	2	1	3	1	1	1
989	1	24	2	1	6579	1	1	4	3	1	2	4	29	3	3	1	4	1	2	1
990	2	24	4	3	1743	1	5	4	3	1	2	2	48	3	2	2	2	1	1	1
991	4	12	4	6	3565	5	2	2	3	1	1	2	37	3	2	2	2	2	1	1
992	4	15	1	3	1569	2	5	4	3	1	4	3	34	1	2	1	2	2	1	1
993	1	18	2	3	1936	5	4	2	4	1	4	3	23	3	1	2	2	1	1	1
994	1	36	2	2	3959	1	1	4	3	1	3	2	30	3	2	1	4	1	2	1
995	4	12	2	0	2390	5	5	4	3	1	3	3	50	3	2	1	3	1	2	1
996	4	12	2	2	1736	1	4	3	2	1	4	1	31	3	2	1	2	1	1	1
997	1	30	2	1	3857	1	3	4	1	1	4	2	40	3	2	1	4	1	2	1
998	4	12	2	3	804	1	5	4	3	1	4	3	38	3	2	1	3	1	1	1
999	1	45	2	3	1845	1	3	4	3	1	4	4	23	3	3	1	3	1	2	1
1000	2	45	4	1	4576	2	1	3	3	1	4	3	27	3	2	1	3	1	1	1

참고 문헌

Agresti, A. (1990). *Categorical Data Analysis*, Wiley, Inc., New York.

Begg, C. B. and Gray, R. (1984). Calculation of polychotomous logistic regression parameters using individualized regression. *Biometrika*, **71**, 11–18.

Belsley, D. A., Kuh, E. and Welsch, R. E. (1980). *Regression Diagnostics: Identifying Influential Data and Sources of Collinearity*. Wiley, inc., New York.

Bishop, Y. M. M., Feinberg, S. E. and Holland, P. (1975). *Discrete Multivariate Analysis: Theory and Practice*. MIT Press, Boston.

Blake, C., Keogh, E. and Merz, C. J. (1998). *UCI Repository of machine learning databases* [http://www.ics.uci.edu/~mlearn/MLR Repository.html]. Irvine, CA: University of California, Department of Information and Computer Science.

Brown, B. W. (1980), Prediction analyses for binary data, In: *Biostatistics Casebook*, R. G. Miller, B. Efron, B. W. Brown and L. E. Moses, eds. New York: John Wiley and Sons.

Cook, R. D. and Weisberg, S. (1982). *Residuals and Influence in Regression*. Chapman & Hall, New York.

Cox, D. R. and Snell, E. J. (1989). *Analysis of Binary Data*, Second Edition. Chapman & Hall, London.

Doll, R. and Hill, A. B. (1952). A study of the aetiology of carcinoma of the lung. *British. Med. J.*, **2**, 1271–1286.

Hanley, J. A. and McNeil, B. J. (1982). The meaning and use of the area under a receiver operating characteristic (ROC) curve. *Radiology*, **143**, 29–36.

Hauck, W. W. and Donner, A. (1977). Wald's test as applied to hypotheses in logit analysis. *Journal of the American Statistical Association*, **72**, 851–853.

Hosmer, D. W. and Lemeshow, S. (2000). *Applied Logistic Regression*. New York: John Wiley and

Sons.

Hosmer, D. W. and Lemeshow, S. (1980). A goodness-of-fit test for the multiple logistic regression model. *Communications in Statistics*, **A10**, 1043-1069.

Kleinbaum, D. G. (1994). *Logistic Regression: A Self-Learning Text*. Springer-Verlag, New York.

Lesaffre, E. (1986). Logistic discriminant analysis with applications in electrocardiography. Unpublished D. Sc. Thesis, University of Leuven, Belgium.

Lesaffe, E. and Albert, A. (1989). Multiple-group logistic regression diagnostics. *Applied Statistics*, **38**, 425-440.

McCullagh, P. and Nelder, J. A. (1989). *Generalized linear models*, 2nd edition. New York: Chapman & Hall, London.

McFadden, D. (1974). Conditional logit analysis of qualitative choice behavior. In Zarembka, P. (Ed.), *Frontiers in Econometrics*. New York: Academic Press.

Nagelkerke, N. J. D. (1991). A note on general definition of the coefficient of determination. *Biometrika*, **78**, 691-692.

Pregibon, D. (1981). Logistic Regression diagnostics. *Annals of Statistics*, **9**, 705-724.

Rao, C. R. (1973). *Linear Statistical Inference and Its Application*. Second Edition. Wiley, Inc., New York.

Simonoff, J. S. (1998). Logistic regression, categorical predictors and goodness-of-fit: It depends on who you ask. *The American Statistician*, 52, 10-14.

SPSS Advanced Models 10.0 (1999). SPSS Inc., Chicago, Illinois.

SPSS Base 10.0 User's Guide (1999). SPSS Inc., Chicago, Illinois.

SPSS Regression Models 10.0 (1999). SPSS Inc., Chicago, Illinois.

White, H. (1982). Maximum Likelihood estimation of misspecified models. *Econometrika*, **50**, 1-50.

White, H. (1989). *Estimation, inference and Specification Analysis*. Cambridge University Press, New York.

Zapka, J. C., Stoddard, A. M., Maul, L., and Costanza, M. E. (1991). Interval adherence to breast cancer screening by mammography in women over 50. *Medical Care*, **29**, 697-707.

Zhang, J. and Yu, K. F. (1998). What's the relative risk? *Journal of the American Medical Association*, **280**, 1690-1691.

박성현(1998). ≪회귀분석≫. 민영사.

찾아보기